Yingyang yu Meirong

美容美体与健康管理丛书

营养与美容

刘笑茹　　贾艳梅　　主　编

刘　波　蒋　琰　　副主编

化学工业出版社

·北京·

内容简介

《营养与美容》是一本以营养学为核心，以实现人体健康美态为目的的实用性指导书。本书共分为六章：第一章为营养素对人体的重要作用以及营养素失衡的风险；第二章从人体对食物的需求角度出发，阐述了不同膳食模式对人体的影响倾向；第三章为不同食物的营养价值和食疗功效的倾向性；第四章阐述了加工程度及烹饪方式等因素对食物营养素及人体状态的影响；第五章为与皮肤调理相关的营养学知识；第六章为药膳理念与防止多种损容性疾病的药膳食谱。

本书以了解营养知识为导向，掌握美容应用为根本，内容上注重理论与实践相结合，侧重食物营养素相关知识对人体状态的反馈，突出专业技能的培养，除适合作为相关专业的教材使用外，也适合作为各层次人士完善营养与美容的知识储备之用。

图书在版编目（CIP）数据

营养与美容 / 刘笑茹，贾艳梅主编. —北京：化学工业出版社，2020.12（2024.9重印）
（美容美体与健康管理丛书）
ISBN 978-7-122-37814-9

Ⅰ．①营… Ⅱ．①刘…②贾… Ⅲ．①美容－饮食营养学－教材 Ⅳ．①TS974.1②R151.1

中国版本图书馆 CIP 数据核字（2020）第 183961 号

责任编辑：李彦玲　　　　　　　　　　文字编辑：何金荣
责任校对：赵懿桐　　　　　　　　　　装帧设计：王晓宇

出版发行：化学工业出版社（北京市东城区青年湖南街 13 号　邮政编码 100011）
印　装：河北延风印务有限公司
787mm×1092mm　1/16　印张 15½　字数 361 千字　2024 年 9 月北京第 1 版第 3 次印刷

购书咨询：010-64518888　　　　　　　售后服务：010-64518899
网　址：http://www.cip.com.cn
凡购买本书，如有缺损质量问题，本社销售中心负责调换。

定　价：49.80 元

《美容美体与健康管理丛书》编委会

主　任：闫秀珍（全国美发美容职业教育教学指导委员会主任）

副主任（按姓氏笔画排序）：

王　铮（江苏开放大学）　　　　　　　　杜　莉（北京财贸职业学院）

罗润来（浙江纺织服装职业技术学院）　　顾晓然（全国美发美容职业教育教学指
导委员会）

高文红（华辰生物科技有限公司）

熊　蕊（湖北职业技术学院）　　　　　　熊雯婧（湖北科技职业学院）

委　员（按姓氏笔画排序）：

马　超（浙江纺织服装职业技术学院）　　王　伟（华辰生物科技有限公司）

王　铮（江苏开放大学）　　　　　　　　申芳芳（山东中医药高等专科学校）

闫秀珍（全国美发美容职业教育教学指　　刘　波（辽东学院）
导委员会）　　　　　　　　　　刘笑茹（辽东学院）

安婷婷（湖北科技职业学院）　　　　　　杜　莉（北京财贸职业学院）

陈霜露（重庆城市管理职业学院）　　　　林　山（辽东学院）

范红梅（辽东学院）　　　　　　　　　　林敏红（浙江纺织服装职业技术学院）

罗润来（浙江纺织服装职业技术学院）　　周生力（常州纺织服装职业技术学院）

顾晓然（全国美发美容职业教育教学指　　高文红（华辰生物科技有限公司）
导委员会）　　　　　　　　　　章　益（宁波卫生职业学院）

梁超兰（湖北职业技术学院）　　　　　　熊　蕊（湖北职业技术学院）

熊雯婧（湖北科技职业学院）

前言

研究营养和美容关系的学科被称为美容营养学，是美容医学领域一个新的研究方向。当今社会安定富足，人们满足了温饱的基本需求之后，开始重视食物与营养素对于构成自身机体、调节完善状态和预防各种疾病的多重联系。这不仅有利于个体更健康美丽，也有助于群体降低疾病隐患，还有助于人们增强劳动能力和为国家减少医保负担。

本书的写作目的是让读者了解到如何通过正确的食物搭配，来使人体达到预防疾病、改善状态和呈现美态的目标。本书紧紧围绕人体对营养素需求的核心，以强化人体美丽、健康的状态为导向，体现了较为客观的营养素调控策略，这有助于读者能够理性地看待各种层出不穷的保健食品、饮食策略和养生理念；有助于读者合理搭配食物和营养素，并按自身需求来完善供给。本书从营养素、食物状态和人体需求等角度出发，阐述了营养素的变化，以及其在人体中的实际功效和滋养作用，并以医学检验手段为衡量指标，强调按需调节营养素的重要意义。书中涉及食物的重要性、人体代谢的理念以及一些结合中医药膳的营养食谱实例，还涉及一些影响食物营养状态的要素、护肤的饮食策略和预防多种损容性疾病的饮食策略等，为更高级的人体健康美态提供了一些思路。

本书教学建议学时为32或48学时，各院校也可根据实际情况进行调整，结合自学和教师引导，从而强化相关专业学生的专业能力。

本书由刘笑茹（辽东学院医学院）、贾艳梅（辽东学院化工与机械学院）任主编，刘波（辽东学院医学院）、蒋琰（华辰生物科技有限公司）任副主编。孟辉（辽东学院化工与机械学院）、刘传宝（辽东学院医学院）、孙韶华（广东金融学院）、韩秀萍（辽东学院医学院）、于颖（辽东学院化工与机械学院）、赵晓飞（华辰生物科技有限公司）、仇淼（华辰生物科技有限公司）、张余（华辰生物科技有限公司）参编。

本书能够被编写成型，承蒙了全体编者的辛勤努力，尤其是得到了化学工业出版社和华晨生物科技有限公司高文红老师的大力支持，在此一并致以衷心的感谢！由于编者水平有限，书中可能存在一些疏漏之处，也敬请广大读者朋友多提宝贵意见。

编　者
2020年5月

目录

第 一 章　人体代谢与营养素

第 二 章　人体营养的调节策略

第 三 章　各类食物的营养价值与食疗功效

第四章　影响食物品质的因素

第 一 章
人体代谢与营养素

学习目标

1. 熟悉人体代谢的类型，了解影响物质代谢的因素，掌握能量代谢单位的换算技巧。

2. 熟悉主要人群热量需要量和适宜的产能营养素供能比例。

3. 了解人体必需营养素的适宜数量和失衡风险。

4. 熟悉人体必需营养素的主要来源。

第一节　人体代谢的两种形式

人体代谢也叫新陈代谢，是指机体通过和环境进行物质和能量的交换，从而维持生命的一系列有序化学反应的总称。可按其功能分为物质代谢和能量代谢，二者都会随生命结束而停止。人体有数以亿计的细胞，其中每个微小的个体都必须从饮食中获得营养物质，才能构成形态和维持功能。健康人在身体需要补充营养素、更新和修复组织时，会产生饥饿的感受。大多数情况下，人会随食欲而进食，随饱腹感而停止进食。被摄入的食物会在人体代谢的作用下，更新和修复人体组织，同时排除一些物质。

新陈代谢所必需的主要营养素有七种：蛋白质、脂肪和糖类是能给细胞提供能量的营养素，也是具备重要修复功能的结构型物质；维生素类是各种调节细胞状态的小助手；矿物质类主要承担不同的构建和调节工作；水和膳食纤维虽然不提供能量，但对于人体的调节作用也很大。

一、物质代谢

（一）物质代谢概述

进入身体的物质在体内的消化、吸收、运转、分解等生化过程，称为物质代谢。人体将从外界环境中摄取的物质，转化为机体的组织成分的过程，被称为同化作用。同化作用需要吸收能量和营养素。如吃胖了、皮炎痊愈、补钙效果明显等，增多的正向过程都可以理解成同化作用。机体自身的物质由于损耗、分解、更替等原因被排出体外的过程，称为异化作用。异化作用损耗体内能量和营养素，逐步减少或疾病的各种状态，如累瘦了、病倒了、发生痤疮甚至肿瘤，都可以理解成异化作用。

（二）物质代谢的诱因

物质代谢最直接的原始诱因是机体将胃饥饿素传递到大脑，大脑将这种信息转化为进食的欲望，就是食欲。食欲并不是精确的饥饿信号，能被很多精神层次的感受所干扰。色、香等影像及声音甚至回忆，都能激发出"馋"的感觉，也都能转化成想吃的感受。

与饥饿感相对应的是饱腹感。饱腹感是由多种神经递质与激素共同控制的，是由消化器官和下丘脑等部位共同负责调控的。很多减肥药物如西布曲明、芬氟拉明等，其生化机理是阻断神经信使5-羟色胺的欲望信号，从精神层次阻止人对食物的欲望，其风险在于使用者对各种美好事物的欲望均会降低，这也大大增加了抑郁症、厌食症的风险。胃的饱腹感需要时间，细嚼慢咽、专注于享受食物的色、香、味，有助于及时终止进食欲望；玩手机、看电视会使人分心，也会导致进食过量的风险增加。常见的有助于缓解食欲的食物可参见表1-1。

表1-1　有助于缓解食欲的食物

缓解食欲的食物类型	常见食物举例
富含舒缓神经的具香气的食物	柠檬、玫瑰、玫瑰茄、青瓜、无糖花草茶等
少量的具诱惑力的食物	如薯片、巧克力、鸭脖、蛋挞、炸鸡腿等
膳食纤维多且不是很甜的主食和蔬果	玉米、土豆、魔芋、苹果、柚子、南瓜等

缓解食欲的食物类型	常见食物举例
脂肪与膳食纤维或者脂肪和水的复合物	浓汤、花生、牛乳、扁桃仁等

（三）物质代谢的预算

物质代谢的预算是指关于人体营养素与能量的摄入和消耗的统筹计划。它既包括营养素与能量的来源和数量，也涵盖消耗的用途和数量。预算包含的内容不仅仅是预测，还涉及很多变量。这些变量包括用脑与运动、疾病与恢复、个人遗传特性与环境等。在合适的预算与摄入条件下，人体能体现出较好的平衡稳态。

物质代谢的预算主要涵盖了七大类必需营养素，即蛋白质、脂肪、糖类、维生素、矿物质、水和膳食纤维。其种类和数量差异很大，人群需求也较为复杂。大多数人群主要营养素的物质预算可以参考附录二，但其体现的是满足大多数人的一般数量，而非能使人体呈现出最佳状态的完美数量。除了这七种必需物质外，很多天然动植物体内的色素、黄酮、酚类、醇类、多糖类也能被人体利用，被统称为非必需营养素。例如红心火龙果和蓝莓中的花色苷在人体内有类似维生素A的功效、葡萄籽精华与维生素C抗衰老的机理相似等。非必需营养素对人体的营养机理和必需营养素的类似，但它们的剂量和毒性的真实数据并不明确，也可以依据具体的人体状态和经济水平，偶尔将其添加在食谱中。

（四）物质代谢的影响因素

能影响物质代谢的因素很多，主要包括气候、环境、饮食、运动、习惯等外在因素，以及人体自身的状态和情绪等。

（1）气候　由于温度影响，人体在春夏季节的物质代谢速度远超过冬季水平。

（2）环境　严重污染的环境中的毒素会消耗大量维生素和矿物质用于解毒，影响人体正常的物质代谢进程。

（3）饮食　不同食物所含营养素情况差异很大。富含水分的食物有助于营养素运转；富含膳食纤维的食物有助于体内废物和毒素的排出。所有的营养素都对身体有好处，前提是适时、适当、适量。鸡蛋配红豆粥作为早餐，就比鸡蛋配牛乳合理得多。

（4）运动　能加速物质代谢分解和合成的各项进程，能预防肌肉萎缩、脾胃失调、手脚冰凉、精力衰退和失眠多梦等代谢障碍；懒惰引起的嗜睡无力和疾病引起的身体衰弱都会导致物质代谢速度变慢。

（5）习惯　个体的习惯对物质代谢有较大影响。例如，学生、程序员等长期用眼过度的人群，因为对维生素A的消耗量较大，所以发生皮炎、湿疹的概率要大于轻度用眼的人群；长期不吃晚餐的人群，代谢速度会变慢，诱发暴食和肥胖的风险却增加，胃肠黏膜受损的疾病风险也随之增加。

（6）人体自身状态和情绪　在疾病期人体内的细胞活力会下降，物质代谢的速率也会降低，而在较好的状态下能尽快分泌出恰当的神经递质和激素，有利于正确调节人体状态。情绪平和的健康人会在适当时间分泌瘦素和胰岛素，这些有助于使人感受到饱腹感，对于预防暴食是极为有利的。

二、能量代谢

（一）能量代谢概述

能量代谢是指人体从外界摄取的产能物质在体内经过氧化分解，从而释放能量，进而调节人体状态，实现人体功能的过程。人体摄入的糖类、脂肪和蛋白质三大类营养素，以及酒精、乳酸等非必需物质，都经过体内转换，变成人体所需的能量物质。这些能量物质既可以被立刻使用掉，用于活动和保持人体的恒定温度，也可以在多余的情况下，以脂肪的形式在人体细胞中储存起来，待到需要的时候释放被机体利用。大多数健康成人从食物中摄取的热量和自身所消耗的热量需保持相对平衡的状态，否则就会引起体重增加或减轻。现实生活中，摄入与消耗的热量很难保持绝对平衡，通常关注5~7天，如果能量平衡就能够维持稳定体重。在选择食物时也要注意，不仅要选缓解饥饿、提供热量的营养素，也需要选择帮助人体将热量代谢掉的营养素，比如富含B族维生素的水果、蔬菜。

（二）能量的来源与单位

1. 能量的来源

人体内部能量来源于ATP，是一种由腺嘌呤、核糖和3个磷酸基团连接而成的不稳定高能化合物——三磷酸腺苷。它既是一种帮助体内脂肪、蛋白质、糖类进行产能代谢的辅酶，也是生物体内最直接的能量来源，就像最初的火种。糖类、脂肪和蛋白质经体内氧化可释放能量，故三者统称为"产能营养素"或"热源质"。三种产能营养素类似蕴含能量的助燃物。在ATP帮助下，上述三类营养素在体内产能并循环代谢，就是人体能量代谢的复杂途径——三羧酸循环。热源质产能时涉及的糖类供能有抗生酮、节约蛋白质的作用，只靠脂肪和蛋白质供能时的酮症酸中毒的隐患等均与三羧酸循环的规则相关。人体吃进食物后，产能营养素在呼吸链和三羧酸循环的作用下累积的能量，一部分以热能形式保暖散失掉，另一部分能转化成糖原、脂肪等化学能形态储存于体内以备不时之需。热能主要来源于食物中的糖类、脂肪和蛋白质。

2. 能量的单位

在营养学中最常用的热量单位是千卡（kcal），热量的国际单位及中国法定计量单位为焦耳（J），常用单位是卡（cal）。由于热量单位较小，常见食物标签单位更常用千焦（kJ），人体调控体重更常应用单位为（kcal）。二者换算关系如下：

$$1千卡（kcal）=4.184千焦耳（kJ）$$
$$1千焦耳（kJ）=0.239千卡（kcal）$$

日常生活中，可以简单估算为4kJ相当于1kcal热量，误差也不算太大。

（三）产能营养素的热量

产能营养素也叫热源质或产热营养素，是指人每天摄取的所有营养素中，在体内可以产生能量的糖类、脂肪、蛋白质。它们产生能量的能力通常为糖类4kcal/g、脂肪9 kcal/g、蛋白质4 kcal/g。酒精在人体产热能力为7 kcal/g，但酒精不是营养素。常见食物的热量情况可参见表1-2，也可查阅附录五。

表1-2 常见食物的热量情况（每100g正常水分含量的鲜重所含的热量，单位：kJ）

主食类	蔬菜类	果实类	禽畜类	水产类	零食与方便类	调料与嗜好类
油条1615	白萝卜88	苹果188	猪肥肉3376	鲤鱼456	方便面1975	黄油3494
馒头975	芸豆1314	梨180	猪瘦肉598	带鱼531	黄油面包1377	猪油3753
米饭490	黄豆1502	桃子172	猪血230	海虾331	饼干1812	大豆油3761
玉米444	胡萝卜155	鲜枣510	牛乳226	干虾皮640	可乐180	白糖1655
土豆318	豆芽184	干枣1105	牛肝582	扇贝368	雪碧200	黑咖啡4
地瓜435	番茄79	桂圆297	牛肉干2301	螃蟹380	酸乳404	雪顶咖啡251
藕粉1556	莲藕293	西瓜105	鸡腿757	龙虾375	果粒麦片446	拿铁咖啡220
红豆1293	香菇79	榛子2485	鸡蛋577	海带180	火腿肠216	奶茶190

从表1-2中可以看出，除水分外，脂肪和糖类是影响食物热量的最关键因素。需要注意的是黄油的热量尽管超高，但是大多数普通的100g饼干中，只有20g左右的黄油；而奶茶的热量看似不高，但是一杯奶茶大约有475mL，其热量就占到人体每天所需热量的一半左右。

总而言之，甜蜜的奶茶含有更多的糖，香脆的炸肉含有更多的油脂，弹牙耐嚼的肉类水分较少，鲜咸麻辣的各种零食让你停不下来，各种美味无形中能让你进食更多热量，还是要尽量控制饮食为好。

（四）能量需要量

能量是维持生命活动的基本要素，而且对营养素需要量有很大影响，通常供给量高于需要量。但摄入热量不宜过多，过多可导致肥胖，对健康有害。中国营养学会在2000年提出中国居民膳食能量参考摄入量：成年男性轻、中体力劳动者每日需要能量为2400~2700kcal；女性轻、中体力劳动者每日需要能量为2100~2300 kcal；婴儿、儿童和青少年、孕妇和乳母、老年人各自的生理特点不同，能量需要也不尽相同，可根据体重、所处寒冷或炎热的环境给予适当调整。产热营养素应保持合理的比例，根据我国的饮食特点，成人供给的能量以糖类占总能量的55%~65%，脂肪占20%~30%，蛋白质占10%~15%为宜。年龄越小，蛋白质及脂肪供能占的比例应相应增加。不同人群的能量和蛋白质、脂肪参考摄入量可见附录二。

影响能量代谢的因素很多，主要包括基础代谢、食物特殊动力作用、体力活动消耗等因素。对于有额外能量需求的患者、孕妇和乳母、生长发育期的儿童和青少年等人群，需要补充适当的能量。

1. 基础代谢

基础代谢（basal metabolism，BM）是指人体维持生命的所有器官所需要的最低能量代谢。基础代谢率（basal metabolic rate，BMR）是指人体在清醒而又极端安静的状态下，不受肌肉活动、环境温度、食物及精神紧张等影响时的能量代谢率。测定基础代谢率和在不同活动强度下的能量代谢率也是合理制定营养标准、安排人们膳食的依据。测定基础代谢率，要在清晨未进早餐以前，静卧休息半小时（但要保持清醒），室温为18～25℃时，按间接测热法利用仪器进行测定。基础代谢率的单位为kJ/（m²·h），即每小时每平方米体表所消耗的能量。基础代谢率随着性别、年龄等不同而有生理变动（表1-3），男子的基础代谢率平均比女子高，随着年龄的增大代谢率整体呈下降趋势。

表1-3　我国正常人基础代谢率平均值　　　　　　　　　单位：kJ/（m²·h）

性别	11～15岁	16～17岁	18～19岁	20～30岁	31～40岁	41～50岁	>51岁
男性	195.5	193.4	166.2	157.8	158.7	154.0	149.0
女性	172.5	181.7	154.0	146.5	146.9	142.4	138.6

基础代谢率的测定是临床上诊断甲状腺疾病简便而有效的方法。因为在同一性别、体重和年龄组的正常人中，基础代谢率是非常接近的，其中约90%以上的人其代谢率与平均值相差不超过15%，超过这一界限就可认为其基础代谢异常。如甲状腺功能亢进的患者，其基础代谢率可比正常值高20%～80%；而甲状腺功能低下者则表现为基础代谢率降低。当人体表面积增大、体温升高、环境变动或者女性怀孕时，基础代谢率都会随之升高。人在长期饥饿或营养不足或者肾上腺皮质和垂体前叶激素分泌不足时，都会出现基础代谢降低的现象。

2.食物特殊动力作用

食物特殊动力作用是人体由于摄食所引起的一种额外能量消耗，故也被称为食物的热效应。食物热效应产生的原因很多。摄食过程中，消化系统的运动、消化酶的分泌都会消耗热量。同时，食物在体内氧化分解时，除了本身释放出热能以外，还会增加人体的基础代谢率，刺激人体产生额外的热量消耗，同时使体温升高。食物的成分不同，会导致人体产生不同程度的热效应：脂肪的食物热效应约为其热能的4%～5%，糖类约为5%～6%，蛋白质则可占到其总能量的30%甚至更多。因为食物中的蛋白质用于合成人体的蛋白质和转化热量的过程，比食物中的脂肪、蛋白质单纯转化为人体热量所消耗的能量要多得多。一般来说，人体摄入普通混合食物的食物特殊动力作用的能量损耗约为10%，即每日因进食增加产热600～800kJ。

3. 体力活动

体力活动消耗的能量是构成人体总能量消耗的重要部分。每日从事各种活动消耗的能量，主要取决于劳动与活动的强度和持续时间。人体能量需要量的不同主要是由于体力活动的差别（表1-4）。

表1-4　常见体力活动的热量消耗情况

活动方式	热量消耗/[kJ/（h·kg）]	活动方式	热量消耗/[kJ/（h·kg）]
慢走	8	打羽毛球（业余）	19
疾走	17	打羽毛球（专业）	29
负重7kg或抱婴儿常速走	15	篮球比赛	33

活动方式	热量消耗/[kJ/（h·kg）]	活动方式	热量消耗/[kJ/（h·kg）]
慢跑	29	柔和舞蹈	21
田径跑	42	做家务	15
稳坐	4	搬家具	25
站立	10	粉刷墙	19

4. 其他

处于生长发育时期的特殊人群，如儿童、青少年或者乳母、孕妇的额外需求，可参见附录二。

| 拓展阅读 |　　　**大脑、舌头上当记**

大脑是人体最聪明的器官，为节约精力，它习惯于用原始习惯来选择食物。这些原始习惯包括从视觉颜色、嗅觉香味、口感风味以及听感、质感等，来推测食物成熟度和美味度。在工业革命后，很多食品厂商顺应科技发展，研制出多种色香味俱全的加工食物，可是由于储运和加工的需求，这些食物的营养素结构和其基本食材相比，已经发生了很大的变化。假如人脑还忠于本能不经思考，就会被高糖、高脂、高蛋白和高盐等营养素偏颇的加工食物所欺骗。

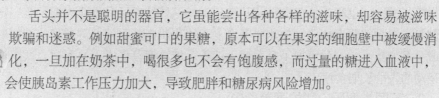

舌头并不是聪明的器官，它虽能尝出各种各样的滋味，却容易被滋味欺骗和迷惑。例如甜蜜可口的果糖，原本可以在果实的细胞壁中被缓慢消化，一旦加在奶茶中，喝很多也不会有饱腹感，而过量的糖进入血液中，会使胰岛素工作压力加大，导致肥胖和糖尿病风险增加。

第二节　构成生命的物质基础——蛋白质

一、食物中的蛋白质

（一）食物中蛋白质的口感特点

弹嫩的豆腐、弹滑的鸡蛋清、弹韧的腐竹、弹香的牛肉，其共同的口感特点是有弹牙的嚼劲，这是大多数含水量中低且富含蛋白质食物的共同特征，而含水量高且富含蛋白质的牛乳、豆浆之类则具备香醇浓厚的回甘。有些久炖的富含蛋白质类食物，如鸡汤、鱼汤、蘑菇汤之类，有特殊鲜味，是蛋白质热解后产生游离氨基酸和呈味核苷酸的馈赠。这些游离小片段的滋味虽然鲜美，对人体的滋补作用却不大。就炖鸡而言，香喷喷的鸡肉才是更滋补身体的蛋白质类食源。

（二）食物蛋白质的营养价值

蛋白质是一切生物体内所含的含氮高分子化合物，是由天然氨基酸通过肽键连接而成的生物大分子，所含的元素除了碳、氢、氧、氮外，还含硫、磷、铁、铜、碘、铝等。食物中的各种蛋白质都是构建和修复人体所需的原料。氨基酸是构成所有蛋白质的基本单位，是含有碱性氨基和酸性羧基的有机化合物。人体能分解食物中成千上万种蛋白质，使其成为二十余种氨基酸，并按照自身的基因蓝图，构建和修复人体。

1. 氨基酸的营养价值

食物所含的蛋白质不同，其氨基酸的种类和数量差异很大。通常按照人体对这些氨基酸需要的程度差异，将其分成必需氨基酸和非必需氨基酸两大类别。

（1）必需氨基酸的营养价值　人体的必需氨基酸包括：缬氨酸、异亮氨酸、亮氨酸、苯丙氨酸、蛋氨酸（甲硫氨酸）、色氨酸、苏氨酸和赖氨酸；对于较小的儿童而言，还要增加一种组氨酸。如果这些必需氨基酸的数量及比例与人体所需不匹配，在人体内是无法合成正常细胞结构的，功能上也会有缺陷，如皮肤渗出性疾病、心肌无力等，还会导致身体虚弱、精神萎靡，影响健康和美态。

（2）非必需氨基酸的营养价值　非必需氨基酸并非人体不需要的氨基酸，而是人体可以通过自身合成或从其他氨基酸转化的途径获取它们，不一定非要从食物中摄取。有些非必需氨基酸的摄入量对必需氨基酸的需要量有影响。例如，当膳食中半胱氨酸和酪氨酸充足时，可分别节省对蛋氨酸和苯丙氨酸的需要。因此，半胱氨酸和酪氨酸又被称为半必需氨基酸或条件必需氨基酸。

（3）支链氨基酸的营养价值　支链氨基酸就是指富含支链的氨基酸（亮氨酸、缬氨酸和异亮氨酸），也称为复合支链氨基酸。支链氨基酸对于促进肌肉增长有一定好处，是有助于健身人群缓解肌肉疲劳、加速肌肉恢复和防止肌肉分解的保健食品。市售的支链氨基酸产品成分差异很大，有的添加了葡萄糖、淀粉等能源型营养素，并不适合试图调整体脂率和轻度运动的人群长期食用。

2. 不同类型蛋白质的营养价值

食物中的蛋白质除按照来源将其分为动物蛋白、植物蛋白、菌藻蛋白和微生物蛋白的分类方式外，应用最多的分类方式为按照人体对食材的蛋白质需求程度来分类，可参见表1-5按营养价值划分的蛋白质类型和其对人体的影响。

表1-5　按营养价值划分的蛋白质类型和其对人体的影响

蛋白质类型	含有必需氨基酸状况	对人体功效	推荐食材
完全蛋白质（优质蛋白）	食物所含有的必需氨基酸和人体所需的蛋白质构成所需的对比，不但种类齐全，而且数量充足	能够保证人的生命活力，也能够满足儿童生长发育需求	乳类中的酪蛋白、乳白蛋白，蛋类中的卵白蛋白、卵磷蛋白，肉类中的白蛋白、肌蛋白，大豆中的大豆蛋白，小麦中的麦谷蛋白，玉米中的谷蛋白等

续表

蛋白质类型	含有必需氨基酸状况	对人体功效	推荐食材
半完全蛋白质	食物中所含的必需氨基酸和人体所需的蛋白质构成所需的对比，种类勉强齐全，但含量和比例不合适	仅能维持人的存活，但很难满足儿童生长发育所需	小麦中的麦胶蛋白
不完全蛋白质	食物中所含的蛋白质的必需氨基酸和人体所需的蛋白质构成所需的对比，不但种类不足，比例也不恰当	不适合人体的氨基酸模式，很难满足人的生命活动需求，更不能给儿童生长发育提供保障；少量食用时可以配合富含维生素C的食材增加吸收比例	玉米中的玉米蛋白，海参、鱼皮、动物蹄筋和肉皮中的胶原蛋白，豌豆中的豆球蛋白等

（1）优质蛋白的营养价值　完全蛋白质是指某种食物中的蛋白质富含全部的8种人体必需氨基酸，并且其数量与比例和人体氨基酸模式接近，也叫优质蛋白质。大多数动物性产品的蛋白质属于优质蛋白，例如瘦肉；极少数植物种子蛋白质勉强算为优质蛋白，例如大豆。

（2）非优质蛋白的营养价值　半完全蛋白质和不完全蛋白质被认为是非优质蛋白质。非优质蛋白质并非身体不需要的蛋白质，而是其中都会有一种或几种必需氨基酸含量相对较低，导致其他必需氨基酸在体内不能被充分利用。这些含量不足的氨基酸被称为限制性氨基酸，其中含量最低的成为第一限制性氨基酸，第二低的为第二限制性氨基酸。赖氨酸是谷物食品中的第一限制性氨基酸，小米、大米、玉米之类都缺乏赖氨酸，豆类食物的第一限制性氨基酸是蛋氨酸。

（3）蛋白质互补作用的营养价值　在日常饮食过程中，如果合理搭配多种来源的非优质蛋白，也能够凑齐种类和数量不足的必需氨基酸，实现蛋白质中氨基酸的互补，满足健康和美容的身体需求。例如，做饭的时候如果在谷类（缺乏赖氨酸）中加入豆类（缺乏蛋氨酸），就能实现氨基酸的互补，从而更合理地构成人体组织结构。想要实现蛋白质互补作用须遵循三个原则：①食材的亲缘关系愈远愈好；②食材种类愈多愈好；③食用时间愈近愈好。

在当前生活条件下，富含优质蛋白质的食物很多，除了严格素食主义者之外，一般不需要用上述方法补充蛋白质营养素。但其核心价值是减少食谱中富含脂肪的肉食、减轻体内毒素累积和增加植物富含的其他营养素的比例，如膳食纤维和维生素C等，从而预防慢性疾病和延缓衰老，属于排毒饮食的一种常见策略。

（三）富含蛋白质食物的风险

1. 富含蛋白质食物的自身特性

蛋白质是生物体内的活性含氮大分子物质，可能具备一定的活性和抗性，也很容易染菌。若豆类熟制的程度不够，其中包含的胰蛋白酶抑制剂、植物凝集素、皂苷未灭活，会导致人体胰腺肿大、恶心、腹泻、胸闷、出冷汗等中毒风险；而生食动物类的蛋类、肉类、鱼虾，除酶抑制剂影响人体营养素的吸收利用外，还增加感染寄生虫、细菌和霉菌等风险。因此，大多数富含蛋白质的食物都需要热加工，才能降低人类过敏或中毒的风险。不过，益生菌类食物一定要冷藏保持其蛋白质活性，否则就丧失了对人体肠道的调节保健功能。

2. 富含蛋白质食物的加工风险

富含蛋白质的食材会随着一些不当的储藏加工过程而增加毒素：肉类加工品如香肠等，会人工添加亚硝酸盐抑制毒性强烈的肉毒杆菌；熏烤动物肉类时，过熟的带黑烟部位是最香的，就潜藏多环芳烃；油炸富含蛋白质的食材时，伴随着褐变反应，会有大量杂环胺生成。上述这些毒素在人体出现慢性炎症或逆境感染时，就会增加体细胞突变和多种更严重慢性疾病的风险。

（四）食物蛋白质的来源

蛋白质的食物来源可分为植物性蛋白质和动物性蛋白质两大类。动、植物来源的蛋白质含量可参考表 1-6。植物性蛋白质中，谷类含蛋白质9%左右，蛋白质含量不高，但因为是人们的主食，所以仍然是膳食蛋白质的主要来源。豆类含有丰富的蛋白质，干大豆含的蛋白质比例为36%～40%，氨基酸组成也比较合理，是植物类食物中非常好的蛋白质来源；蛋类含蛋白质11%～14%，是优质蛋白质的重要来源；乳类（牛乳）一般含蛋白质3.0%～3.5%，是婴幼儿蛋白质的最佳来源；禽、畜和鱼的肌肉含蛋白质15%～22%，其营养价值优于植物性蛋白质，是人体蛋白质的重要来源。但是，来源于动物的肉类和内脏之类食材，不但富含蛋白质，还富含脂肪，所以肉类过量是发生心脑血管和多种内脏慢性疾病的原因之一。并不是吃肉不好，只是需要注意在蛋白质数量足够的前提下，优质蛋白质的摄入比例占总食用蛋白质的比例30%～40%时对人体更好。

表1-6　常见动、植物类食物中的蛋白质含量

动物类食物	100g食物蛋白质含量/g	植物类食物	100g食物蛋白质含量/g
猪肉（瘦）	16.7	稻米（籼）	6.9
猪肝	21.2	稻米（粳）	6.2
牛肉（瘦）	20.3	小麦粉（标准粉）	10.4
牛乳	3.3	小麦粉（富强粉）	9.1
鸡肉	23.3	黄豆	40.5
鸡蛋	11.8	绿豆	23.0
鸭肉	13.1	花生	24.6
带鱼	16.3	油菜	1.2
鲫鱼	19.5	大白菜	0.9
白鲢	17.0	萝卜	1.8

动物类食物	100g食物蛋白质含量/g	植物类食物	100g食物蛋白质含量/g
对虾	20.6	苹果	0.2
		橘子	0.7

（五）食物蛋白质的推荐摄入量

在中国常见家常饮食中，植物性来源的食物比例不低。谷类的蛋白质氨基酸模式尽管不是最优，却也给人体提供了一定比例的蛋白质来源。因此，能满足绝大多数轻体力劳动的成年女士和男士的蛋白质需求，大概分别为65g和75g。除了每日50～150g的粮谷、杂豆类和50～100g的新鲜薯蓣类外，剩下的蛋白质量大概为2～3个鸡蛋或者相应大小的肉类能补足的。因为人体结构和动物性食材相似性更大，所以对于动物性蛋白质的利用率要优于对绝大多数植物性蛋白质的利用率，并且滋补效果也好得多。如果偏向素食，则需要在专业医师和营养师的指导下进行蛋白质互补作用的膳食氨基酸调整。

二、蛋白质的人体作用

蛋白质占人体重量的16%～20%，即一个60kg的成年人其体内约有蛋白质9.6～12kg。虽然人体中蛋白质的种类很多，性质功能各异，但都是由20多种氨基酸按不同比例组合而成的，并在体内不断进行代谢与更新。人体内很多的氨基酸是可以循环再利用的，过多的含氮产物同样会造成负担。所以，对于轻度体力劳动者而言，每千克体重每天约需要0.8g氨基酸均衡的蛋白质，就能实现均衡的体重和生理状态。饮食中的绝大多数蛋白质需要被人体消化分解成氨基酸，才能搭建出所需的重要分子，如DNA、激素和神经递质；部分含有2～3个氨基酸的小分子肽也可以被少量吸收；一些细菌或者一些活性蛋白质也能以完整蛋白质的形式被微量吸收，进而影响人体状态。

（一）功能与用途

蛋白质虽然可以提供能量，但其最主要的功能还是给体细胞提供含氮的框架，并通过构成器官等而实现对人体功能的调节。

1. 构成人体结构

蛋白质是人体细胞的重要组成部分，是组织更新和修补的主要原料。蛋白质不但参与构成毛发、皮肤、肌肉、骨骼、内脏、大脑、血液和神经等器官组织，还参与构成酶类、激素、抗体等能调节人体状态的精密结构。其中，前一类蛋白质是构成人体器官组织主要的形态基础，被称为非活性蛋白；后一类蛋白质具备重要的人体调节功能，被称为活性蛋白。

2. 调节人体状态

蛋白质参与构成的任何器官组织，都需要形成健康完整的形态，才能实现应有的人体调节功能。例如，胶原蛋白就是人体的内外支架，在皮膜和骨骼中起到定型的作用；酶是具备催化功能的蛋白质，让很多重要反应得以在体温下进行；激素是机体特殊部位加工合成的高效能物质，是重要的信使物质，能让人更快进入各种相应状态，比如说催乳素就有让人平和冷静的功效。另外，血红蛋白负责输送氧气，脂蛋白负责运载脂肪，白蛋白负责调控人体的渗透压、乙酰胆碱、5-羟色胺等神经递质负责实现神经系统的正常功能，白细胞、淋巴细胞、巨噬细胞、抗体（免疫球蛋白）等负责保卫人体等。蛋白质相关的人体调节功能，对于人体表达出的状态而言极为重要。

3. 提供能量

补足身体结构后，倘若还有剩余的蛋白质，就会用于燃烧供能，1g蛋白质提供的热量约为4kcal。

（二）蛋白质失衡的人体损害

蛋白质是主要含氮物质，膳食蛋白质在体内的利用情况可以用氮平衡衡量。蛋白质是人体最重要的生物大分子，在人体需要保持一定的平衡和稳态。因为蛋白质是人体氮的唯一来源，所以氮平衡能说明人体组织蛋白质的分解与合成处于平衡状态。儿童由于生长发育逐渐长大就是正氮平衡；因病而消瘦则是负氮平衡；大多数成年人需要保持零氮平衡的稳态。目前研究认为促进能量代谢的B族维生素都有辅助蛋白质吸收利用的作用，例如维生素B_6、维生素B_2，维生素C和维生素E合作也有帮助生成胶原蛋白的作用。过度依赖单一营养素的保健品反而会造成营养素失衡，甚至能产生结石、肾脏负担、脱发、免疫力低下等毒害作用。摄入过量的蛋白质和缺乏足量的蛋白质，对人体的伤害都极为显著。

1. 蛋白质过量的人体损害

蛋白质的重要性不言而喻，但是构成人体结构后的多余蛋白质是可以作为能量来源使用的，并且产能后的剩余部分带有脱氨作用分解产生的氨类、尿素、尿酸、组胺等毒性含氮残基，未消耗完的能量会以脂肪形式储存，同时积累酮酸。肝脏和肾脏运载这些废弃物需要消耗多种载体和抗氧化营养素。蛋白质过量的常见风险如下。

（1）发胖风险　如果蛋白质用于补足人体结构之后还有剩余，也会转化成脂肪储存在人体中。虽说蛋白质的产热系数远低于脂肪，并不是最容易导致人体发胖的营养素。但是大多数富含蛋白质的动物性食物，也往往富含能量很高的脂肪和胆固醇，也必然摄入较多的增加人体发胖的风险和代谢疾病的隐患。各类人群在需要调控体重的时期，也更要选择适当的蛋白质来源。

（2）肾脏负担　各种过量含氮的蛋白质残基都需要经排泄才能代谢出体外，否则就会囤积在体内毒害人体。这一过程需要大量水分，所以尤其会增加肾脏负荷。以尿素为例，高蛋白饮食是造成尿素水平高的最主要原因。适量尿素能调控人体含水量，但当尿素大量聚集而不能排出时，就会严重破坏人体的电解质平衡，也就可能造成人体水肿、慢性肾衰竭、神经失调等疾病的发生。

（3）骨钙流失　在膳食中，大多数磷和硫主要来自富含蛋白质的食物，如肉、蛋类等。它们都对矿物质代谢有影响，能增加粪钙和尿钙的流失。此外，氨基酸分解产物羧基基团，也不利于钙吸收。总之，在低钙的情况下，摄入的蛋白质越多，尤其是动物性蛋白质的比例过大，对于钙平衡越不利。

（4）体味增加　蛋白质占食物比例过大时，其中的氨类、酮类等分解产物的浓度较高，会导致尿液和粪便的气味较大。在人体代谢不畅之时，对口气和体味也会有影响。当发现吃完较多富含蛋白质的食物后排泄物的气味很大的时候，人体需要进食较清淡低蛋白饮食，用以缓解解毒器官的负担。

（5）特殊疾病　一些特殊的氨基酸代谢疾病患者的蛋白质摄入量极易超标，需要严格限制其摄入量和种类。这些疾病包括基因决定的先天转化障碍和日常累积造成的代谢综合征等。前者包括酶缺陷造成的氨基酸过敏或不耐受，比如苯丙酮尿症和麸质过敏症；后者主要是指肾脏受损和蛋白质代谢异常的相关疾病，如急慢性肾炎、肾损害、高尿酸血症等。

2. 蛋白质缺乏的人体损害

成人和儿童都能发生蛋白质缺乏症，且因为儿童处于生长阶段，所以发病风险更大。易发病人群包括以米粉和素食为主食的婴幼儿、不注重蛋白质互补作用的素食主义者和盲目减肥者。蛋白质的缺乏常和能量的缺乏共存，即蛋白质-热能营养不良。这种营养缺乏症可分为两种类型：一种是热量摄入基本满足，而蛋白质严重不足的营养性疾病，称加西卡病；另一种即为蛋白质和热量摄入均严重不足的消瘦症。素食主义者更需要精心搭配不同来源的蛋白质类食材，需要用豆类、坚果类补足植物性食材的氨基酸缺陷。千万不能陷入自我认同的情绪中，盲目搭配彩色蔬果拼盘，这对于蛋白质补足用途不大。蛋白质不足的常见风险如下。

（1）外观不良　蛋白质营养不良的儿童常见症状为生长发育迟缓、干瘦或水肿等严重发育不良现象，而成年人则表现为身体瘦弱、肌肉萎缩、头发干枯、皱纹增加、口唇炎症和皮损性疾病或痤疮等疾病多发的特征。

（2）体质下降　蛋白质缺乏会导致人体对疾病的抵抗力减退，并会因易感染而继发疾病，也常伴随贫血或代谢率下降的症状。这些和器官组织的结构不良以及神经、激素、免疫球蛋白等活性蛋白的合成不足都相关。

（3）精神障碍　蛋白质营养不良会导致脑内神经递质和激素类合成不足，进而影响脑部的正常功能。常见症状包括焦虑抑郁、失眠易怒、淡漠偏执、记忆衰退或难集中注意力等多种精神障碍类疾病。

| 案例分析 |　　**"健康素食"吃出的早衰**

　　某素食博主，37岁，在长期素食后出现皮肤干燥、头发干枯、指甲易断、头痛头昏、失眠抑郁、心律不齐、流感反复、月经失调等症状，经医院检测，她的促卵泡激素已经达到了绝经妇女的水平。请你给她一些饮食调理建议。

| 拓展阅读 |　　**嘌呤与高尿酸血症**

　　源于细胞核中遗传物质中的嘌呤和高尿酸血症的发生有关。虽说嘌呤对于合成人体辅酶也有一定作用，但是对于缺乏运动、缺乏B族维生素或者经常饮酒的人来说，他们血流较慢、代谢不畅，由嘌呤转化而成的尿酸在体内逐渐积累，形成高尿酸血症。若尿酸浓度持续增加，难以代谢，就会在其四肢末端和某些关节部位结晶沉积，造成痛风性关节炎和肾病。大多数富含蛋白质的食物，包括海鲜、动物的肉和内脏都属于

细胞较小而细胞核比例较大的类型，所以嘌呤含量相对会高；大多数富含水分、脂肪和糖类的水果和蔬菜等蛋白质含量低的食物类型，其细胞比较大，且还有细胞壁，所以细胞核比例相对就低，嘌呤含量就低。但这并非绝对的。富含蛋白质的牛乳和未发生细胞分裂的蛋类嘌呤含量很低，适合高尿酸血症患者用于补充营养。另外，烹调食物时用于调味的鸡精是由味精、核苷酸、有机酸盐等组成的，其中核苷酸也包含嘌呤碱，所以也不适合高尿酸血症患者食用。常见食物的嘌呤含量可以参见附录六。

第三节　注入精力的最初源泉——糖类

一、食物中的糖类

（一）食物中糖类的口感特点

清甜的苹果、酸甜的柑橘和香甜的面包，都具备甜味。这些荡漾在舌尖的甘醇中，最初都源自光合作用对植物的恩赐，是植物经光合作用累积的最纯净的没有含氮残基的能源，由C、H、O三种元素构成。原始人类很早就发现：绝大多数含有甜味的食物是无毒的，带来这些美好的滋味的关键就是糖类。实际上，糖类的来源广泛而复杂，其中一部分分子量低的有甜味的才是通常意义的甜味糖，如水果、蜂蜜之类。很多由糖苷键将低分子糖缩水结合后所形成的糖类并没有甜味，原因是醛基或酮基等能呈现甜味的化学基团被掩盖住了。常见的淀粉类食物，被唾液中的淀粉酶分解之后才能隐约流露出甜味；不能被人体酶解的植物细胞壁多糖则根本不能呈现出甜味，只能带来黏稠的胶状口感或者丝丝分明的韧感。

（二）糖类的营养价值

糖类是一切生命体维持生命活动所需能量的主要来源，是自然界中广泛分布的一类有机化合物。植物中最重要的糖类是淀粉和纤维素，动物细胞中最重要的多糖是糖原。自然界的糖类通常都由一种简单的碳水化合物——单糖所构成，通式为 $(CH_2O)_n$（$n \geq 3$）。常见的葡萄糖、果糖、甘油醛皆属单糖。然而糖醛酸和脱氧糖等物质并不符合此通式，另外还有一些物质符合通式但并非糖类，如甲醛和肌醇。大多数与营养相关的书籍中，会把糖类写成碳水化合物的字样，属于延续下来的习惯说法。因为各种食物中不同糖类的分子大小与人体可吸收利用的程度差异很大，所以它们对于人体健康调控和美容影响差异也很大。

1. 能源性糖的营养价值

富含能源性糖类的食物是人类最主要的能量来源，其引起人体血糖波动的能力也较强。

（1）能源性糖对血糖的影响　血糖指数（GI）和血糖负荷（GL）是日常生活中有利于人们更准确了解不同食物对血糖影响的指标。食物的GI是衡量它提高人体的血糖水平的速度，GL则解释了人体所吃进的所有含糖食物的升糖程度。

① 血糖指数（GI）是一种数量指标，是指以食用50g纯葡萄糖后2h内的血糖增加值为基

准，其他食物则以食用后2h内血糖增加值与食用50g纯葡萄糖的血糖增加值之比。常见食物的血糖指数见表1-7。其中低GI的食物引起血糖变化小，而高GI的食物引起血糖升高幅度大，也迫使胰岛素分泌数量增加。GI计算公式如下：

$$GI = \frac{食用含有50g碳水化合物某食物后2h血糖变化}{食用50g葡萄糖后2h血糖变化} \times 100$$

食物的GI本身并不能很好地提示该食物是否健康，例如，薯条的GI比煮土豆低，但脂肪含量很高。另外食物的血糖指数不是一成不变的，当全麦面包的颗粒足够细致或柑橘被压榨成汁后，它们丧失细胞壁的保护，其血糖指数会上升；当蜂蜜混合糙米粥后，相当于增加了膳食纤维的"护甲"，其血糖指数也会稍有缓和。大部分能迅速提升人体血糖、唤醒活力的食物，也容易被消化，使人更快产生饥饿感，这也是很多人自认为吃得并不多，但就是很难瘦下来的主要原因。

表1-7 常见食物的血糖指数

食物的血糖指数水平	常见食物的血糖指数
高血糖指数：GI>70	麦芽糖105.0、葡萄糖100.0、蜂蜜73.0、方便面87.9、绵白糖83.8、面条81.6、馒头88.1、烙饼79.6、油条74.9、红薯76.7、西瓜72.0、南瓜75.0、胡萝卜71.0、米饭83.2
中血糖指数：GI55~70	菠萝66.0、葡萄干64.0、香蕉58.0、甜玉米55.0、爆米花55.0、马铃薯62.0、全麦面包69.2、橙汁60.0、酸乳56.0
低血糖指数：GI<55	猕猴桃52.0、苹果36.0、桃子28.0、葡萄43.0、奶酪36.0、黄豆18.0、豆腐31.9、牛乳27.6、黑豆42.0、绿豆27.2、生菜15.0、花生14.2

② 血糖负荷（GL）是一个质量指标，相当于摄入的某些血糖指数食物的总量。对于成年健康人，每日进食食物的总GL值以小于50为佳，但难度很大，至少也要控制在80以内。假如长期的GL都为80以上，就会增加人体继发性胰岛素疲乏抵抗的风险，进而造成糖尿病隐患。公式为：

$$GL = \frac{GI \times 碳水化合物含量（g）}{100}$$

GL>20的为高GL食物；GL在10~20的为中GL食物；GL<10的为低GL食物。

实际上，日常生活中并不需要过度抵制血糖指数高的食物，很多甜食在注意数量的情况下也能滋养细胞。只要对每天的血糖负荷心中有数：了解吃进的食物含糖量、熟悉摄入量，再配合一些能延缓血糖吸收利用的策略便可帮助控制血糖。例如，用餐前先吃清淡、细胞壁完整的绿叶蔬菜和不甜的番茄、青椒等。

③ 精制糖与非精制糖：

a. 精制糖的来源以富含糖类的植物性食物为主。精制糖的范畴包括一切为获得甜味而将细胞壁破坏和去除，或将汁液浓缩提纯的食物。被提取、浓缩的糖类，丧失了细胞壁的保护，提供了大量的"空热量"。按这个理论来看，精致糖除了白糖、红糖之外，还有果汁和蜂蜜。它们在人体内作用的速度较快，能让血糖迅速升高后迅速降低，常造成在能量不低的情况下出现饥饿感的现象，增加发胖、龋齿的风险。

b．非精制糖则泛指带有完整细胞壁结构的含糖食物，包括谷薯类、淀粉类、水果类食物，细胞壁能够延缓其中的糖被人体利用的速度，使得血糖供应平稳而安全。一般来说，纤维口感重的果蔬所含糖类释放速度最慢，非精加工的粗粮类所含糖类有细胞壁屏障，能缓慢释放，稳定血糖，还能让人的饱腹感时间增长。

（2）能源性糖的类型　能源性糖的最主要类型包括大多数单糖、双糖和能被人体酶解的植物淀粉和动物糖原。

① 单糖：单糖是指分子结构中含有3～6个碳原子的糖，如三碳糖的甘油醛，四碳糖的赤藓糖，五碳糖的阿拉伯糖、核糖、木糖，六碳糖的葡萄糖、甘露糖、果糖、半乳糖等。食品中的单糖以己六碳糖为主，最常见的单糖包括葡萄糖、果糖和半乳糖。

葡萄糖是人体最简单、最有效的燃料，是人体能直接应用的糖类形式，也是一种在蜂蜜和各种甜味果蔬中广泛存在的单糖；果糖是水果富含的一种单糖，因为只有肝脏才能处理果糖，所以高果糖饮食的人患2型糖尿病的风险更高；半乳糖存在于哺乳动物的乳汁和脑髓的脑苷脂中，而半乳糖的一些衍生物存在于一些植物的黏液中。

② 双糖：双糖是由两分子的单糖通过糖苷键形成的化合物。天然存在的游离态和具有功能的糖类以哺乳动物乳汁中的乳糖、植物的蔗糖和麦芽糖为代表。

a．乳糖甜度约为蔗糖的1/5，占鲜乳中固形物的比例为2%～8%。人类婴幼儿的肠道分泌的乳糖酶可将乳糖分解为单糖，而成年人体内的乳糖酶的活性衰退，常饮用鲜乳后出现腹泻、腹胀等症状，即乳糖不耐症。

b．蔗糖原特指由甘蔗汁熬晒而成的糖浆，现在其意义很广泛，凡是符合由一分子葡萄糖和一分子果糖共同脱水缩合而成的双糖都可以称为蔗糖。蔗糖包括多种液体糖浆、糖霜、绵白糖、方糖、砂糖、单晶体冰糖、多晶体冰糖、红糖、黑糖的不同类型。一般来说，颜色越深，可能说明熬煮时间越长或者矿物质等杂质含量较高。但是从蔗糖主要的营养素性质来看，矿物质含量实属很低，从深色糖类中获得矿物质的方法还是弊大于利。

c．麦芽糖是最初在麦芽萌发时，淀粉酶将麦芽胚乳中淀粉分解的产物。麦芽糖具备很好的可塑性，旧时手艺人吹糖人、拉糖画之类，都是应用了这一特性。但因为它的甜度很低，不到蔗糖的一半，不适合食品工业的发展，所以应用越来越少。

③ 多糖：多糖是指由10个以上单糖通过糖苷键聚合而成的高分子糖链。常见的能源型多糖包括植物储藏能量的淀粉和动物暂存体能的糖原。前者来源广泛，会被唾液和胃中的淀粉酶分解成葡萄糖分子，是给人体供能的主要来源；后者主要来源于动物的肌肉和肝脏中，含量分别为总重量的1%～2%和6%～8%，也会在各种淀粉酶作用下分解，但产物多为麦芽糖和糊精。

2．功能性糖的营养价值

功能性糖是一类对人体具有特殊保健功效的糖类。它们较难或几乎不能被人体酶解，因此引发血糖波动较小或几乎不能给人体提供热量。

（1）功能性糖的保健作用

① 有利于肠道中双歧杆菌和其他有益菌的增殖，抑制肠内沙门菌和腐败菌的生长，抑制肠内腐败物质，改变大便性状，防治便秘，并增加维生素合成，从而改善人体状态和提高免疫力；

②功能性糖能吸附肠道中的脂质和胆固醇，能改善血脂代谢，降低血液中胆固醇和甘油三酯的含量，对高血脂、高胆固醇患者有利；

③功能性糖在人体很难酶解，使血糖升高的能力很低，所以很少会转化为脂肪，适合糖尿病和肥胖患者；

④大多数功能性糖相对于能源性糖而言，被龋齿菌利用的程度低，具备一定预防龋齿的潜在好处。

（2）功能性糖的类型　功能性糖主要包括功能性低聚糖和功能性多糖两大类。

①功能性低聚糖：低聚糖也叫寡糖，是指由2~10个单糖通过糖苷键聚合而成的化合物。除去其中能给人体提供能量的能源性双糖之外，大部分低聚糖都很难被人体酶解。因为大多数功能性低聚糖被人体摄入之后，在人体胃肠道内几乎不被消化吸收，而直接进入大肠内为双歧杆菌所利用，所以引发血糖波动的能力也较小。这种特性使得它们可以优先为双歧杆菌所利用，是肠道有益菌的增殖因子，所以也被称为益生元。低聚糖的甜度很低，大概是蔗糖的1/6~1/3。这些功能性低聚糖主要包括：低聚木糖、低聚果糖、水苏糖、低聚半乳糖、低聚异麦芽糖、大豆低聚糖等。功能性低聚糖往往具备延缓衰老、抑菌通便、调节血糖、降低血脂、保护肝肾以及提高钙、铁、锌离子等矿物质的吸收率等作用，对人类而言是一种保健品。但是低聚糖吃多了也会造成胀气腹泻、腹痛肠鸣等。

②功能性多糖：功能性多糖的种类很多，主要包括：植物中不能被人体消化吸收的膳食纤维、昆虫外壳所含的几丁质（壳多糖）和动植物体内的糖胺聚糖等。

膳食纤维是人体不能酶解的多糖，也几乎不能给人体提供能量。但是它们参与人体肠道内益生菌的增殖、有利于人体的物质代谢。前者和功能性低聚糖的特性类似，后者包括促进脂质代谢、胆固醇代谢和重金属代谢。但是过量的膳食纤维同样能增加人体肠胃产气，并不利于脂溶性维生素的运转和钙、铁、锌等金属离子的吸收利用。

动植物体内的糖胺聚糖，又称黏多糖或者氨基多糖，都是蛋白聚糖的主要组分，包括提升组织含水量的透明质酸、提升抗逆能力的硫酸软骨素和硫酸皮肤素，以及有助于提升血液代谢活性的肝素和硫酸乙酰肝素等。理论上来说，糖胺聚糖的主要功效为促进吸附食物中的胆固醇和甘油三酯，而提升皮肤含水量、促进血液循环等保健功效相当有限，这是其难以被人体酶解和分子量太大、难以被吸收利用的特性造成的。

（三）富含糖类食物的风险

1. 富含糖类食物的自身特性

葡萄糖是器官和组织能直接利用的形态。能产生能量的果糖、乳糖、淀粉等各种其他类型糖类在人体肝脏内最终转化的结果都是葡萄糖。人类还能通过采集、浓缩、转化的方式，获得更甜的滋味，如红糖、转化糖浆等，也都是常见超市甜食的口味担当。人脑一旦接受美好的事物，神经传导物质多巴胺会产生兴奋感，这也是吃糖使人快乐、恋爱让人幸福的主要原因。但如果嗜食甜食，会影响牙齿和体重，甚至血糖和精力。

2. 富含糖类食物的加工风险

果糖分子是人体不能直接吸收的常见形式，要么需要转化成葡萄糖才能被人体吸收利用，要么就会以脂肪的形式储存在肝脏当中，而目前超市经常能买到的食物，大多数是玉米转化糖浆，其主要成分依然是果糖，所以加工食物吃得太多，会增加脂肪肝的发生风险。

很多人为了尽量少吃精制糖，会选择全谷物的黑麦面包、全麦饼干之类粗粮加工品。然而这些粗粮主食口感粗糙，很多商家为改善口感，加工时添加大量油脂，如饱和脂肪甚至人造油脂，来增加其香滑感。因此，养成分析食品标签、分析食品成分的习惯，对于搭配食材和比例来说格外重要。

（四）食物中糖类的来源

糖类的主要来源包括粮谷类和薯类，前者含糖量为60%~80%，后者的含糖量是15%~30%。豆类的含糖量可达40%~60%，但其中大部分为功能性低聚糖形式，很难被人体吸收利用。对于超市中的商品来说，通过其标签，就能比较出含糖量的差异。通常来说，尽可能选择精制糖含量低的食品，有助于保持人体内胰岛素灵敏度。例如，尽管甜玉米的含糖量为60%以上，但是有细胞壁结构保护，也能在人体内缓慢释放；而奶茶含糖量为14%，却能导致血糖的较大波动。很多天然食材中的酸味成分会影响人们对其含糖量的真实判断。山楂含糖量是20%左右，远超过番茄（3.5%）和西瓜（7.9%），加工成山楂片、山楂卷后，含糖量能高达30%。含不同类型糖类食物，释放能量的速度并不一样，三大原因为：食材中糖类含量、糖类分子组成、其他成分的影响。细胞壁、脂肪、蛋白质都是能延缓糖类吸收速度的因素。常见食物的含糖量如表1-8所示。

表1-8　常见含糖食物的类型与含糖量　　　　　　　　单位：g/（100g）

主食类含糖量	蔬菜类含糖量	水果类含糖量	加工类含糖量
大米76.0	白菜3.1	鲜枣28.6	冰激凌23.8
富强粉72.9	木耳35.7	香蕉20.8	蛋糕64.0
馒头49.0	番茄3.5	桃10.9	巧克力57.2
面条57.0	黄豆18.6	柿17.1	牛乳6.1
玉米面72.0	芹菜3.3	葡萄9.9	豆浆2.1
糯米粉72.9	马铃薯16.5	橙10.5	麦乳精37.7
方便面60.9	茄子3.6	苹果12.3	酸乳12.5
面包93.0	花生仁5.5	西瓜7.9	奶茶14.0
玉米66.7	冬瓜1.9	山楂20.1	拿铁咖啡13.9
绿豆55.6	萝卜4.0	梨7.3	

（五）食物糖类的推荐摄入量

中国常见家常饮食中，富含糖类的食物来源并不少。每日50~150g的粮谷和杂豆类以及50~100g的新鲜薯芋类就能基本满足身体所需，起到节约蛋白质和预防生酮反应、增加肝脏解毒能力等相应功效。如果喜好零食或者短期用脑需要，每日进食精制糖的数量尽量不要超过25g，大概是半瓶500mL可乐或者一瓶200mL酸乳所含有的糖量。可见大杯奶茶、脏脏包、蛋挞之类甜食的糖分实在太多了，需要学会取舍。

二、糖类的人体作用

糖类除了构成人体肌肉和肝脏中的糖原之外，还能构成糖蛋白和糖脂等复合物，剩下的几乎全部转化为给细胞提供能量的血糖。胰腺当中的胰岛素和胰高血糖素负责调控人体的血糖情况。如果血糖时常剧烈波动太大，说明食物中的精制糖比例较高。如果嗜食甜食，长期成瘾，那么胰岛素和胰高血糖素就很难得到休息和补充，导致这两种激素的敏感性降低，使人体糖耐量减低和患2型糖尿病的风险增加。

血液中的葡萄糖被称为血糖，常规饮食情况下，大多数血糖源自食物中的能源性糖，少数血糖是其他产能营养素经人体转化而来的。细胞中的细胞器会将血糖转化为能量，并利用能量完成多种生理功能。葡萄糖还能转化成人体的储备糖原，包括灵活存取的糖原和较为稳定的脂肪。糖原，又称肝糖或动物淀粉，主要储存于人体肝脏中，是一种由葡萄糖结合而成的支链多糖。当人体血糖水平下降时，糖原可以转化成葡萄糖。一旦肝脏的糖原储存较多，多余的葡萄糖就会倾向于转化为脂肪并储存在身体各处。

（一）功能与用途

1. 提供能量

因为糖类是最初来源于植物光合作用的、没有含氮残基的能源物质，并且糖类的来源广泛、易于获得，所以含能源性糖的食物是大多数国家和地区人的主食。食物中的能源性糖能给人体提供热量，1g能源性糖的产热能力约为4kcal。

2. 调节人体状态

人体吸收利用的糖类能够促进蛋白质的优化利用，降低身体产生毒素的风险，从而起到保健美容滋润的功效。平时不吃甜食的人，在考试复习时吃几颗巧克力、奶糖或者喝点甜饮料，都能改善心情和增加大脑工作效率。

适当增加含糖食物给人体提供能量的比例，就能降低蛋白质和脂肪摄食比例，从而节约蛋白质供给身体组织的构成需求，也能抵御蛋白质和脂肪提供能量的过程当中产生伤害人体的酮类物质，降低产生口气、面色灰暗、肾负担、钙流失等的风险。糖类在肝脏当中会生成一种叫葡萄糖醛酸的解毒物质，这种物质可结合酒精等多种毒素，并能将其带离体外，有预防肝炎、肝硬化和一些药物中毒的作用。

很多功能性糖能够通过吸水膨胀增加人体的饱腹感，从而调控体重，预防肥胖；还能促进肠道内益生菌的增殖、吸附过多的胆固醇和血脂；还有助于肠道的蠕动，帮助人体将废物尽快带出；也有降低毒素吸收和保护肝肾的作用，能辅助改善人体肤色。

3. 构成人体结构

由糖构成的人体结构比例不多，但同样相当重要，这些含糖结构包括本质为糖蛋白的抗体、构成细胞膜的和脑内神经成分的糖脂和一些复合的糖蛋白结构。所以糖类对于增强人体免疫、脑部功能和结缔组织的完整性都有好处。糖类还辅助生成多种作用于脑神经的神经递质，对于保持人的心情起到了重要作用，有利于缓解抑郁和烦躁情绪。

（二）糖类失衡的人体损害

1. 皮肤病变

皮肤中糖的主要功能除了提供能量，也作为黏多糖、脂质、糖原、核酸和蛋白质等合成的底物。黏多糖在真皮中含量丰富，主要包括透明质酸、硫酸软骨素等，多与蛋白质形成蛋白多糖（或称黏蛋白），后者与胶原纤维结合形成网状结构，对真皮及皮下组织起支持、固定作用；黏多糖对于促进胶原纤维的合成，阻止细菌和毒素等入侵细胞，加强细胞之间的相互作用都有重要影响。很多皮肤病如局限性黏液性水肿、皮肤黏蛋白病、红斑狼疮、皮肌炎、硬皮病等都与黏多糖代谢有关。若人体血液中葡萄糖含量增高，皮肤和骨肉也容易发生真菌和细菌感染。

2. 血糖失衡

糖的成瘾机理，与咖啡因、烟、酒和毒品成瘾的机理类似。因为甜味会通过神经传导给人带来愉悦的感觉，所以对糖上瘾的人并不少见。常见的糖上瘾人士会表现出在固定时间吃糖，在不能吃到糖的时候，他们会感觉到抑郁、紧张、精神不振，这是身体调节血糖的能力变差的标志。其原因在于，吃糖会导致人体胰岛素负担增加，当胰岛素损耗和疲倦后就不再灵敏。这会使人体发生血糖失衡：轻微的血糖不平衡症状为高血糖导致的体重增加、精力减退或者低血糖引起的体重减轻、头晕乏力，而较极端的血糖波动则对应糖尿病和低血糖。

3. 缺糖损害

在人体没得到充足的能源性糖类物质时，肝脏会利用食物中的脂肪、蛋白质类营养素，以及体内脂肪来提供能量。这些物质在转化时，会产生可能会毒害身体的氨类和酮类。虽然部分营养学家认为，这种策略一定程度上有助于减肥，但是此方法存在很大的伤身损容风险，其疾病风险类似蛋白质过量的人体损害，故需要在专业营养师指导下才能采取，还需要定期复查血液中酮酸指标。

│拓展阅读│　　直链淀粉与支链淀粉的区别

淀粉是植物用来储存能量的，既可以在植物细胞内短期储存，是人类饮食中糖类能量的主要来源。淀粉类食物中直链淀粉和支链淀粉比例能影响其消化速度和利用程度。直链淀粉口感较差，但消化速度较慢，不容易出现胰岛素抵抗，对于肥胖症患者、高血糖患者来说相对友好；支链淀粉口感较好，香甜软糯，但容易诱导出现胰岛素抵抗，对于肥胖症患者、高血糖患者来说应当慎重。就糯米和大米而言：糯米中支链淀粉含量极高，容易糊化，更增加肥胖风险；普通大米中支链淀粉含量较低，隔夜或冷冻后容易老化成抗性淀粉，不利于吸收，却有利于减肥。抗性淀粉与非淀粉多糖性质类似，也可应用在糖尿病患者、肥胖症患者的膳食结构中。

│案例分析│

大学生小李的午餐是100g面条。请分析其血糖负荷属于何种水平，并给小李一些相关建议。

面条的升糖指数是81.6，面条含糖量约为25%，即面条的血糖负荷应该是

81.6×25/100，结果约为20.4。也就是说，如果每天三顿饮都吃面条的话，共300g的面条，引起的血糖负荷为61.2，在还没计算蔬果零食的情况下，已经超过了血糖负荷的较好要求。针对这种情况，小李可以对每日三餐的主食进行调整，既可以选择米饭，也可以搭配豆类、薯芋类，还可以适量减少主食的数量，还可以增加些色彩鲜艳但不太甜的蔬果比例，用来增加饱腹感。

第四节 填充美好的必要珍藏——脂肪

一、食物中的脂肪

（一）食物中脂肪的口感特点

香脆的薯片、香滑的骨髓、香嫩的牛排、香弹的猪肘、油润的核桃，其共同的特征香味都是来自内部富含的脂肪。脂肪的滋味被称为油脂味，也是除酸、甜、咸、苦、鲜五种基本味外，对食物滋味影响最大的第六味。研究发现，高浓度的油脂味并不美味，油腻且刺激；低浓度的油脂的滋味才能被人接受和喜爱。一般来说，舌头味觉感受器越灵敏的人，越抵触异常的或高浓度的油脂味，身材苗条的概率也越高。对于香浓奶油和香脆薯片感到难以下咽的人群也是真实存在的。遗传因素和生活习惯对味觉感受器的灵敏度均有影响。越是营养素不均衡，尤其是矿物质失调的人群，味觉灵敏度下降的风险越大，其对于人造奶油的加工品、油炸食物的偏爱倾向就越强，发生肥胖、血栓、脂肪肝等代谢综合征的概率也上升。

（二）食物脂肪的营养价值

食物中的脂肪以甘油三酯的形式存在，由碳、氢和氧原子构成，由一条甘油短链牵制三条脂肪酸长链，类似海神的神器三叉戟。每条脂肪酸长链中的碳原子都可以和相邻碳原子以单键或双键的形式结合。脂肪酸碳链长度和双键位置及数目的差别都可改变脂肪酸的类型，并对人体新陈代谢和物质运转产生不一样的影响。

1. 短、中、长链脂肪酸的营养价值

（1）短链脂肪酸（碳原子数2~5） 大多是肠道益生菌代谢产物，有助于维护骨质。

（2）中链脂肪酸（碳原子数6~12） 有助于毒素代谢和提高免疫力，存在于一些生物体内，但含量不会太多，往往和特殊气味相关，如羊膻味。

（3）长链脂肪酸（碳原子数>13） 有助于能量代谢和合成激素。涵盖大多数日常食物，如坚果、鱼类、动物脂肪、奶油蛋糕等。这些食物中的脂肪能被体内脂肪酶切割成中短链，或者裂解并释放能量。

2. 饱和脂肪酸与不饱和脂肪酸的营养价值

食物中脂肪酸可根据碳氢链饱和与不饱和的情况分为三类，即：饱和脂肪酸，碳链上没有不饱和键；单不饱和脂肪酸，其碳链上有一个不饱和键；多不饱和脂肪酸，其碳链上有两个或两个以上的不饱和键。在食物中，饱和脂肪酸的比例越大，常温下越倾向稳定固体，可

被称为脂；不饱和脂肪酸比例越大，常温下越倾向流动液体，可被称为油。常见的脂包括猪油、羊油、奶油等动物来源油，以及椰子油等；常见的油包括大豆油、花生油、葵花籽油、橄榄油、玉米油等植物来源油，还有鱼油、野生耐寒动物油。科学研究认为，摄入过量或者大比例的饱和脂肪酸是各种心脑血管慢性疾病的元凶。也有分析认为，脂肪酸的饱和程度越高，耐储性和加工抗性相应增加，这样的油脂更适合油炸、热加工，还有利于储存和保存脂溶性维生素；脂肪酸不饱和程度越高，越容易酸败变质、改变应有性状和丧失营养价值。常见食物的脂肪酸含量可参考表1-9，脂肪酸的类型及其对健康美容的影响见表1-10。

普通人群对于上述三种脂肪酸的适宜摄入量均为总能量的10%时，对人体的保健效果较好。人体摄入的不饱和脂肪酸总量与饱和脂肪酸总量之比就是P/S值，当P/S值为1.0~2.0时，能达到维护健康的基本保障；当P/S值达到3.0~5.0时，对于防病美容更有益处，对心脑血管疾病患者也有保健作用；当P/S值过大时，有血液流速快，导致有头晕眼花、头痛和出血风险。常见食材P/S值为：猪油0.2，黄油0.1，羊肉0.3，牛乳0.6，豆油4.2，花生油1.9，芝麻油3.7，禽肉1.0，鱼2.3，玉米4.0，核桃9.0，日常进餐时可以选择搭配。

氢化油是指在催化剂的作用下，将液态油中不饱和脂肪酸的C=C双键和氢进行加成反应，所生成的固态脂。其饱和程度高于猪油、牛油，维生素含量却极低，对调控体重和美容的好处少，引发肥胖、心脑血管和神经传递相关疾病的风险却更高。这种物质价格低廉、状态特别稳固，非常有利于食品厂商加工夹心饼干、薯片、冰激凌、蛋黄派、咖啡伴侣、沙拉酱、速冻汤圆和蛋挞皮等香酥脆的食物。这些"改头换面"的脂肪酸潜藏在日常食物之中，其别名包括：人造奶油、麦淇淋、植脂末、起酥油、植物黄油、氢化油脂类等，在选购时需格外注意。

表1-9 常见食物中脂肪酸含量

食物名称	饱和脂肪酸/%	单不饱和脂肪酸/%	多不饱和脂肪酸/%
豆油	14	23	58
花生油	17	46	32
橄榄油	13	74	8
玉米油	13	24	59
棉籽油	26	18	50
葵花籽油	13	24	59
红花籽油	9	12	75
菜籽油	7	55	33
椰子油	86	6	2
棕榈油（氢化）	81	11	2
棕榈油	49	37	9
葡萄籽油	11	16	68
核桃油	9	16	70

续表

食物名称	饱和脂肪酸/%	单不饱和脂肪酸/%	多不饱和脂肪酸/%
奶油	62	29	4
牛油	50	42	4
羊油	47	42	4
猪油	40	45	11
鸡油	30	45	21

表1-10　脂肪酸的类型及其对健康美容的影响

脂肪酸类型	加工策略	推荐摄入量	对健康美容影响	食材来源
饱和脂肪酸	耐储不易酸败；储藏期相对较长；可以重加工，比如煎炸、烘烤等	日常总能量的10%	相对不易参与人体代谢，易在人体储存，导致发胖和心脑血管疾病风险高	椰子油、动物脂肪；乳制品；氢化油脂、反式油脂
单不饱和脂肪酸	耐储性中等；可以短期储藏；适合中轻度加工，比如炒、凉拌等	日常总能量的10%	在人体内易参与反应，容易进入代谢循环，不易发胖	牛油果、橄榄油、花生油和很多坚果油
多不饱和脂肪酸	不耐储易酸败；适合鲜食；适合中轻度加工，比如蒸、煮、生吃等	日常总能量的10%	在人体内易参与反应，容易进入代谢循环，不易发胖，还具备防病美容优点	冷水鱼类、动物乳类、幼小动物、核桃油、玉米油等

3. 顺式脂肪酸和反式脂肪酸的营养价值

食物中的不饱和脂肪酸按空间构象可分为顺式脂肪酸和反式脂肪酸。顺式脂肪酸是指碳链两侧的氢原子或基团在同侧，大多数天然食物符合这种构型。它们不但参与体内各种反应变化，还易代谢出体外，降低肥胖和代谢综合征的风险。大多数含脂肪的天然食材在轻度加工时，都以顺式脂肪酸为主。

反式脂肪酸是指碳链两侧的氢原子或基团在异侧，是在阳光暴晒、高温油炸、人工催化等剧烈条件下，脂肪酸碳链空间构象发生的异常变化。牛、羊乳中的油脂可能含有2%以下的天然反式脂肪酸，由于人类饮用量有限，故致病风险极小；来源于氢化油脂、烘焙烧烤、炸鱼、炸肉、炸薯条过程中的脂肪酸，形成反式空间构象的概率较大，人类摄入较多量的可能性也较大。反式脂肪酸比饱和脂肪酸更难参与代谢，原因在于脂肪酶不识别其结构。这些异常结构的脂肪酸在人体内不易运转，会增加血液黏稠度，并且很难参与代谢循环，因此容易累积在体内，增加低密度胆固醇数量，增加脂肪肝、血管阻塞、血栓、神经传递障碍、肥胖等代谢综合征的风险，还能在体内沉积，导致与生殖相关的障碍，甚至能通过体脂传递给胎儿。然而大多数国家食品包装法规的相关条款都明确认定：小于0.3%比例的反式脂肪酸可以声称为0含量。如果不熟悉脂肪酸的加工特性，就非常容易超过世界卫生组织建议量的2g上限。

4. 必需脂肪酸的营养价值

必需脂肪酸是指对维持机体功能不可缺少，但机体不能合成、必须由食物提供的多不饱和脂肪酸。这类脂肪酸按不饱和的第一个双键位置可分n-3系列、n-6系列和n-9系列，分别说明第一个双键位于碳链的第3、第6或第9号碳原子。在这多种不饱和脂肪酸当中，人体不能自身合成或合成量不足的n-3和n-6系列的多不饱和脂肪酸被称为必需脂肪酸。这两种物质都存在于坚果和种子中，尤其是亚麻籽、南瓜子、核桃等。n-3系列在生物体内是比n-6系列更高阶的存在，因此冷水鱼和一些幼嫩动物才富含n-3脂肪酸。必需脂肪酸对人体保健美容的功效见表1-11。

表1-11　必需脂肪酸对人体保健美容的功效

必需脂肪酸类型	主要成员和功能	保健美容功效	食材来源	影响吸收因素
n-3系列	① α-亚麻酸：合成细胞膜；转化EPA、DHA。 ② EPA和DHA：有助于合成前列腺素E_3，该激素对于血液和神经有保护作用	护肤嫩肤：预防皱纹，有助于湿疹、痤疮等炎性反应的自我修复； 益智健脑：促进儿童智力发育和预防老年人健忘； 平衡激素：有助于降低胰岛素抵抗和预防心脑血管疾病； 修复神经递质平衡：改善睡眠，减轻抑郁症、精神分裂症、多动症及自闭症等不良症状	蛋类、多脂类种子和一些鱼油；禽类和爬行类动物的蛋、亚麻籽、南瓜子、核桃、三文鱼、黄花鱼、刀鱼等	促进因素： ① B族维生素、维生素C、锌、镁和锰等抗氧化物质均有利于预防必需脂肪酸氧化，有助于避免其营养价值降低； ② 二者的适当比例有助于优化利用：世卫组织推荐亚油酸与亚麻酸的比例要低于10：1，中国则推荐（4~6）：1 抑制因素： ① 油脂过度加工，如油炸； ② 长期储存导致的变质； ③ 一些氧化物，如香烟和酒精等
n-6系列	① 亚油酸：转化γ-亚麻酸和花生四烯酸。 ② γ-亚麻酸：转化成前列腺素E_1。 ③ 花生四烯酸：促进钙吸收、转化成前列腺素E_2，该激素能引发人体炎症反应，有利于机体发现外敌	增强骨质：促进钙质吸收，预防骨质疏松； 增加免疫力：提升皮肤健康程度和抗逆能力，有助于预防血管阻塞引发的疾病； 平衡激素：有助于降低胰岛素抵抗和预防心脑血管疾病； 修复神经递质的平衡：改善睡眠，减轻抑郁症、精神分裂症、多动症及自闭症等不良症状； 引起炎性反应：有助于病灶定位，能让人及早注意到异常状况	种子和动物制品：月见草油、玉米油、葵花籽油、芝麻油、核桃、花生、动物肉类和乳制品	

（三）富含脂肪食物的风险

1. 富含脂肪食物的自身特性

脂肪的来源主要为动植物储存能量的细胞组织，因此携带较多的热能。从人类大脑角度分析，本能的囤积欲望就包括对高脂肪食物的偏好。在当前社会条件下，人类获取高脂肪的食物越来越便利了，这是肥胖、高血脂等慢性疾病多发的主要原因。

2. 富含脂肪食物的加工风险

源于多种动植物的油脂，不但是食材中的营养素相关成分，还是多种加工途径的必备要素。例如在烹饪时，油吸热后能传递比水更高的温度，让食物在伴随一些褐变反应的同时迅速变软或变熟。外焦里嫩或香酥脆爽是炸鸡腿、锅包肉、炸薯条、山药脆、锅巴等油炸和烘焙食物的口感特质。形成这种美味的根本原因是高温让食物表面迅速脱水，产生很多微孔状硬化结构。很多表面光泽鲜亮有油感的果蔬脆是用特殊设备在60℃左右的低温油中脱水而成的，红枣脆的果皮不再塞牙，香菇脆也更香糯可口。虽然其总热量比传统薯条虾片较低，但比平常的果蔬还是要高不少。

高温加热时，油脂所含的各种维生素均会被破坏，营养价值也会降低，还有可能产生有毒或有害物质。当油温高至一定程度，其中的杂质就会燃烧冒烟，并产生致癌物质。煎炸油的饱和程度和致病风险随着使用次数和程度的增加而增加，营养价值和美容功效则持续下降。一般来说，新鲜的初榨油更有营养，但保鲜期极短，而精炼油比初榨油更适合热加工，且保质期略长。

（四）食物脂肪的来源

膳食中脂肪的主要来源为各种富含油脂的动物和植物。日常食物中，低脂肪、中等脂肪和高脂肪含量的食物情况可参见表 1-12。其中动物性食物中畜肉的脂肪（以饱和脂肪酸为主）含量高，瘦肉一般为10%～36%，肥肉可高达80%；肉眼见不到脂肪的禽、蛋、鱼类脂肪含量稍低，如鸡为9.0%，鸭、鹅为19.0%，全蛋为9.0%，鱼类为3%～5%；高脂肪的植物有坚果类（花生、开心果、核桃、松仁等等）；谷类脂肪含量较低，一般为2%；蔬菜、水果脂肪含量更低，一般在1%以下。很多易得到的加工食品如薯片、香肠、鱼丸、糕点、饼干和油炸食品中的脂肪含量较高，却容易被人们所忽视。

表1-12　常见食物脂肪含量情况分级表

脂肪含量类别	食物举例
低脂肪（<5g）	大米、面、小米、薏米、红豆、绿豆、豆腐、荞麦、粉条、藕粉、各类蔬菜、鲜牛乳、酸乳、鸡蛋白、鸡胸肉、鸡肫、虾、海参、兔肉等
中等脂肪（5～20g）	燕麦片、豆腐干、猪心、带鱼、鲳鱼、猪舌、猪瘦肉、松花蛋、黄豆、油豆腐、油条等
高脂肪（>20g）	炸面筋、干腐竹、全脂奶粉、鸡蛋黄、猪五花肉、猪蹄、花生、瓜子、核桃、芝麻酱、巧克力等

（五）食物脂肪的推荐摄入量

中国常见家常饮食中，植物油的来源并不少，豆油、橄榄油、花生油含有的胆固醇含量均比动物油脂低。一般来说，能满足绝大多数轻体力劳动成年人的脂肪需求量大概为50g，脂肪总的供能比例应该占到所摄入食物总能量供给比例的20%～30%，其中必需脂肪酸的比例应占到总脂肪摄入量的30%～40%。也就是说，每周都要选择食用多种坚果、豆类或者鱼类等富含必需脂肪酸的食材，才能最大程度维护肤质、保持较好的激素水平和抗逆能力。

除了每日三餐进食的炒菜和肉类中所含的脂肪外，剩下的脂肪量大概为12～15颗扁桃仁或者相应大小的其他坚果能补足的。炒菜汤汁中盐、嘌呤和油脂含量均很高，对身体的作用是弊大于利的。就少喝一勺菜汤、多吃一个大榛子的日常习惯而言，互换的脂肪数量差不太多，对人体的保健差异却相差甚远。

二、脂类的人体作用

人体内的脂肪是浓缩的能量球，同时也是有重要生理功能的宏量营养素之一。人体内体脂率对于健康的普通人来说，约为体重的13%～20%，健身人群较低，而肥胖人群较高。

（一）功能与用途

人体的脂类富集在皮下深处、器官附近和大脑内部，也以多种形式构成重要结构和物质，大致分为储脂与定脂两种类型。脂类参与形成的细胞及其相应功能，可参见表1-13。

1. 储脂

储脂是指以甘油三酯形式储存于脂肪细胞中的脂类，用于储存和维持稳态，又称脂肪、可变脂，也有利于维持体温、保护内脏和应急供能。储脂提供热量的能力约为9kcal/g，比相同质量的蛋白质和糖类高一倍还多。

2. 定脂

定脂包括磷脂、糖脂、脂蛋白和类固醇化合物等，是负责构成机体组织结构的脂类，其数量相对恒定，也称为类脂。定脂对于调控能量和稳定血压、构成激素与增强免疫力均有重要作用。

人们常说的胆固醇，就是人体中一种以脂蛋白形式存在的重要物质。人体可以合成胆固醇，食物中的胆固醇也影响血清中胆固醇总量。一般认为，脂肪比例高但蛋白质比例低的胆固醇类型——低密度脂蛋白胆固醇，与高胆固醇血症有密切的相关性。而人体中低密度脂蛋白胆固醇的含量与饱和脂肪酸、反式脂肪酸以及食物中的胆固醇总量均有关。食物中的胆固醇含量可以参见附录七。

表1-13　脂类参与形成的细胞及其相应功能

脂肪细胞及脂类	相应功能	相关食材
脂肪细胞	褐色脂肪细胞：有丰富的神经血管，包含多个小脂滴。释放能量速度较快。 白色脂肪细胞：神经血管不发达，包含一个几乎与细胞等大的脂滴。用于保温和保护人体组织	植物油，动物脑、内脏和肥肉

续表

脂肪细胞及脂类	相应功能	相关食材
磷脂	是各种生物膜的重要成分；与皮肤的弹性、血管的通透性相关	幼小动物，坚果，动物脑、内脏和肉，大豆
糖脂	与免疫识别相关，也是细胞膜成分	富含必需脂肪酸的食材
脂蛋白	与血液中脂类、类固醇激素的运载相关；高密度脂蛋白有助于清除血液中过量的胆固醇，预防多种血管疾病；低密度脂蛋白能增加血管阻塞疾病的风险	烟酒过度，氢化油脂、大量肥肉的饮食习惯，均是低密度胆固醇超标的常见原因
固醇类	既是细胞膜和血管的合成原料，也与神经调节息息相关，还是多种与生长发育、皮肤状态相关的激素成分，但胆固醇过多会增加动脉硬化、心脑血管疾病、神经传递障碍、肥胖等发生风险；参与合成类固醇激素，包括性激素和皮质激素；参与合成胆汁酸；促进脂肪被乳化利用	动物脑、内脏，植物种子等

（二）脂类失衡的人体损害

人从食物中获得的脂类称为膳食脂肪。不同食材富含的脂类具备不同的脂肪酸比例。适当的脂肪对于保持皮肤和毛发的滋润、构成和保护血肉与内脏、修复大脑结构和神经、增强骨质都是极为重要的，并且很多相关的脂溶性维生素在和脂类同时食用的时候才能被运转利用。例如，新鲜油脂中的维生素E能提升维生素C在体内的抗氧化能力，还能促进胶原蛋白的合成。

1. 皮肤防御功能下降

人体皮肤从基底层到角质层的胆固醇、脂肪酸、神经酰胺含量逐渐增多，而磷脂含量则逐渐减少。表皮中最丰富的必需脂肪酸为亚油酸和花生四烯酸，它们都参与形成皮肤的防御屏障；血液脂类代谢异常可导致多种皮肤病，如高脂血症可使脂质在真皮局限性沉积，会形成皮肤黄瘤。

2. 脂类代谢紊乱

脂类代谢受遗传、神经体液、激素、酶，以及肝脏等组织器官的调节。当这些因素异常时，可造成脂类代谢紊乱和有关器官的病理变化，如高脂蛋白血症、脂质贮积病及其造成的临床综合征、肥胖症、酮症酸中毒、脂肪肝和新生儿硬肿病等。食用较多脂肪也是导致发胖、激素紊乱和皮脂异常的因素之一。但和进食甜食相比，进食脂肪能产生较长时间的饱腹感。晚餐后吃一点富含不饱和脂肪酸的坚果，不但能消除进食夜宵的欲望，还有助于运载脂溶性维生素、卸载血液垃圾、修复细胞和滋养神经。与脂类代谢失衡相关的损容性疾病症状可参见表1-14。

表1-14 与脂类代谢失衡相关的损容性疾病症状

脂类代谢失衡情况	皮肤与毛发症状	血肉与内脏症状	大脑和神经症状	与脂溶性维生素运载相关症状	与多种激素相关症状
过量	皮肤油腻、痤疮、湿疹、鳞屑样皮炎、皮肤黄瘤等	肥胖、血管壁粥样硬化、脑梗死、脂肪肝、体脂率增加、慢性综合征风险增加	脂肪细胞过量造成的健忘、智力下降	一般是相关保健品长期、大量使用造成的中毒性症状	前列腺素紊乱、炎症频发；皮质激素紊乱，性激素紊乱导致的乳腺炎、子宫肌瘤或前列腺炎
不足	毛周角化，皮肤干皱易衰老、粗糙易裂、黏膜性皮肤疾病等	血管壁弹性差，内脏早衰，体脂率下降，人体功能障碍风险增加，如月经失调等	细胞缺陷造成的健忘、智力衰退、失眠、肌肉痉挛	维生素D运载不足引起的骨质疏松；维生素A运载不足引起的视力下降	前列腺素紊乱，炎症频发；皮质激素紊乱、性激素紊乱或生殖细胞发育不良

| 拓展阅读 |　　具备脂肪口感却能减肥的奥利司他

　　奥利司他是一种化学结构和口感都与脂肪有类似之处，但无法被脂肪酶分解的大分子物质，是一种口感类似脂肪实际上却是胃肠道脂肪酶的抑制剂。奥利司他随餐口服后，可以起到抑制脂肪酶分解膳食中脂肪的作用。脂肪分解得少，人体吸收的脂肪也会相对减少，食物无须转化成脂肪，直接通过粪便排出，由此可以达到减肥的目的。这种物质也常被加工成胶囊，被调节血脂和体重的人群作为保健药物。

　　虽说在奥利司他说明书中明确指出：18岁以下儿童、孕妇及哺乳期妇女，对奥利司他或制剂中任何一种成分过敏的患者，患慢性吸收不良综合征或胆汁郁积症的患者，器质性肥胖患者（如甲状腺功能减退）禁用奥利司他。但一些以奥利司他为主要成分的保健品却常常对其成分模糊化，试图将产品描述成一种无副作用，仅仅能抑制人体对油脂吸收的超级食物。实际上，这些保健品的安全性在短期内确实高于很多导致腹泻的药物，还能降低与脂肪相关的热量，有缓解便秘的辅助功效，但会破坏肠道菌群，长期依赖奥利司他会引发肠道菌落失调、激素紊乱、脂溶性维生素缺乏症以及一些继发性过敏症等。

第五节　守护稳态的自然恩馈——矿物质

一、食物中的矿物质

（一）食物中矿物质的口感特点

矿物质当中的一部分有滋味，另一部分则很难尝出滋味。有人认为，富含矿物质的食材比含矿物质不足的食材更富含矿物质味，因为这些动植物通过代谢循环将这些矿物质在体内累积并产生了特定的味道，常见的富含矿物质的食材包括上等葡萄酒，土鸡，牡蛎、扇贝之类的海产品。也有一些人认为这些矿物质味实际上包括了含氯的无机盐、某些金属味和其他的无法分辨的味道的混合味。

食物中最常见的矿物质味是咸味，是含有氯离子的无机盐在味蕾呈现出的味道。咸味是人类进化过程中最早发展出来的一种味感；这种在生理上调节人体矿物质和水的本能对人类的生存和进化产生了重要的作用。一般认为氯化钠产生的是最纯正浓郁的咸味，很多含氯的无机盐也能产生淡咸味或苦咸味，如氯化钙和氯化镁。为稳定血压，也有厂商将氯化钾或苹果酸钠与氯化钠以8∶2的比例混合做成低钠食盐，但是这些产品咸度不足，反而增加了人们摄入过量的风险。

（二）食物矿物质的来源

人类食物中的全部矿物质都来源于动物、植物和矿物性食物，这些矿物质在生态中循环不灭，生生不息。各种矿物质的来源广泛，由于种类、养殖和加工的差异很大，矿物质的种类和数量差异也很大。但总体而言，目前社会条件下的各类食物中的有益矿物质呈现出越来越少的趋势。例如，在传统农艺中，中国农民很重视轮作和客土等恢复土壤中矿物质元素的措施，但当今社会农田资源比例越来越少，多种复合肥都仅重视给植物补充主要的矿物质，包括氮、磷、钾、钙等，其他的矿物质或多或少被忽视。

另外，超市当中的方便食物和精加工食物越来越多。虽说矿物质在煎煮烹炸、高温低温、挤压变形等各式加工条件下，能保持相对稳定状态，但是各种浸泡、流失、氧化变质等理化逆境也会对其造成损耗。当谷物表层被机器磨掉后，米粒变得光滑漂亮了，但去除的米糠和糊粉层的矿物质损耗率在85%以上。不过幸运的是，人类是一种适应能力非常强的杂食动物，并不需要在大米当中获得所有的营养。如果人们在饮食当中能摄入足够量的动物骨质、虾蟹贝类、坚果菌菇类，也依然能获得足以调节和完善人体状态的矿物质。

（三）富含矿物质食物的风险

所有矿物质在摄入过量时都会对人体有或轻或重的毒性作用。影响矿物质的安全性因素包括剂量、状态和平衡。长期安全剂量是日常食物的安全保障，而某些短期安全剂量对于治病的作用很大；从矿物质状态而言，有机态矿物质毒性相对小；多数人体需要的矿物质会以离子形态在体内发挥作用，相互之间存在协同或拮抗的关系。从大概率看，只要不长期大量补充一种或几种矿物质，而只是搭配食材补足身体所需的情况下，并没有风险特别大的饮食禁忌。但某些矿物质的化学价态、营养性和毒性的差异很大，也值得重视，例如：六价铬的毒性远大于三价铬；新鲜动物食材所含的二价铁的吸收利用率远大于植物性食材所含的三价铁的吸收利用率。

二、人体所需的矿物质

（一）矿物质的营养价值

矿物质又称无机盐，是指自然界中存在的各种天然元素和地壳中自然存在的化合物，也指人体无法自身产生合成，必须从食物中才能获取到的营养素。人体所需的矿物质是指构成人体所有的有用元素中，除碳、氢、氧、氮（占96%）之外，其余4%的物质。所以人体的矿物质也就是人体内无机物的总称。矿物质是人体骨骼、皮肉以及多种酶的必要构成成分。当缺乏相应矿物质时，骨骼、皮肤、内脏以及多种酶的结构和活性都会受到影响，营养素和激素的代谢运转也会遇到障碍。

（二）矿物质的分类

矿质元素可按人体需求量来简单分成两大类：常量元素和微量元素。

（1）常量元素　又称宏量元素或大量元素，是指人体每日需求量在体重1/10000以上的，或者说日需求量在100 mg以上的矿物质，包括钙、磷、钾、钠、氯、镁、硫，共七种。在这些人体需求量相对较多的矿物质当中，钙、磷和镁是人体骨骼的主要成分；钾和钠是调节体液平衡的元素；氯是胃酸的主要成分；硫是一些蛋白质的成分。

（2）微量元素　是指人体每日需求量在体重1/10000以下的，或者说日需求量在100 mg以下的矿物质。全世界公认的人体必需微量元素，包括铁、碘、锌、硒、铜、铬、钼、钴等八种。此外在水源内氟含量低的地区，氟也属于人体必需的微量元素；一些研究也认为硅、镍、硼、钒、铅、镉、汞、砷、铝、锡等也是人体需要的矿物质，但其生理需求剂量极低，一般不用关注缺乏概率，反而应该警惕中毒风险。

（三）人体对矿物质需求

1. 人体对矿物质的需求量

成年人对某种矿物质的需求量是基本确定的，但会随年龄、性别、身体状况、环境、工作状况等因素而变化。食材当中的矿物质本身不含热量，但有助于调控代谢。因此，同等热量的食物，含有矿物质比例和数量越合适，就越有助于预防肥胖等代谢障碍疾病。

对于人体而言，缺乏矿物质是普遍存在的现象。首要原因是随着种植、养殖密度的增加，各种食物直接或间接囤积的矿物质开始减少；次要原因是工业社会的汽车尾气、装修污染等各种有毒产物会累积在人体当中，导致人体需要更多的有益矿物质来维护健康。

2. 人体对矿物质的需求差异

地壳当中的矿物质含量非常不均衡，所孕育的人类食物的矿物质差异很大，这就会导致不同地区的人对矿物质的额外需求差异很大：沿海地区的空气中可能都会有碘离子，而内陆地区的人则需要注重采购干贝、海带之类额外补碘。人体的不同状态或特殊需求可能也会引发矿物质需求的变化：孕期的女性由于体内总血细胞需求量增加，对铁的需求量会比以往都多，此时发生贫血的风险也相应增加。

（四）人体所需的重要矿物质

1. 钙（Ca）

（1）钙的营养价值　钙是人体中矿物质元素比例最大的一种，约为体重的2%。其中

99%左右的功能是以极其坚固的羟基磷灰石和磷酸钙的形式构成人体的骨骼和牙齿，其余的1%左右分布在皮肤、血液、神经及其他各处，对于增强抗性和传递信号、维持神经和肌肉的兴奋性都非常重要。

（2）钙失衡的人体损害　钙缺乏能导致骨质疏松、关节疼痛、肌肉痉挛、乏力、失眠焦虑等多种人体损害。但是缺钙人体在并未补充到充足的钙质的一段时间后，和缺钙相关的肌肉痉挛、失眠紧张等状况可能会有所缓解，其原因在于骨质中的钙能释放出来，为神经作为应急之用。所以不注重补钙的长期缺钙人群，会由于骨质疏松越来越严重而影响体质。但钙摄入过多，长期每天额外摄入800mg以上时，会影响其他矿物质的吸收，还会增加肾结石、心脏和一些软组织的钙化风险。

（3）补钙的策略　钙对于人体的保护作用极大，缺钙的损害也会严重影响体质与外观。常见的补钙策略除了食用富含钙的食物、少吃阻碍钙吸收的食物外，维持人体正常的吸收功能和重视促进钙吸收的物质也是重要的。例如，人体的甲状旁腺激素和生长激素就有助于提升钙的吸收率。钙的人体分布、缺钙症状和补钙策略见表1-15。

表1-15　钙的人体分布、缺钙症状和补钙策略

钙的人体分布	缺钙症状	补钙策略	
骨骼、指甲、牙齿	佝偻病、方颅、鸡胸、牙齿缺损、骨质疏松、骨软化症、关节炎、指甲薄软、龋齿	富含钙的食物：虾皮、骨渣、软骨、奶酪、豆腐、坚果、豆类 促进吸收的因素：氨基酸钙和柠檬酸钙比碳酸钙吸收率更高，发育期的激素，富含维生素C、维生素D的食物，促进肠道益生菌增殖以合成维生素K的益生元、乳糖、运动等	抑制吸收的因素：绿叶菜中的植酸和草酸、酒精、缺乏锻炼、咖啡和茶中的生物碱、胃酸缺乏、过多脂肪、压力导致激素失衡、过多的膳食纤维和某些碱性药物等
皮肤	皮肤渗出性疾病、抗逆性差、皮肤敏感等		
血液	凝血功能下降、月经期腹痛、高血压		
神经	肌肉痉挛、失眠紧张、暴躁烦躁等		
肌肉	肌肉和骨骼疼痛、精力减退、疲乏无力等感受		

（4）补充建议　普通人群少量长期补充。

2. 磷（P）

（1）磷的营养价值　磷存在于人体所有细胞中。成年人体内磷含量约为钙含量的2/3，其中约85%集中在人体的骨骼和牙齿中，剩下的约15%则以磷脂、卵磷脂和脑磷脂等形式存在，参与构成细胞膜、滋养大脑、维护遗传物质稳定和保持机体酸碱的平衡。

（2）磷失衡的人体损害　因疾病或摄入过多磷导致的高磷血症，会造成骨质疏松、牙齿缺损等相关症状。缺乏症状类似缺钙症状，包括肌肉无力、失眠厌食、骨骼疼痛、佝偻病以及软骨病等。除骨折等应激状态外，普通人群当中出现磷缺乏的风险不大。但素食者和早产儿的群体，有一定缺乏概率。原因在于大多数蔬菜和粮谷中的磷为植酸磷，其吸收和利用

率远低于动物性食材和坚果中的磷，而单喂母乳早产儿由于食量太小，故出现骨磷沉积不足的风险较大。

（3）补充建议　除正常饮食外，普通人群不需要补充，素食者和早产儿需遵医嘱。

3. 镁（Mg）

（1）镁的营养价值　成人体内含镁量约20～28g，是常量元素中所需最少的一种。其中60%～65%的镁以磷酸盐形式参与构成骨骼和牙齿，剩余部分的99%的镁在细胞内实现各种功能，而在细胞外液当中的镁寥寥无几。由于人体血清当中的镁相对稳定，因此血液检测并不能精确地反映人体含镁量。镁能够参与人体300多种酶促反应，是非常重要的酶激活剂，也是体内许多酶的辅基；镁在维持肌肉神经冲动和保持骨密度方面跟钙是一对能够并肩作战的好队友。

（2）镁失衡的人体损害　人体血液中适宜数量和比例的钙、镁离子，共同参与调节和稳定神经、肌肉等的兴奋状况。充足的镁是好心情和神经镇定的保障，缺镁的人群神经和肌肉的兴奋性高，表现出难以镇定、自卑多动、暴躁易怒的概率很高。也有调查认为，儿童期缺镁会增加多动症的发病风险，也会导致儿童学习成绩较低。消化道当中的镁通过调节和稳定肌肉、神经的兴奋性来调控胆汁的流量、调节肠胃蠕动速度和张力。当镁摄入不足时，肌肉和神经的兴奋性亢进，能导致心脏功能异常，还可伴随血压升高。

（3）补镁的策略　含镁盐类是人体补镁、辅助利胆、抗惊厥和调节血压的保健品或药物。这些产品并不适合肾脏功能不全或处于中毒等逆境的人服用，否则就会增加镁中毒的风险。镁中毒的症状包括恶心、肠胃不适、头晕乏力、肌肉麻痹、心搏骤停等。镁的人体分布、缺镁症状和补镁策略可参见表1-16。

表1-16　镁的人体分布、缺镁症状和补镁策略

镁的人体分布	缺镁症状	补镁策略	
骨骼、牙齿	骨质异常、牙齿缺损	富含镁的食物：各种果实和海鲜；绿叶的叶绿素就是富含镁卟啉的螯合物，虽然利用率不高，但依靠数量累计的并不少；饮用水中也含有镁，硬水含镁高，而软水含镁低，因为水中的镁含量差异很大，所以很难估测人体摄入量 促进吸收的因素：B族维生素、维生素C和维生素D、锌、钙和磷等	抑制吸收的因素： 　长期补钙能拮抗镁吸收途径、抑制镁吸收的因素与抑制钙吸收的因素类似； 　酒精中毒、恶性营养不良及急性腹泻等会造成较严重的缺镁现象
神经	暴躁易怒、多动症、紧张自卑、失眠或神经质等		
内脏	肠胃失调、吃肉反胃、便秘腹泻、惊厥抽搐、心律失常、痛经等		
激素	缺乏食欲、甲状旁腺激素合成素乱、经前期综合征等		
肌肉	颤抖痉挛、四肢无力		
血液	高血压		
其他	导致钙利用效率降低、增加结石风险		

（4）补充建议　除正常饮食外，普通人群不是很需要补充，但少量补充利大于弊。

4. 钠（Na）、钾（K）

（1）钠、钾的营养价值 钠和钾就像人体体液、血压、神经和肌肉冲动等平衡两端的砝码，其适宜比例约为1∶2。钠是细胞外液中带正电的主要离子，对于调节体内渗透压、维持体内酸和碱的平衡、维持体内能量的转运和利用、构成人体某些重要的物质，都有极为重要的作用。钾可将营养素转入细胞，并将代谢物运出细胞；促进神经和肌肉的健康，维持体液平衡，放松肌肉，有助于胰岛素的分泌以调节血糖、持续产生能量；参与新陈代谢、维护心脏功能和刺激肠道蠕动以排出代谢废物。所以想要预防由于高钠引发的心脑血管疾病，既需要降低咸味食物的比例，也需要增加含钾食物的来源。

（2）钠、钾失衡的人体损害 因为钾、钠是一对联动性极强的矿物质，所以研究和饮食推荐只谈钠的好处和风险是不全面的营养建议。依目前主流饮食趋势来看，减少钠的摄入和增加钾的摄入是有助于降低高血压、脑血栓等慢性疾病发生风险的有效策略，但需要结合个体的生理特性和饮食习惯才更精确。

① 钠失衡的人体损害：当摄入过多的钠时，人体的血压升高，更多水分进入细胞，会造成人体水肿的症状。摄入过量的钠或水分不足时，就有可能造成血浆当中的钠离子升高，这就是高钠血症，常见的症状为口渴乏力、恍惚暴躁，严重的能引起昏厥甚至死亡。常年吃得咸有可能损害肾脏功能、升高血压，增加肾病、心脑血管相关疾病的发生风险。中国营养学会推荐正常饮食的每日食盐供给量为6g。富含钠的食物相当多，如食盐、酱油、大酱、咸味零食以及咸菜之类，所以在日常饮食中一定要控制住食盐的摄入量。

很多了解高钠饮食风险的人会盲目崇尚低钠饮食。但如果每日摄入的钠不足以稳定血压和维持人体水液平衡，也会导致血压过低、虚弱无力、消化不良、呼吸困难、心律不齐等和高钾血症症状类似的低钠血症症状。老年人和原发性高血压、肾脏病、心脏病、肝脏病等患者，应注意减少钠的摄入量或遵医嘱。钠的人体分布、失衡症状和补充策略可参见表1-17。

表1-17 钠的人体分布、失衡症状和补充策略

钠的人体分布	缺钠症状	钠过量症状	补充策略	
肌肉	肌肉痉挛	乏力懒惰	富含钠的食物：咸菜、酱油、大酱、海鲜、咸味菜肴等 促进吸收的因素：维生素D	抑制吸收的因素：钾和氯化物可中和钠；水和膳食纤维可以减缓钠的吸收速度
神经	缺乏食欲	食欲异常		
肾脏	水液代谢异常	肾病		
血液	低血压、脉搏加快	高血压		
其他	眩晕、中暑衰竭	水肿、口渴		

② 钾失衡的人体损害：果蔬、粮谷摄入过少的人由于缺钾患上慢性低钾血症的风险同样不小，其症状以低血压和肌肉无力为特征，并发恶心、肌肉痉挛、手脚发麻和针刺感、消化功能障碍、肠梗阻、肾脏损害、心律失常、思维混乱、精神冷漠等附属症状。富含钾的食材包括水果、菌藻、蔬菜和粗粮。钾和人体胰岛素的分泌功能有相关性，如摄入过量的钠，而不注重补充新鲜蔬果、粗粮，会导致糖尿病的风险大大增加。

（3）补充建议 除正常饮食外，普通人群不需要补充钠，但少量补充钾的利大于弊。

5. 硫（S）

（1）硫的营养价值　硫是构成蛋白质的常见元素，也就是说只要满足人体的蛋白质需求，人体缺硫的风险极低。很多十字花科蔬菜，如萝卜、西蓝花、甘蓝之类，含有能提升人体免疫力的萝卜硫素。在日常饮食中，可以稍微增加这类食物的摄入频率。

（2）补充建议　除正常饮食外，普通人群不需要补充。

6. 铁（Fe）

（1）铁的营养价值　铁是人体微量元素中含量最多的一种，人体的全部铁含量约3～5g。人体内的铁分为功能性铁和储存性铁两大类。前者是存在于血红蛋白、肌红蛋白以及含铁酶类当中，实现携带氧气、增强抗性等相应功能的类型；后者则以铁蛋白和血铁黄素蛋白的形式存在于肝脏、脾脏和骨髓当中。铁是红细胞的重要组成元素，对于维持人的造血功能和辅助免疫都有重要的作用。

（2）铁失衡的人体损害　当人体缺铁时，红细胞的形态改变、功能减弱，活跃周期也会缩短，这就会降低其携带氧气的能力，会影响肝脏的解毒功能。缺铁性贫血是一种世界性的营养缺乏症，常见症状为胸闷乏力、失眠健忘、精力减退以及免疫力下降，也和衰老、斑点疣痣等损容性疾病息息相关。女性由于具备月经、怀孕、生育等生理特点，缺铁风险远高于男性。过量应用铁制剂补充人体所需造成中毒的事件也不少，中毒的症状包括消化道出血、恶性肿瘤、肝脏损害等。所以日常补铁时，还是以食源性补充方式更为稳妥。

（3）补铁的策略　食物中的铁可分为血红素铁和非血红素铁两种形式。血红素铁与血红蛋白和肌红蛋白的卟啉结合，其吸收率高于后者，而且不受植酸等抑制因素的影响。动物性食物中所含的铁40%左右属血红素铁，而植物性食物中的铁属非血红素铁，其吸收受多种因素的影响，如磷酸盐、草酸盐或植酸盐可与铁结合成不溶性的盐类，影响非血红素铁的吸收；茶叶中的鞣酸也以同样的方式妨碍铁的吸收。膳食中还有一些成分能促进铁的吸收，如维生素C、胱氨酸、半胱氨酸、葡萄糖、果糖、枸橼酸（柠檬酸）、脂肪酸等多种小分子物质。此外，食物中同时存在一定量钙盐时，可除去植酸、草酸等抑制铁吸收的物质，间接增加铁的吸收利用率。铁的人体分布、缺铁症状和补铁策略可参见表1-18。

表1-18　铁的人体分布、缺铁症状和补铁策略

铁的人体分布	缺铁症状	补铁策略	
皮肤与黏膜	苍白无血色、斑点、疣痣、舌痛、皮肤敏感	富含铁的食物：动物的心脏、肝脏、肾脏和血制品，以及海鲜、红肉、坚果、水果等。 促进吸收的因素：蛋白质、维生素C、维生素E、叶酸、有机酸、适量的钙和磷、胃酸	抑制吸收的因素： 绿叶菜中的草酸、粮谷类中的植酸、未成熟果实的单宁酸、咖啡和茶叶中的茶多酚和茶碱、可乐中的磷酸盐、过量的锌等矿物质
血液	血细胞数量降低、低血压		
神经	经前综合征、神经敏感、失眠健忘		
指甲	勺形指甲、指甲薄软		
其他	食欲减退、虚弱疲乏、胸闷气喘、学习障碍		

（4）补充建议　除正常饮食外，普通人群适合偶尔、稍微补充，但孕期、生长期、忙碌期或出现贫血症状等特殊时期需要遵医嘱补充。

7. 锌（Zn）

（1）锌的营养价值　锌不但是体内上百种酶的激活剂，还是人体多种酶和遗传物质的必要成分，还参与睾丸和卵巢等性器官的激素分泌和调节，是人体的必需物质。它对于神经系统和大脑修复与完善作用极大，对于舒缓情绪、减轻压力也有帮助，尤其是对于处于发育期的未成年人；锌和细胞膜的含硫氮配基牢固结合形成的稳定复合物，对于加速细胞修复、促进伤口愈合、维持人体稳态非常重要；锌对于骨骼和牙齿的形成、头发的生长以及能量的转运都是有帮助的。

（2）锌失衡的人体损害　当食物中摄入的锌不足时，这些稳定状态、维护细胞的锌减少，会导致皮肤渗出性疾病、肠的吸收功能降低、味觉下降、视力下降、生长缓慢、免疫功能减退等。常见的补锌制剂是葡萄糖酸锌口服液，其酸甜微涩的口感使儿童服用过量或家长盲目补给，都是导致锌急慢性中毒的常见原因。一次摄入量多于2g时会导致胃肠不适、呕吐腹泻、发育迟缓、缺乏食欲，甚至死亡。成年人经常食用金属包装的罐头，也是引起锌过量或锌中毒的常见原因。中毒症状包括腹痛腹泻、头晕乏力、呕吐反胃等。长期大量补锌，会造成铁的吸收利用受阻以及贫血风险的增加，也会造成相应的人体损害。

（3）补锌的策略　大多数动物性食物的锌的含量和吸收率都优于植物性食物的锌的含量，以海鲜类、动物内脏的含量居多，且促进锌吸收的因素和铁类似。植物中也常常存在抑制锌吸收的茶碱、咖啡因、纤维素、植酸盐和草酸盐等。锌的人体分布、缺锌症状和补锌策略可参见表1-19。

表1-19　锌的人体分布、缺锌症状和补锌策略

锌的人体分布	缺锌症状	补锌策略	
皮肤与黏膜	湿疹、痤疮等皮肤渗出性疾病加重，皮肤油脂分泌异常，皱纹或早衰	富含锌的食物：海鲜类、动物内脏类、动物眼睛、坚果、豆类、蛋类和红肉。 促进吸收的因素和铁类似：动物性食材；富含维生素D、维生素A、维生素E和B族维生素、镁、钙和磷的香菇、虾皮等食材	抑制吸收的因素： 肠病性肢端皮炎、谷物中植酸盐、绿叶菜中的草酸盐、钙摄入过多、铜和蛋白质摄入不足、糖类摄入过多、饮酒过多、压力过大等
生殖器官与生殖细胞	性欲衰退、生殖细胞活力和质量下降		
内脏	肠胃功能衰退、代谢循环受阻		
大脑与神经系统	儿童智力障碍、成年人健忘或情绪异常、视听神经衰退		
酶和激活剂	食欲减退、味觉退化		
骨骼、牙齿与指甲	指甲坑洼不平或白斑、牙齿、骨骼硬度变差		

（4）补充建议　除正常饮食外，普通人群适合偶尔、稍微补充，但孕期、生长期、忙碌期或出现缺锌症状等特殊时期需要遵医嘱补充。

8. 碘（I）

（1）碘的营养价值　正常人体中80%的碘存在于甲状腺中，是人体甲状腺素的重要成分。甲状腺素对于维持脑垂体的正常功能有着重要的作用。脑垂体不但和生长发育相关联，还和中枢神经结构、精神状态、能量转换密不可分。

（2）碘失衡的人体损害　缺碘的常见症状包括以婴幼儿智力障碍、生长发育受阻为特征的克汀病（呆小病）和成年人甲状腺肿的病症。但是碘过量引起的高碘型甲状腺肿的症状也是类似的，需要通过血液检测来确定病因。

（3）补碘的策略　由于海产品含有比较丰富的碘，如海带、紫菜、虾蟹鱼贝，因此沿海地区缺碘的概率远低于内陆地区。内陆地区的人更需要用碘盐来补充日常所需，如有必要也应求助于营养素补充剂。

（4）补充建议　除正常饮食外，沿海地区人群不是很需要补充，内陆地区人群需要遵医嘱补充。

9. 硒（Se）

（1）硒的营养价值　硒是所有细胞和器官组织当中都含有的重要矿物质成分。它是保护人体细胞膜的谷胱甘肽过氧化酶的重要组成部分，也是很多反应的催化剂。因此，硒具有抗氧化性，能防止人体细胞膜氧化和预防衰老；还能和维生素E协同工作，保护机体免受自由基和致癌物的侵害，还是增强免疫力、减轻炎症反应、守护生殖系统和生殖细胞完整性的必需物质。硒可以降低视网膜的氧化损伤，有降低白内障发生风险的作用。硒对于体内的重金属包括铅、汞、镉等有很强的亲和力，谷胱甘肽过氧化酶对于这些重金属伤害也有抑制作用。

（2）硒失衡的人体损害　硒是有助于人体排毒和抗氧化的重要营养素。缺硒的相关症状很多，从皮肤、血液到内脏、骨质，都会产生中毒或早衰的迹象，也包括一些严重的心脑血管疾病和骨病，如地方性的心肌无力型心脏病（克山病）和骨端软骨细胞坏死引起的大骨节病等。但是硒毕竟是一种微量元素，如果人体摄入过多，便会出现中毒迹象，如头发干枯、皮肤干黑、骨肉萎缩、指甲脱落等。这往往和地区环境、矿业开采等硒超标相关。

（3）补硒的策略　所有的食材都含硒，但不同种类、不同环境甚至是不同的部位含硒量差异很大：动物类的内脏的硒含量最高、肌肉中等、脂肪最低；植物的果实的硒含量远大于其他部位。鲍鱼果的硒含量相当高，一般来说每天吃几个就足够满足人体对硒的需求，而每天10个、连续吃半个月就会引发硒过量的风险。硒慢性中毒的症状，包括头发变干变脆、断裂脱落，以及肢端麻木、抽搐偏瘫、肠胃功能紊乱或皮肤水肿及大蒜臭味，甚至有死亡风险。硒的人体分布、缺硒症状和补硒策略可参见表1-20。

（4）补充建议　除正常饮食外，普通人群适合偶尔、稍微补充，但孕期、生长期、忙碌期或出现缺硒症状等特殊时期需要遵医嘱补充。

表1-20　硒的人体分布、缺硒症状和补硒策略

硒的人体分布	缺硒症状	补硒策略	
血液	血压异常、血液中重金属超标风险增加	富含硒的食物：海鲜类、动物内脏、红肉、热带坚果、豆类等。 促进吸收的因素：维生素E和维生素C	抑制吸收的因素：铅、汞等重金属，精加工的食品，动物脂肪，过量的糖类
皮肤和黏膜	早衰、黄褐斑、皱纹、反复发作的皮炎或湿疹、白内障		
内脏	肠胃功能下降、心肌无力、克山病		
骨骼	软骨细胞坏死、大骨节病		

10. 锰（Mn）

（1）锰的营养价值　锰是超氧化物歧化酶的重要成分，有助于骨骼、软骨、组织和神经系统的修复和完善，还是几十种酶的激活剂。除抗氧化防衰老之外，还能减少细胞损害、促进DNA和RNA的正确转录、完善生殖细胞和红细胞的正确结构；在各种帮助神经调控领域的功能和镁类似，是预防脑萎缩的重要营养物质。锰和胰岛素的合成有直接关系，合成的胰岛素有着维持血糖平衡的作用。

（2）锰失衡的人体损害　锰缺乏能影响人体发育，也能造成人体机能衰弱，常见症状包括儿童生长期疼痛、眩晕或平衡感差、痉挛惊厥、膝盖疼痛及成年人的肌肉抽搐、关节痛等；锰过量有可能引起脑功能异常或生长停滞，以及一些代谢异常的症状，但是目前很少出现锰过量的典型病例，可能是因为它不太容易过量。

（3）补锰的策略　多数温带和寒带的食物含锰的量都不充足，锰的最佳食物来源包括热带的水果、坚果以及种子类食物。锰相对丰富的食物来源，包括木耳、榛子、核桃、豆类、动物肝脏和鱼虾蟹贝等。促进锰吸收的因素包括锌和多种维生素；抑制锰吸收的因素包括抗生素、酒精以及加工食品中富含的磷。

（4）补充建议　除正常饮食外，普通人群不是很需要补充。

11. 铬（Cr）

（1）铬的营养价值　铬不仅与胰岛素的合成和分泌有相关性，还和甘氨酸、谷氨酸和胱氨酸三种氨基酸结合形成葡萄糖耐量因子（GTF），GTF也是人体平衡血糖和能量代谢的必要条件，因此铬也就有着辅助降低血脂、预防心脑血管疾病的功效。铬还能促进食欲调节、降低暴食症的发生率，有重要的预防各种慢性综合征的潜在功效；对遗传物质和内脏也有保护作用。

（2）铬失衡的人体损害　铬缺乏能引起食欲异常、精力衰退、手脚冰凉、耐饿能力下降、饥饿时异常暴躁等症状，但铬中毒的风险概率远大于铬缺乏症的发生概率，中毒症状包括肝肾病变、恶性肿瘤等。

（3）补铬的策略　三价铬和烟酸和一些氨基酸能促进人体生成葡萄糖耐量因子，最佳食物来源有菌藻类、果实类、海鲜类、全谷物、动物内脏等，但六价铬的毒性风险较高，用营养补充剂补充产生的毒性风险也较高。促进铬吸收的因素包括体育锻炼与食用富含B族维生素的

食物；影响铬吸收的最主要的因素则包括懒惰和肥胖、食用精制加工食品和有毒金属等。

（4）补充建议　除正常饮食外，普通人群不需要补充。

12. 氟（F）

（1）氟的营养价值　现在牙膏中已经很少添加用于预防龋齿的氟化物了，可能是人们逐渐认识到用氟化物来预防龋齿的隐患高。长期每天都接触、服氟，增加其中毒的风险，而氟恰恰是人体中比较容易中毒的元素之一。

（2）氟失衡的人体损害　过量的氟会和钙、磷拮抗，主要表现为黄色易碎的氟斑牙、关节疼痛、骨骼变形等。

（3）补氟的策略　多数地区的水中含氟量就能满足人体对氟的需求，除此之外常见的紫菜、鱼虾蟹贝，红枣莲子之类的果子含氟量均不低。大多数地区不需要额外补氟，如果地下水中含氟量确实很低，需要多补充一些适当的食物就足够了。

（4）补充建议　除正常饮食外，普通人群不是很需要补充，但每3～6个月的牙齿涂氟的利大于弊。

13. 铜（Cu）

（1）铜的营养价值　铜除了是很多酶的活性成分之外，对于人体有相当重要的抗氧化保护作用。铜和人体黑色素合成有关，且有一定抵御紫外线侵害的作用。铜还和结缔组织的蛋白合成相关，所以充足的铜是合成弹性蛋白、胶原蛋白的重要保障；铜也和血管壁的弹性、骨的致密程度息息相关。

（2）铜失衡的人体损害　缺铜容易引起人的皮肤颜色与毛色变淡，白癜风和少白头等损容性疾病可能与铜代谢异常有关系，但是铜过量也容易引起人的皮肤颜色和毛色变深；缺铜会导致关节恶化；铜和铁相互促进吸收，缺铜引起贫血的风险增加。铜过量会在口腔中出现金属味，久而久之会导致面色变深和肝脏损害的慢性中毒症状。铜的急性中毒会产生恶心呕吐、头晕、腹泻之类的中毒反应，还会引发红细胞合成异常导致的溶血性贫血症状。

（3）补铜的策略　铜和锌有相互拮抗的关系，在缺锌时人体的铜吸收量容易超标。就多数人而言，缺铜的风险远低于铜过量的风险，因为多数地下水管都是铜做的，所以每天喝不过滤的白开水就能获得较为丰富的铜。日常使用的铜火锅如果产生绿色铜锈是氧化铜，对人体有毒，所以一定要清理干净。

（4）补充建议　除正常饮食外，普通人群不需要补充。

14. 其他微量元素

人体需要的微量元素还包括镍、钼、硼、硅、钴等，就连砷在体内也有重要的酶激活作用。但是因为这些微量元素的人体需求量相当少，日常的适宜摄入量和导致人体中毒风险的可耐受最高摄入量非常接近，所以人体凭借日常食用的植物种子、动物内脏和鱼虾蟹贝等富含矿物质的食物，就能轻易使其得到充分补充。

另外，很多人体所需的微量元素，在自然界中以无机物形式存在时，对人体的毒性会远大于在生物体内的有机状态，因此除非通过血液检测证实其缺乏，否则还是不要求助于营养补充剂为好。常见的微量元素中毒症状多为生长不良、脱发贫血、皮肤病变、皮色乌黑、神经炎和精神异常等。

| 案例分析 |

1. 疲倦的女孩

高中学生小王，是一名有上进心的女孩。她平日里学习认真且注重复习，学习成绩也较好。随着高三逐渐逼近，父母的关注让她压力很大。尽管她减少了运动的时间，却常常感到疲倦和困乏，学习效率也越来越低。对此，父母认为女孩没有后劲，小王自己也很沮丧。她在偶然的一次学校体检结果中，发现了自己贫血的状况。她分析出自己是由于生长发育的消耗和缺乏运动导致血液循环不利，影响了身体状态和学习效率。在和父母沟通后，她加强了含铁食物的补给。经过一段时间的调养，小王的身体状况恢复了，学习效率也提高了。

2. 反复发作的痤疮

大学男生小张有着痤疮的困扰。他服用维生素和搭配多种外涂的药物，都能感受到痤疮症状缓解了，但停止用药不久后，痤疮就会复发。在医生的建议下，小张服用了葡萄糖钙锌口服液，发现痤疮的复发症状变轻了。痤疮是一种与人体自身激素相关的皮肤病症。适量的维生素的确有助于调控人体状态，但矿物质也是激活人体多种激素和酶的必要条件。尤其是钙和锌，二者均有重要的人体保护作用。

3. 胆小怯懦的男孩

男孩小赵家境富裕，但性格怯懦，常常不敢举手回答老师的问题。据他自述，常常有无原因的焦虑，睡眠情况也不好；每次遇到自己会做的题，刚想举手，心脏就突突直跳，非常难受。根据小赵的体检结果，发现他有一定程度的缺镁症状。主要原因是其家中饮用水经过多种过滤，钙、镁等离子被消耗的同时，并未注意到需要额外补充。

4. 重口味引发的水肿

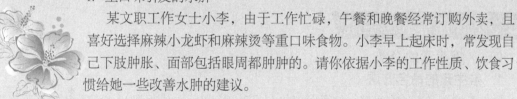

某文职工作女士小李，由于工作忙碌，午餐和晚餐经常订购外卖，且喜好选择麻辣小龙虾和麻辣烫等重口味食物。小李早上起床时，常发现自己下肢肿胀、面部包括眼周都肿肿的。请你依据小李的工作性质、饮食习惯给她一些改善水肿的建议。

第六节　加持活性的微小外援——维生素

一、食物中的维生素

（一）食物中维生素的口感特点

人类所摄入的维生素实际上是食物中有重要自身调节功能的低分子化合物。天然富含维生素的食物，往往具备新鲜、味正的特点；不新鲜或者过度加工的食物中，以维生素变质为特征，也会伴随着食物的变质或营养价值降低等现象。有的维生素具备特殊的滋味，而有的没有。例如，维生素C有酸味的特征，很多富含维生素C的蔬果的口感受其影响；部分B族维生素成员有极轻微苦味怪味，但由于含量有限，故对食物影响极小；维生素A、维生素D、维生素E则基本无味。

（二）食物维生素的来源

对于人类来说，维生素是指人体需要从外界摄入的、对于身体有重要调节作用、缺乏时能引发代谢失调的低分子有机化合物。维生素是动物和植物用来维持自身正常代谢调节的重要物质。植物中维生素的主要来源是经光合作用由体内多糖转化而来的，是保护自身抗氧化的低分子成分。

因为各种维生素的来源广泛，而且种类、养殖和加工的差异很大，所以维生素的种类和数量差异也很大。就蔬果而言，本地的、当季的、新鲜的或厚皮的，更有利于保持维生素；就动物性食材而言，其自身种类、食物原料、养殖环境和毒素药物等，也影响其维生素数量和种类。总体而言，由于现代栽培土壤当中的矿物质含量下降、大棚保暖导致真正来自阳光的能量不足等，各类食物中的维生素呈现出越来越少的趋势。例如，由于栽培环境不同和储运损耗，橙子中维生素C的含量可能相差3～10倍甚至更多。

（三）富含维生素食物的风险

现代人有很多途径选择食用简单、储藏期长、滋味浓郁的各种精加工食物，但是这些加工食品中的维生素大多寥寥无几。有些人认识到这种情况，会额外选购一些复合的维生素保健品，用以预防慢性病和调节状态，希望能够延缓衰老、保持美态。从现有证据来看，吃简单加工的新鲜食物且偶尔食用营养素补充剂的老年人，与经常食用营养素补充剂或根本不食用营养素补充剂的两大类同龄人群相比，患慢性疾病和传染病的可能性更低。长期食用大量营养素补充剂配合精加工食物的人群则表现出了精力减退、慢性疾病频发的倾向性，在该人群中，上皮组织异常、色斑、衰老甚至是恶性肿瘤发病率都呈增加的趋势，这可能与种类有限数目过量的抗氧化物在体内拮抗竞争导致自身氧化的机理相关。

二、人体所需的维生素

（一）维生素的分类

1. 维生素的命名方法

维生素的命名方法有很多：按照发现的先后顺序命名，如维生素A、B族维生素、维生素C、维生素D之类；按照其生理功能命名，如抗坏血病维生素、抗干眼病维生素等；有时也用其化学结构来命名。常见维生素对应的化学名与别名见表1-21。

表1-21　常见维生素的化学名与别名

常见维生素	化学名称或相关来源物质	别名
维生素A	视黄醇、棕榈酸视黄醇酯、胡萝卜素、叶黄素等	抗干眼病维生素、护眼维生素
维生素B$_1$	硫胺素、盐酸硫胺素、硝酸硫胺素	抗脚气病维生素、抗神经炎因子

续表

常见维生素	化学名称或相关来源物质	别名
维生素B$_2$	核黄素	抗口角炎维生素
维生素PP	烟酸、烟酰胺	抗赖皮病维生素
维生素B$_5$	泛酸、泛酸钙、遍多酸、尼古丁酸	暂无，但对于促进代谢、修复人体作用极大
维生素B$_6$	吡哆醇、盐酸吡哆醇	抗皮炎维生素
维生素B$_7$	生物素（维生素H）	暂无，但预防糖尿病作用极大
维生素B$_9$	叶酸、蝶酰谷氨酸	暂无，但预防胚胎发育异常作用极大
维生素B$_{12}$	钴胺素、甲基钴胺素	抗恶性贫血维生素
维生素C	抗坏血酸、抗坏血酸钙、抗坏血酸镁	抗坏血病维生素、美白维生素
维生素D	麦角钙化醇、胆钙化醇	抗佝偻病维生素
维生素E	生育酚、生育酚醋酸酯、生育酚琥珀酸酯	抗不育维生素
维生素K	甲萘氢醌	促凝血维生素

2. 维生素的分类

维生素可按照在人体内的代谢途径和存储方式分成脂溶性维生素和水溶性维生素两大类。由于二者在体内代谢的途径差异，脂溶性维生素不需要每天补充，只要短期之内补充充足就可以了，而水溶性维生素则需要每日关注。

（1）脂溶性维生素 脂溶性维生素是指维生素A、维生素D、维生素E和部分脂溶性维生素K等，能够储藏在人体脂肪组织和肝脏当中，在需要时能通过胆汁排出利用的维生素。大多数脂溶性维生素有一定耐热能力，耐储性比水溶性维生素稍好一点。脂溶性维生素只有在和脂肪一起食用的时候才能被吸收利用。这一类维生素摄入过量容易引起中毒，也会随油脂类食物的变质而被破坏掉。家里的大桶食用油一定要避光防水，尽量少开盖，否则就会变成导致皱纹和早衰的元凶；很多劣质外卖食物能让人越吃越丑也和过期变质油脂相关。

（2）水溶性维生素 水溶性维生素包括B族维生素、维生素C和部分水溶性维生素K等。它们可以通过肾脏代谢，因此在体内仅有少量的储存，也非常容易以原型形式从体内排出。因此，水溶性维生素必须每天通过饮食供给足量，否则非常容易出现相关的缺乏症状。

水溶性维生素非常不耐热、极度不耐储，鲜榨果汁中的维生素C在15min之类就会被空气中的氧气所氧化，也就丧失掉营养价值。

3. 人体维生素需求量

不同国家推荐的每日营养素摄入量（RDA）差异很大，这可能和每个国家的地理气候及人们生活习惯相关。像极寒地区的因纽特人，维生素C摄入量就极少。RDA是为了预防一些类似脂溢性皮炎、糙皮病之类的疾病而制定的。每个国家甚至是世界卫生组织的RDA都远低于能够让身体保持最佳状态的维生素需求量。依据世界性的营养调查，处于亚健康状态的人群对于水溶性维生素的摄入量大约是RDA的7～10倍时，可能对健康会有更大的守护作用，对于抗衰老、维护美容状态也能有更好的效果。维生素对于处在有环境污染的城市中的人群而言，对于抗氧化、促进毒素代谢的作用极大。对于一些已经患有慢性疾病的人而言，某些水溶性的维生素达到50倍以上的RDA水平才能够起到降低血脂，恢复脑、内脏和皮肤活力的作用。总而言之，人体对于维生素的需求差异很大，在很多特殊时期、异常环境和不良习惯的影响下，都会增加缺乏维生素的风险。导致人体缺乏维生素的常见原因见表1-22。

多数人从天然的食物中获取维生素，引发中毒的风险非常低。偶尔服用膳食营养素补充剂，能够补足天然食物中的缺乏。也有说法认为富含维生素的食物是轻加工的，会同时富含多种抗氧化物质，能够协同合作增加效用。比如水果当中的维生素C和维生素B_6、叶酸之类都是共同存在的，它们能够起到降低体内中间代谢产物半胱氨酸的作用，也就能降低心脑血管疾病和脑萎缩的发生风险。

表1-22 导致人体维生素缺乏的常见原因

缺乏维生素的常见原因	常见因素
摄入不足	偏食挑食、加工过度、食材本身
消耗过剩	特殊时期、烟酒过量、污染环境、极端环境
消化障碍	肠胃疾病
抗性物质	膳食纤维、某些药物

（二）人体所需的重要维生素

1. 维生素A

（1）维生素A的营养价值　维生素A是一系列包括视黄醇、视黄醛、视黄酸等在内的视黄醇的衍生物。维生素A对于抗氧化和提升免疫力都有支持作用，对于健康美态的维护作用也很多：它具备抗氧化能力，尤其是对于眼部结构的保护和功能的支持作用巨大；它对于上皮组织和黏膜的合成有非常重要的作用，与维持人体上皮组织的漏斗形结构和儿童骨骼发育都息息相关；它还是人眼能看到东西所需的能量前体，相当于照相机中的电池。

（2）维生素A失衡的人体损害　维生素A是皮肤和黏膜保持健康、防止感染所必需的物质，也是抗氧化物质和免疫增强物质，还可以帮助预防多种癌症，是保持夜视能力的必需营养物质。但其排出比例不高、极易积蓄，一般摄入量超过需要量的5~10倍就会引起中毒。医学上也常见因食用海洋动物肝脏或者维生素A补充剂中毒及致死的案例。维生素A的作用部位、缺乏症状和补充策略可参见表1-23。

表1-23　维生素A的作用部位、缺乏症状和补充策略

维生素A作用部位	缺乏症状	补充策略	
皮肤和黏膜	毛囊炎、鱼鳞病、口腔溃疡、痤疮、皮肤干燥且呈鳞状、头皮屑、鹅口疮等	食物来源：动物肝脏、眼睛，色彩鲜艳的蔬果 促进吸收的因素：锌、维生素C、维生素E等其他抗氧化物	抑制吸收的因素： 烟酒、毒素、氧化物、油炸、精加工的过程和储运等
眼睛	黄斑或充血、对较暗环境适应能力差、干眼症、角膜溃疡等		
骨骼	儿童骨骼发育障碍等		
内脏	膀胱炎、腹泻等		
其他	失眠烦躁、免疫力降低、易感冒或感染、食欲改变、激素失调等		

（3）补维生素A的策略　严格意义上的维生素A只存在于动物体中，动物眼睛、肝脏中的维生素A的含量都很多。但许多植物蔬果却都含有维生素A原，如各种胡萝卜素和叶黄素等，在油脂存在的情况下可在小肠处分解为维生素A，其中β-胡萝卜素的转化率最高。维生素A对热、酸、碱稳定，紫外线可促进其氧化破坏。维生素A的含量表示方法有点复杂，需要将各类胡萝卜素、叶黄素的含量换算成同等功效的维生素A（视黄醇）来衡量表示，因此视黄醇当量（μgRE）被用作换算单位，来代表"视黄醇等效物的微克量"：每6μg的β-胡萝卜素等效于1μg的视黄醇，相当于1μg视黄醇当量维生素A。其他种类的维生素A、叶黄素、玉米黄素的视黄醇当量也均有换算关系。全部维生素A原与维生素A的视黄醇当量相加，才是该食物所能提供维生素A的总量。

（4）补充建议　除正常饮食外，普通人群少量长期补充，每日补充剂量低于2500μg视黄醇当量；短期调节状态时需遵医嘱，且补充一周后可暂停几天。

2. B族维生素

B族维生素属于水溶性物质。它们常来自相同的食物，主要有酵母、植物、动物肝脏等。值得注意的是，并非所有B族维生素都是营养素，例如维生素B_{17}（苦杏仁苷），甚至是一种有毒物质。

人体所需的B族维生素主要有维生素B_1、维生素B_2、维生素B_3、维生素B_5、维生素B_6、维生素B_7、维生素B_9和维生素B_{12}，这些是人体组织必不可少的营养素，是人体多种重要酶类参与工作的辅助因子（辅酶），能参与到体内各种代谢循环中，对于人体调控体重、维护状态起到极大作用。所有的B族维生素必须同时发挥作用，才更有利于人体代谢。假如摄入某种单一的B族维生素，会由于细胞的活动增加，使人体对其他B族维生素的需求跟着增加，从而导致一些B族维生素缺乏的症状。B族维生素的作用部位、缺乏症状和补充策略可参见表1-24。

表1-24　B族维生素的作用部位、缺乏症状和补充策略

B族维生素作用部位	缺乏症状	补充策略	
皮肤和黏膜	皮炎、皮疹、痤疮、角膜溃疡、口角炎、脚气病、糙皮病、油脂分泌异常、皮肤敏感等	食物来源：完整的植物种子或果实、幼嫩动物内脏和血肉	抑制吸收的因素：烟酒、药物、茶和咖啡、压力、避孕药、食用碱、氧化物、光热、精加工的过程和储运等
脂肪组织	肥胖症、脂肪代谢异常		
神经与血液	脊柱发育异常、恶性贫血、失眠抑郁等	促进吸收的因素：其他B族维生素、一些矿物质	
内脏与大脑	胃痛、消化障碍、便秘腹胀、心律失常、学习障碍等		

因为水溶性维生素中毒风险极小，所以增加摄入量的好处较多。维生素B普遍存在于各种动植物体内，以动物内脏、豆类、花生、绿叶菜及粗粮中含量相对较高。补充建议：除正常饮食外，普通人群少量长期补充。

（1）维生素B_1　又称硫胺素，不容易热解，有助于人体维持正常糖代谢和蛋白质代谢，在临床上常用于防治缺乏维生素B_1所致的脚气病，也用于肥胖、高血脂、神经炎、消化不良等症的辅助治疗。

缺乏症状：肌肉疼痛、眼睛疼痛、易怒、注意力不集中、腿部疼痛、记忆力差、胃痛、便秘、手部疼痛、心动过速等。

（2）维生素B_2　又称核黄素，在中性或酸性溶液中加热是稳定的，为体内黄酶类辅基的组成部分，有助于将体内脂肪、糖类和蛋白质转化为能量，是修复和维护身体内部和外部皮肤健康所必需的物质，起到帮助机体调节酸碱平衡，保护头发、指甲和眼睛健康的作用。

缺乏时影响机体的生物氧化，使代谢发生障碍，其病变多表现为皮肤、口、眼和外生殖器部位的湿疹和炎症，如口角炎、唇炎、舌炎、眼结膜炎、脂溢性皮炎、头发干枯或油腻、指甲易断、嘴唇干裂和阴囊炎等，有时也伴随暗视力下降、眼睛疼痛、结膜充血、角膜溃疡等眼部病变，与维生素A缺乏的症状类似。

（3）维生素PP　又称烟酸、尼克酸，其热稳定性好，是促进能量生成、维持大脑活动以及帮助皮肤抗逆的必需营养素。除了调节血糖平衡和降低体内胆固醇水平外，烟酸对改善炎症和消化功能也有帮助。烟酸缺乏症患者的皮损组织病理显示表皮角质层肥厚伴有角化不全和色素增加；真皮上部尤其是血管周围会有炎症细胞浸润、胶原纤维肿胀、神经退行性病变的迹象；神经组织及其他内脏可有不同程度的萎缩、炎症及溃疡等变化。就人群而言，以玉米和高粱为主食，且素食比例过大的人群更易发生烟酸缺乏症。某些用石灰烧制玉米饼或者用黑霉菌来侵染玉米，这些用来转变烟酸形态的策略，对于上述人群防治烟酸缺乏症有效。

缺乏症状：肥胖、代谢障碍、胆固醇代谢障碍、红血丝、癞皮病、腹泻、失眠、焦虑紧张等。

（4）维生素B_5　又称泛酸，在酸、碱、光及热等条件下都不稳定，在参加体内能量的代

谢、维护头发、皮肤及血液健康方面亦扮演重要角色，也是大脑和神经必需的营养物质。它有助于体内抗压力激素（类固醇）的分泌，对于辅助中枢神经和肾上腺实现正常功能非常重要；它对于一些抗体和神经递质的合成也有重要作用。维生素B_5在外用时可以加强皮肤水合功能，有改善皮肤干燥、粗糙、脱屑、瘙痒以及治疗多种皮肤病（如特应性皮炎、鱼鳞病、银屑病以及接触性皮炎）的作用。

缺乏症状：肌肉抽搐或痉挛、抑郁焦虑、磨牙异食、生长障碍、内脏功能失常、肥胖、脱发，以及一些皮肤症状等。

（5）维生素B_6　又称吡哆醇，在体内以磷酸酯的形式存在，在酸液中稳定，遇光或碱易破坏，不耐高温。维生素B_6为人体内某些辅酶的组成成分，参与多种代谢反应，尤其是和氨基酸代谢有密切关系，是蛋白质消化和利用、大脑活动和激素分泌的必需营养素。还有助于平衡性激素，相当于天然的抗抑郁和利尿药物，可用于控制过敏反应，临床上应用维生素B_6治疗月经前综合征、更年期综合征以及妊娠和放射病引起的呕吐。

缺乏症状：皮炎不易愈合、水肿疼痛、抑郁敏感、暴躁易怒、肌肉抽搐或痉挛、疲乏无力、鳞状皮肤等。

（6）维生素B_7　又称生物素、维生素H或辅酶R，是合成维生素C的必要物质；它也是脂肪和蛋白质正常代谢不可或缺的物质，对于维护皮肤、头发和神经系统的健康特别重要。维生素B_7的重要作用还体现在帮助糖尿病患者控制血糖水平，并防止该疾病造成的神经损伤。生食的蛋类就含有阻碍生物素吸收利用的抗性蛋白，若经常食用，就会增加生物素缺乏的风险。

缺乏症状：脱发、体重减轻、发质差、少白头、肌肉疼痛、缺乏食欲或恶心、湿疹或皮炎、失眠抑郁等。

（7）维生素B_9　一般指叶酸，因绿叶中含量十分丰富而得名，又名蝶酰谷氨酸，其生物活性形式为四氢叶酸。叶酸光、热、酸、碱稳定性都较差。叶酸对于蛋白质合成及细胞分裂过程中红细胞的形成有重要作用，对于胚胎和婴幼儿的大脑和神经系统的发育非常重要。人的肠道细菌能合成一部分叶酸，但处于孕期、发育期、疾病期的人群合成的数量相应不足，多数情况下需要稍微补充。

缺乏症状：先天性智力障碍、先天性脑裂、脊柱裂、贫血、神经传递障碍、湿疹、少白头、忧虑或紧张、虚弱健忘、抑郁敏感等。

（8）维生素B_{12}　又叫钴胺素，是一种高等动植物都不能自身合成的维生素。自然界中的维生素B_{12}大多是通过草食动物的肠胃中的细菌合成的，因此其膳食来源主要为动物性食品，其中动物内脏、肉类、蛋类是维生素B_{12}的主要来源。少数食物可经发酵产生维生素B_{12}，例如豆制品发酵而成含维生素B_{12}的豆汁、腐乳等。维生素B_{12}是唯一一种需要在特殊肠道分泌物（内源因子）的帮助下，才能被人体吸收的维生素。有的人由于肠胃异常，缺乏这种内源因子，即使膳食中来源充足也会患恶性贫血。维生素B_{12}对于能量代谢和与毒素相关的物质代谢有重要的促进和调节作用，包括参与蛋白质代谢、制造骨髓和红细胞、防止恶性贫血、保护遗传物质和大脑神经等。

缺乏症状：恶性贫血、精力衰退、四肢无力、湿疹或皮炎、敏感易怒、焦虑紧张、肠胃虚弱、便秘腹胀、肌肉疼痛等。

3. 维生素C

（1）维生素C的营养价值　维生素C的结构类似葡萄糖，是一种多羟基化合物，但由于其化学结构决定了其具有酸的性质，又称抗坏血酸。维生素C具有很强的还原性，很容易被氧化成脱氢维生素C，但其反应是可逆的，在维生素E等抗氧化物质存在的情况下，维生素C可以多次还原，然后反复冲锋在抗氧化战役的第一线。这一性质决定了它具备极好的抗氧化性和一定的解毒能力，有助于增强免疫功能和抗感染能力，还能抑制黑色素生成。除此之外，维生素C和维生素E共同参与促进胶原蛋白和铁等矿物质的循环和利用，有助于维护皮肤紧致、保持骨骼牙齿坚固、增强免疫功能、促进矿物质吸收、减少动脉硬化、抗肿瘤和抗氧化等。

（2）维生素C失衡的人体损害　医学上有大量食用维生素C（每日5g以上）增加肾结石、皮疹、痛风和胃酸异常的案例。过量食用维生素C（长期，每日摄入1~3g或以上）会引起高铁红细胞性贫血、腹泻、腹痛、消化道出血等，使身体的抗病能力、免疫力下降，一些人还会引起高尿酸血症，加速肾和膀胱结石的形成。更多的证据表明，日常偶尔补充的维生素C或者复合型保健品，对于维护人体的结构和功能是利大于弊的。维生素C的作用部位、失衡症状和补充策略可参见表1-25。

表1-25　维生素C的作用部位、失衡症状和补充策略

维生素C作用部位	失衡症状	补充策略	
皮肤与皮下组织	皮肤黑黄或青紫、鼻出血、伤口愈合慢、红色丘疹、皮下出血及血肿形成	食物来源：瓜果蔬菜等。 促进吸收的因素：生物类黄酮物质、B族维生素、其他抗氧化剂、维生素E等	抑制吸收的因素：香烟、酒精、污染物、压力、氧化物、亚硝酸盐、高温、精加工的过程和储运等
牙齿和骨骼	牙龈出血、牙床溃烂、牙齿松动、长骨骨膜下出血、关节疼痛、婴儿呈蛙状体位等		
神经	失眠健忘、暴躁易怒、抑郁敏感等		
其他	免疫力下降、易感冒、四肢无力、缺铁性贫血、毒素累积等		

（3）补充维生素C的策略　可以生食的新鲜蔬果是补充维生素C的主要来源。富含维生素C的蔬果很多，常见的樱桃、酸枣、橘子、山楂、柠檬、猕猴桃、沙棘、青椒、番茄等蔬果均富含维生素C。动物的脑髓、肝脏等也含有一定数量的维生素C，但会在烹饪加工过程中有所损耗。很多具备抗氧化能力的营养素也能与维生素C合作，有助于协同增强人体的抗氧化能力；易导致人体被氧化的环境、食物等，则会消耗维生素C，抑制其保护作用。

（4）补充建议　除正常饮食外，普通人群少量长期补充；短期调节状态，需遵医嘱。

4. 维生素D

（1）维生素D的营养价值　维生素D是一组具备固醇类衍生物特征，功能上可预防佝偻病的脂溶性维生素。人体中主要利用的是维生素D_3与维生素D_2。前者由人皮下的7-脱氢胆固

醇经紫外线照射而成；后者由植物或酵母中含有的麦角固醇经紫外线照射而成。维生素D的主要功用是促进小肠黏膜细胞对钙和磷的吸收，并通过储存钙元素而保持骨质健康。此外维生素D还有促进皮肤细胞生长、分化及调节免疫功能的作用。

（2）维生素D失衡的人体损害　工业社会后，维生素D缺乏症的发生率开始增加，这可能和多种便利食物的过度加工相关，也可能和含钙食物往往糙硬难咽相关，也和人体日照不足导致的合成减少相关。维生素D的作用部位、缺乏症状和补充策略可参见表1-26。

（3）补维生素D的策略　动物内脏和骨质中，也会含有促进钙吸收的维生素D；植物类含有维生素D的数量往往较低或不易被人体利用；菌藻类的香菇、海带中的维生素D含量相对较高。阳光能促进人体生成维生素D，故一般成年人在经常接触阳光的情况下，不致发生维生素D缺乏症；婴幼儿、孕妇、乳母及不常到户外活动的老人，需要注意适当补充富含维生素D的食物。

表1-26　维生素D的作用部位、缺乏症状和补充策略

维生素D作用部位	缺乏症状	补充策略	
骨骼、指甲和牙齿	佝偻病、软骨病、肋骨外翻、指甲软、骨质疏松、关节疼痛或僵硬、背痛、龋齿等	食物来源：鱼、动物肝脏、蛋黄、虾皮、乳制品、香菇、麦角。	抑制吸收的因素：油脂氧化变质、高温、精加工的过程和储运等
皮肤和黏膜	皮肤敏感、抗逆性差、皮肤渗出性疾病	促进吸收的因素：晒太阳、运动、胆钙化醇（动物性来源）、麦角钙化醇（酵母菌来源）、其他维生素和抗氧化物质等	
血液和神经	肌肉痉挛、头发脱落、失眠暴躁、紧张抑郁等		

（4）补充建议　除正常饮食外，普通人群少量长期补充维生素D的每日适宜量为10μg（相当于400国际单位），也可补充鱼肝油（含维生素A和维生素D）；短期调节状态时需遵医嘱，补充一周后可暂停几天。

5. 维生素E

（1）维生素E的营养价值　维生素E是一组水解产物为生育酚的脂溶性维生素，是人体所需的最主要的抗氧化剂之一。它具有较好的抗氧化作用，能保护细胞免受损坏，促进人体愈合和修复；还能降低血液黏稠度，预防血栓以及动脉硬化；还能促进性激素分泌，对于生殖细胞也有重要的保护作用。研究结果表明，维生素E和维生素C同时食用时，能提高胶原蛋白的代谢速度和利用程度，能显著延缓衰老。

（2）维生素E失衡的人体损害　缺乏维生素E能导致人体被氧化，进而出现早衰和修复困难的现象。但长期滥用维生素E可能导致过量的自身氧化，反而伤害人体。常见症状包括唇炎、恶心、呕吐、眩晕、视力模糊、胃肠功能及性腺功能紊乱等，极端症状包括婴儿坏死性小肠炎、血栓性静脉炎、肺栓塞、下肢水肿、免疫力下降等。维生素E的作用部位、失衡症状和补充策略可参见表1-27。

表1-27　维生素E的作用部位、失衡症状和补充策略

维生素E作用部位	失衡症状	补充策略	
皮肤	早衰皱纹、斑点疣痣等	食物来源：完整的植物种子或果实、幼嫩动物内脏和血肉。 促进吸收的因素：维生素C、硒等抗氧化物质	抑制吸收的因素： 高温烹调、空气污染、避孕药、氧化物、精加工的过程和储运等
血肉	瘀伤、伤口愈合慢、静脉曲张、肌肉无弹性、出血症、血流变慢、高血脂等		
生殖器官	月经不调、性欲衰退、不孕不育、胚胎质量差等		
其他	易疲劳、脱发等		

（3）补维生素E的策略　很多食物中都含有维生素E，因为这种营养素是生物自身用于保持抗氧化的重要调节物质。植物种子和一些植物的组织中，维生素E含量会超过其他部位，例如各种坚果、牛油果、榴梿果肉等。另外，年轻动物的肉类和蛋类的维生素E的含量会远高于年老动物。

（4）补充建议　除正常饮食外，普通人群少量长期补充；短期调节状态，需遵医嘱，补充一周后可暂停几天。

6. 维生素K

（1）维生素K的营养价值　维生素K具有叶绿醌生物活性，包括维生素K_1、维生素K_2、维生素K_3、维生素K_4等几种形式，其中维生素K_1、维生素K_2是天然存在的，属于脂溶性维生素；维生素K_3、维生素K_4是通过人工合成的，是水溶性维生素。四种维生素K的化学性质都较稳定，能耐酸、耐热，正常烹调中只有很少损失，但对光敏感，也易被碱和紫外线分解。维生素K具有帮助形成凝血物质的作用，对于预防新生婴儿出血性疾病、预防内出血及痔疮、减少生理期大量出血有重要作用。

（2）维生素K失衡的人体损害　缺乏维生素K会延迟血液凝固，引起新生儿出血和成年人伤口不愈合等症状。维生素K的中毒风险不高，即使供给大量的维生素K_1和维生素K_2的天然形式也不会中毒。然而，某些保健品中维生素K_3能与巯基反应，在过量服用时有毒，能引起婴儿溶血性贫血、高胆红素血症和胆红素脑病等。

（3）补维生素K的策略　人体自身不能产生维生素K，但肠道中的有益菌能代谢产生足量的维生素K，一般不需要特别补充。花菜、果菜、芽菜等益生菌增殖所需的富含膳食纤维的食材，能起到调节肠道菌落环境，促进生成维生素K的作用。

（4）补充建议　除正常饮食外，普通人群不需要补充；特殊需求人群，需遵医嘱。

| 案例分析 |

　　1．补充不到的维生素C

　　工作忙碌的白领女士小丽，早餐常常凑合，午餐和晚餐往往以外卖为主。她发现自己有牙龈出血的症状，就在超市导购的建议下，选购了些水果味的维生素C泡腾片。

但牙龈出血的症状并未缓解,不得不就医求助。据其自述,由于工作忙碌,常常用单位饮水机的热水冲泡泡腾片后,搭配外卖食用。经过医生的仔细检查,确定小丽确实患有维生素C缺乏症。请你分析小丽缺乏维生素C的原因,补充维生素C失败的原因,并给她一些更好的建议。

2. 天天夜啼的娃娃

十一月出生的小宝,是一个白白胖胖的娃娃。三个月的小宝除了在要吃夜奶时会哭之外,也会无故夜啼。小宝的父母由于睡眠不足,都出现了神经紧张、冲动易怒的症状,也经常吵架。在医生的建议下,小宝服用了一些婴儿用鱼肝油,睡眠质量提升了,其父母的身心状况也有所好转。小宝夜啼原因在于:冬天出生的婴儿,接受阳光照射的程度更低,自身合成的维生素D不足,母乳中维生素D也不足以维持脑神经和骨发育,一定程度的外源补充是利大于弊的。

3. 猎豹妈妈变白兔

某商场售货员小张,是一名新手妈妈。由于工作性质的原因,她在产前产后都没休息太久,出了月子就开始工作,也和别的员工一样吃工作餐。产后不久,小张就发现自己出现了脱发、鱼尾纹和若隐若现的黄褐斑。但照顾孩子和兼顾工作实在很忙碌,她实在没有精力关注自己的状态,只能咬着牙坚持。转眼间,小张的宝宝三岁了,上幼儿园学了很多词汇。一天,放学的宝宝对小张说:"妈妈的脸上有很多斑点,所以是一只猎豹妈妈。"当时,小张的眼眶就红了,她强忍住眼泪和情绪,夸奖着聪明的宝宝。随后,就在正规医疗美容机构的医生建议下,补充了维生素E、维生素C和铁等多种营养素,并接受了的激光祛斑、光子嫩肤等皮肤调理养护项目。半年后,小张的黄褐斑状态有所缓解,日常用完粉底后皮肤白嫩嫩的,变成了宝宝的白兔妈妈。

第七节 运转代谢的宿命循环——水

一、水的来源与摄入

(一)水的口感特点

水的化学式为H_2O,由氢和氧两种元素组成,在常温常压下为无色无味、滋润清凉的透明液体,是地球生物存活繁衍的基础,既可饮用,也可使食物软嫩滋润。想象一下,只能食用干燥谷物饭、脱水蔬菜、牛羊肉干、烤鱼片、香脆坚果时的心情,就能感受到水的重要性了。

(二)水的营养价值

水是用以补充自身细胞内水分的重要营养素,是生命体新陈代谢的重要物质,也是补充矿物质的途径之一。水对于人体组织的修复更新和健康调控都极为重要。适量的水不但是使肌肤保持弹性和紧致的必要营养素,还有助调节人体内的激素分泌,使其保持正常状态。

水在人体内的半衰期为7天，就是说每周人体内需替换掉一半的含水成分。所以合理补水才能更好促进新陈代谢、预防毒素累积。

（三）水的适宜摄入量

一般而言，正常人每天会通过尿液排出1500mL水分，稀释的体内毒素也随之排出体外，防止身体被其毒害；通过皮肤的汗腺排出750mL水分，用于调节体温，防止由于运动或环境变化造成的体内蛋白质灼热甚至损伤，从而保护身体组织；通过呼吸排出400mL水分，用于滋润呼吸器官和食道口腔，用以保证正常舒适的呼吸作用；通过粪便排出150mL水分，可以防止便秘造成的毒素累积和肠壁损伤，维护消化道正常的菌群环境。因为正常饮食和人体代谢能分别提供1200mL和400mL水，所以轻体力活动的成年人每天至少喝水（含淡汤、乳类、低糖饮料等）1200mL。另外，25～37℃的水对人体健康最有利，太凉或太烫的水都不适合长期饮用。过冷的水容易造成消化道损伤或可诱发心脑血管疾病，过烫的水会伤害食道，甚至可能诱发食道癌。

（四）水的常见来源

目前，人类补水的两大主要来源是自来水和瓶装水。地下自来水管的铺建能让很多人轻易获得杂质少、毒素低的生命源泉。在集体开会、户外郊游等很多场合中，瓶装水的饮用率越来越高。虽然人们担心其塑料包装对身体健康和环境污染的影响，但目前尚无明显证据证明瓶装水对长期健康的影响。饮用水中的电解质是指溶解在水中的矿物质。通过饮水累积在人体组织和细胞的钠、钾、钙、镁、氯、铝、硅、铁、铜、氟等元素，对于人体的正常运作都有较大影响。很多国家的自来水经过彻底去除污垢、微生物和污染物后，还有严格的检测和调整水的pH值，以确保饮用和烹饪的安全。一些自来水检测标准可能比某些小品牌的瓶装水还要高。不同的饮用水类型和风险隐患可参见表1-28。

表1-28　常见饮用水的类型和风险隐患

饮用水的类型	饮用水实质	风险隐患
白开水	一般是指来源于地下水管的，煮沸后（去除氯气）冷却至可饮用温度的水	经过城市过滤系统的水去除了绝大多数的杂质和污染物，但还含有一些矿物质成分；储水室的卫生条件对水质影响很大
矿泉水	是源于富含矿物质的冰泉、山泉、温泉或水井的天然水	矿泉水通常都含有较高水平的电解质，但富集重金属的风险也不小
矿物质水	是在经过净化除菌的水中人工添加进一定比例的各种电解质。中国目前对矿物质水中添加的物质还没有统一的质量管理标准	若长期依赖同一品牌的矿物质水，人体存在体内矿物质不均衡的风险
纯净水	不含杂质的H_2O；瓶装纯净水和净水机的过滤水都可以视为纯净水	纯净水不含电解质，导致人体矿物质失衡的风险更大

富含水的果汁、饮料、咖啡、酒、牛乳、汤等可作为日常饮水的一部分，还能伴随一些迅速提升血糖，恢复精力，提供少量维生素、矿物质之类的功效。但每500mL包装饮料或果

汁所含精制糖量约15颗方糖，大概是每日精制糖推荐上限量的2~3倍，热量大概为250kcal，约占每天所需能量的8%~10%；很多奶茶和速溶咖啡伴侣为植脂末或奶精制品；酒精能导致人体脱水，劣质酒精含伤害身体的甲醛，平日生活中还是少量饮用为好。除了各种液体外，日常具备补水功效的食物还包括很多半固体和流体。常见补水食物见表1-29。

表1-29 常见补水食物

食物类型	较高补水能力	中等补水能力	一般补水能力
主食类	粥饭、豆浆等	杂粮粥糊等	蒸煮薯蓣等
蔬果类	清淡的花草茶等	口感湿润的蔬菜等	含水量不高的甜水果等
动物类	动物乳等	动物血制品、肉冻等	炖肉等
加工类	清淡饮料等	饮料和乳加工品等	果冻等

（五）水污染与疾病

水污染是指有害物质进入水体，造成水的使用价值降低或产生毒害的现象。水污染的主要类型主要包括工业污染、农业污染和生活污染三大部分，其中，工业污染如酸、碱、氧化剂，以及铜、镉、汞等重金属，苯、二氯乙烷、乙二醇等有机毒物污染；农业污染包括牲畜粪便、农药、化肥及病原微生物等污染；生活污染主要是城市生活中使用的各种洗涤剂和污水、垃圾、粪便等污染。

水污染病是指由于饮用对人体健康不利的水造成的急慢性疾病，其特征为：不易察觉、不易分解、容易积累。所以日常饮用自来水一定需要煮沸杀菌，有条件的情况下也可以安装家用净水器。水污染类型与相关疾病可参见表1-30。

表1-30 水污染类型与相关疾病

水污染类型	常见致病原因	常见疾病
化工残留	酸、碱、三氯甲烷、苯、二氯乙烷、乙二醇等	癌症、慢性炎症、代谢障碍性疾病
农药	有机磷农药、有机氯农药等	慢性炎症、癌症
矿物质残留	铝、氟、铜等	脑功能衰退、结石、心脑血管疾病、骨病
重金属残留	镉、铅、汞等	内分泌紊乱、脑功能衰退、骨病
致病微生物	诺如病毒、军团菌、霍乱弧菌、沙门菌等	肠胃炎、肝炎、肺炎、霍乱、痢疾、伤寒和脊髓灰质炎等

二、水的人体作用

（一）功能与用途

水是人体需要量最大的营养素，既是构成人体组织的重要成分，也是很多人体反应所必需的溶剂和反应剂。尽管普通水不能给人体提供能量，但水对人体的调节作用极大。

（1）构成人体结构　水不但是全部细胞原生质的重要组分，对于构成各种细胞膜表面的韧性结构也都有支持作用，是所有体液的必要成分。当水分丢失量为体重的1%时，身体机能就开始受到影响；当丢失量达到2%时，运动机能就会受到影响，并伴有食欲降低、压抑感；当丢失量达到4%～8%时，会出现皮肤干燥、声音嘶哑、全身软弱无力；如果丢失量超过10%，就可能危及生命。

（2）调节人体状态　水在机体内有许多重要功能，包括溶解多种电解质的溶剂作用；对氧气、营养物质、代谢废物和内分泌物质（如激素）等的运输作用；在体内和皮肤表面间传递热量的体温调节作用；参与化多种机体化学反应的水解和氧化还原等作用；稀释血液、促进血液循环的调节作用；增强饱腹感、预防便秘以及滋润体细胞的各种美容保健功能等。

（二）水失衡的人体损害

水作为一种极为重要的营养素，喝多少水、喝什么样的水、什么时间喝水对于健康美态而言，都是极为重要的。因此，依据自身情况，适量、适当、适时喝水对于保持健康的身体状况和较好的外在形态很有必要。饮水量对人体健康状态的影响及对策可参见表1-31。

表1-31　饮水量对人体健康状态的影响及对策

饮水量	对人体健康状态的影响	常见原因	有效对策
适量	稀释血液浓度、加速循环；降低毒物浓度、促进代谢；水合组织器官、保持状态	饮水习惯好	坚持好习惯、按作息情况及早安排
不足	色斑、肠溃疡、血液黏稠等风险增加；很多并非疾病的脱水症状长期累积会造成非常严重的难以治愈的慢性疾病，也就是退行性病变	食用肉类或煎炸食物过量；人体慢性脱水后，对水需求的灵敏性也会衰退	细胞的水合过程也需要3～5天，因此要坚持定时定量摄取低糖的水分，并坚持21天；养成良好的饮水习惯才能维持住人体对水分需求的灵敏性
过量	矿物质和水溶性维生素流失，肾负担、脑压改变等风险增加	肝肾疾病、糖尿病、服用致幻剂、饮用高糖饮料导致血糖增加，细胞会更需要水分来稀释糖分	特殊疾病患者的饮水情况需遵医嘱；高糖饮料依赖症患者需控制对含糖饮料的饮用频率和数量

（1）水不足的人体损害　人体的喝水机制由大脑的神经递质多巴胺调节控制。多巴胺是下丘脑和脑垂体中的一种关键神经传导物质，用于帮助细胞传递脉冲的化学物质，主要负责大脑的情欲、感觉，将兴奋及开心的信息传递，也与上瘾有关。长期不定时喝水和很少喝水的人群，其脑中的多巴胺对于水需求的灵敏性都会降低，但如果经过一段时间的按时定量喝水习惯的养成，这种需求会重新变得灵敏。这也是人体适应环境，能够自身修复的体现。所以不要等到十分口渴时才想着喝水。

茶、咖啡、葡萄酒和饮料不能代替身体所需的天然水。因为，这些饮料固然含有水分，但也含有脱水因素，特别是咖啡因和酒精，这些物质不仅会清除溶解它们的水分，还会清除人体额外的水分。当人体处于脱水状态时，机体就会将当前所剩的水分重新分配。在人体内部，某些区域水分供应不足，某些器官和功能的承受力达到极限后，就会造成慢性缺水、血液黏稠度增加和代谢速度减慢。随着身体各项反应机能变弱，人体的衰老会加速，逐渐产生很多现代医学也难以解决的慢性疾病。在人体系统中可能出现的与慢性缺水相关的病症可参见表1-32。

表1-32　人体系统与慢性缺水相关的风险性病症与缓解对策

人体系统	与慢性缺水相关的风险性病症	相关机理	缓解对策
神经系统	视听感觉功能下降、偏头痛、贪食、中风、老年痴呆、脑萎缩、暴躁易怒及抑郁等异常情绪	与神经递质的合成受阻和神经信号的传递障碍有关	① 按时定量喝水，长期坚持；② 每天上、下午各增加一次50～100mL的5%浓度的淡盐水；③ 上、下午各加食一点不太甜的新鲜水果，来获取一些膳食纤维和钾，以配合钠来加速人体血液循环；④ 在保护骨骼的前提下，加强运动
呼吸系统和免疫系统	气管痉挛、咳浓痰、哮喘、过敏	人体各膜屏障会在人体缺水时尝试分泌黏液来缓解水分散失；也和提示风险的神经递质组胺的过度表达相关	
消化系统	胃灼热、胃痛、肠胃炎症、便秘、痔疮	消化液异常和润滑液异常；粪便干硬也会损伤大肠内壁	
运动系统	关节炎、肌肉痛、骨质疏松、肌肉萎缩	软骨和筋膜含水量不足，会造成润滑能力下降、关节摩擦损伤	
内分泌系统和循环系统	肾上腺皮质疾病，如以肥胖、糖尿病、痤疮、骨质疏松、痛风等慢性疾病为特征的库欣综合征，以及高血压、心绞痛、肥胖症、动脉粥样硬化、血栓	与神经传递障碍相关；与物质代谢异常相关	
泌尿系统	肾病、结石	多余的矿物质代谢受阻，在体内富集的风险增加	
生殖系统	生殖细胞活力差	与水分优先分配机制相关	

（2）水过量的人体损害　过量饮水对人体健康是不利的。体内水过多会导致身体出现水肿、关节炎症或神经炎等障碍；会冲刷体内的营养物质，造成不同程度的水溶性维生素和矿物质流失，造成肾脏负担；大量的水分还会导致身体的渗透压改变，假如脑压改变，人就会头痛，发生幻觉；严重的可导致水中毒甚至死亡。

正常人体对水的需求是有限的。水过量往往是由身体疾病、长期饮用高糖饮料或者使用致幻剂造成的。能够引起口渴的疾病有很多，比如缺乏必需脂肪酸、炎症或感染、一些中枢神经相关疾病以及糖尿病等。高糖饮料是现代社会中几乎避免不了的一种常见水源。人体饮用高糖饮料后会感到越喝越渴，因为血液中血糖浓度较高，会造很多载体物质负荷，容易造成代谢障碍，人体会需要更多水来稀释血糖。就致幻剂而言，大麻、可卡因、冰毒均会引起中枢神经的反应，会导致异常口渴的现象；烟草和酒精也会引发由中枢神经引起的口渴反应，但症状往往较轻，容易被人们所忽视。

（三）补充策略

1. 适当选水

一般来说，含糖饮料和对神经中枢有刺激作用的茶叶和咖啡，更适合上午饮用，能起到改善心情和提高工作效率的作用；花茶、牛乳等清淡饮料只要不是过敏原，就适合任何时间饮用；每餐前饮用少量含脂肪的汤类能调控食欲，能降低饥饿导致暴食的风险；晚餐前后不喝含糖饮料能降低发胖风险。

2. 按时饮水

现代人由于工作忙碌，往往越来越忽略了喝水这一最原始的美容方法。人类最自然的生活规律的确是渴了喝水、饿了吃饭、困了睡觉，但现代社会由于分工和自身个性习惯等原因，很多人喝水、吃饭、睡觉的时间都和自然形成的规律不一样了。坚持每天喝足量的水并不是一件容易的事，但是养成一个较好的补水习惯，实在是和一日三餐按时定量一样重要。一般来说，人们维护健康需保证每日饮水总量、控制饮水频率和每日排尿次数。每日饮水计划可以参考表1-33。

表1-33　某白领女士的饮水计划表

补水时间	饮水目的
每天起床后	血液相对黏稠，细胞间的各种反应速度也较缓慢。用一杯常温或温热开水稀释血管中的血液和毒素，并加速身体内各种反应
早餐时	给自己准备一杯鲜榨果汁搭配早餐，提升一点血糖，作为一天好心情的开始
早餐后半小时	早上上班在单位坐下，给自己准备一杯花茶或者咖啡，不但能给身体补充水分，还有着提神的功效，给自己一天忙碌的工作一个好的心情
在办公室里工作一段时间后，大致是午餐前1h	一杯松子牛乳，既能补充流失的水分，又有助于放松紧张的情绪，还能提供一定饱腹感，避免午餐暴食
午餐后1h	这一杯最好不喝饮料，白水或花茶可以加强身体的消化功能
下午3点前后	一杯矿泉水或者白开水，可以减弱喝进去的提神饮料带来的兴奋感，能够缓解压力。
下午下班前	一杯水，可以增加饱腹感，晚上吃晚餐时自然不会暴饮暴食。不但为排毒养颜打下较好的基础，而且无形中减少了额外热量的摄入。长期坚持，有助于身材的保持
睡前2h	喝每天的最后一杯水，这杯水相对于白天的喝水量而言，要少一些，以免晚间起夜影响睡眠。这杯水有着预防夜间血液黏稠度增加、毒素累积的重要功能

3. 饮水量的标准

喝水是否充足的判断依据很多，凭借尿液的颜色判断是主要方法，也可辅助个人生理感受和按总饮水量估测。一般来说，透明偏浅黄色的尿液颜色是正常的；假如尿液颜色较深，呈黄色甚至橙色，说明缺水情况很严重；假如尿液几乎无色透明，恰恰说明喝水太多了。如果喝水很多，却持续干渴，就需要去医院进行检查，以便于及早制订策略，调节好身体状况。尿液颜色及常见原因见表1-34。

表1-34　尿液颜色与常见原因

尿液颜色	常见原因	确定个体饮水量的依据
无色透明	饮水过量	① 以人群大致饮水量为基础； ② 按环境温度和感受适量增减； ③ 少量多次，按作息习惯养成规律的饮水生物钟； ④ 观察尿液颜色，确定身体对水的需求变化； ⑤ 当尿液颜色突然出现异常状况，且未摄入彩色食物时，需尽早就医进行常规尿液检测
白色	矿物质过量（钙、磷等）；微生物造成的尿路感染；肾病等；	
半透明浅黄色	正常饮水量	
琥珀色或暗黄色	饮水不足	
亮黄色或荧光黄色	水溶性维生素过量：若维生素C过量则为偏亮黄色，若复合的B族维生素或维生素B_2过量则为偏荧光黄色	
绿色或蓝色	药物或黑甘草等食物影响；若未摄入相关食物或药物，则疾病风险较大	
暗红色、棕褐色	急、慢性肝胆肾病或肌肉溶解症；肝功能障碍症；芦荟等食物影响	
粉色或鲜红色	若食用红心火龙果、甜菜根等富含红色素的食材，则无须担心；若未食用含色素食物，则感染、肾病或中毒等疾病风险大	
暗淡浑浊	肾病或感染化脓的风险大	

第八节　辅助调节的外援助力——膳食纤维

一、食物中的膳食纤维

（一）食物中膳食纤维的口感特点

芹菜中的维管束的丝状韧感、柑橘小囊类似果冻的胶弹润感、甘蔗果肉像木头一样的硬质感，以及可食用昆虫如蚂蚱外表皮的特殊韧感，都是膳食纤维的高分子结构呈现出来的。食物膳食纤维的含量，并不能以食物的粗糙程度来衡量。许多吃起来软滑细润的食物，可能也含有大量的膳食纤维，例如毛豆、蘑菇等。

（二）膳食纤维的营养价值

膳食纤维是人体不能吸收利用的多糖，其中一部分能在人体肠道当中被微生物分解利用。因此狭义上的膳食纤维是指植物的细胞壁，也包括植物当中的一些不能或很难被人体转化成糖类，也几乎被不能吸收利用的非淀粉多糖或寡糖物质等。广义的膳食纤维则是在人的小肠中不被消化吸收，而在大肠中可全部或部分被发酵的可食成分或糖类似物，其中就包括了非淀粉多糖、抗性低聚糖、木质素、相关植物成分，以及乳产品中的低聚半乳糖、昆虫和甲壳类动物的甲壳成分——壳聚糖、植物的角质和木质部以及动植物的蜡状物等。但是依照目前的人类饮食结构，来源于动物的膳食纤维几乎可以忽略不计了。虽说膳食纤维并不构成任何人体细胞或组织成分，但其对于人体的支持和维护作用却不容忽视。

膳食纤维几乎不能被人体吸收利用，但它在人体中有重要的营养调节作用。首先，它有很强的耐消化能力。例如单纯喝掉果汁后很容易饿，而吃掉整个的苹果后不容易饿，因为整个苹果所包含的果皮和细胞壁就是丰富的膳食纤维。膳食纤维也是在如今果汁饮料、面包甜点唾手可得的高效型社会中，帮助人们正确调控食欲、避免暴饮暴食的一种重要物质。其次，膳食纤维还是大肠内益生菌的天然培养基，能起到调节肠道菌群结构、降低血管垃圾产生率的作用。最后，增加膳食纤维的摄入比例，能够耐饥饿、降低脂肪和糖类在体内的含量和消化速度，无形中也能起到了辅助瘦身的作用。整个苹果、鲜榨苹果汁和苹果汽水的口感特性、营养素情况与对人体的影响见表1-35。

表1-35　整个苹果、鲜榨苹果汁和苹果汽水的口感特性、营养素情况及对人体的影响

状态差异	整个苹果	鲜榨苹果汁	苹果汽水
口感特性	口感酥脆、酸甜可口；吃完苹果有饱腹感，会相应减少其他食物的摄入量	酸甜可口、清凉解渴；喝完果汁后基本无饱腹感，有时反而能增加食欲	酸甜可口、很快会感觉口渴；喝完苹果汽水后有时会腹胀打嗝，但不会影响食欲和食量
营养素情况	维生素保存较好；纤维素丰富；糖类可以缓慢释放能量	果汁很快发生酶促褐变反应；维生素立刻开始变质；纤维素被破坏或减少；糖类在人体迅速释放能量	基本无维生素；无纤维素；糖类在人体迅速释放能量
对人体的影响	调控血糖效果相对好；能帮助人体抗氧化	血糖忽上忽下；很难帮助人体抗氧化；龋齿概率增加	血糖忽上忽下；不能帮助人体抗氧化；龋齿概率大大增加

（三）膳食纤维的分类

人们依照膳食纤维在人肠胃中遇水后的形态结构差异，将膳食纤维分成了水溶性膳食纤维和不溶性膳食纤维两大类。也有研究表明，这两种类型的纤维之间存在很多交集，溶解度并不是能够预测一种纤维在体内功效的唯一因素，所以这种分类方式并不精确。

1. 水溶性膳食纤维

水溶性膳食纤维，也被称为黏性纤维或可溶性膳食纤维，是指在肠胃中遇到水后会形成

凝胶状粥状物的功能性寡糖或多糖。常见类型包括果胶、植物胶和部分半纤维素，可存在于谷薯类、蔬果类、坚果豆类和菌藻类食物中。比如燕麦中的某些寡糖、柚子小囊中的果胶、蘑菇中的几丁质、海藻胶中的琼脂和鹿角菜中的胶质等，它们可以明显增加食物的黏稠度、延缓食物吸收速度和抑制食欲。在饮水量适当的情况下，能够增加食物的体积，有利于增加腹压、排泄废物，还有助于肠道内益生菌的增殖和短链脂肪酸的分解，从而降低肠内黏膜性疾病和细菌增殖的风险。

2. 不溶性膳食纤维

不溶性膳食纤维是指纤维较粗，在人肠胃中遇到水分后依然保持绳状或网状的类型，往往是功能性多糖。常见类型包括纤维素、木质素和部分半纤维素，可存在于谷类和蔬果等食物中。比如芹菜的长丝状纤维素和菠萝中心的硬芯状的半纤维素等。它们吸收水分、吸附油脂的能力非常强，还有一定吸附金属元素的作用。日常饮食摄取的不溶性膳食纤维，有一定减少脂类和胆固醇吸收和调控体重的作用；在和海鲜等重金属或毒素风险较大的食物同吃时，能够螯合部分重金属和某些毒素，有助于将其带离体外，从而保护人体健康。

（四）富含膳食纤维食物的风险

1. 破坏膳食纤维结构的风险

膳食纤维对于人体的美容健康状态有很多好处，但是改变状态的膳食纤维有可能增加人体的异常状态，比如喝鲜榨果汁，而不是直接吃一个橙子，就有可能由于膳食纤维被破碎得非常细微而粘在人弯弯曲曲的肠壁上，在喝水少的情况下就增加了便秘的风险。

2. 添加糖类的风险

超市当中的很多加工食物，为了改善口感和性状，也会人工增加一些膳食纤维成分，比方说在酸乳当中加入海藻胶用于均质和增稠，这样酸乳喝起来就会口感细腻。但考虑到酸乳当中有可能添加10%～14%的糖，因此膳食纤维对人体的好处实在不及这些精致糖分对人体的潜在风险，还是尽量要做到总血糖负荷心中有数。多种多样的软糖，各种各样的酱类，有时也会人工添加一些膳食纤维，大多数添加的数量并不够多，对健康的有益作用也实在有限。

3. 抗性淀粉的风险

很多主食如大米、小麦等淀粉性食材，经过冷冻或加热之后，其中一部分淀粉的形态结构会发生改变，变成一类很难在人体小肠中酶解，但是在人的结肠中可以和部分长链脂肪酸起发酵反应和促进益生菌增殖的一类抗性淀粉。这些抗性淀粉的性质类似水溶性膳食纤维在人体的功效，具备一定的稳定血糖、促进益生菌增殖、辅助减肥的功效。但是长期食用抗性淀粉比例大的食物，也可能会降低人体基础代谢的速率。冷冻后的大米、加热后的冷饭增加了肠胃消化的难度，也会增加肠胃疾病的发生风险。

（五）食物膳食纤维的推荐摄入量

中国居民膳食指南建议成年人膳食纤维摄入量为25～30g。食物中的膳食纤维含量会受水分和食物种类的影响；豆类和全谷类是膳食纤维最丰富的食材；水果和蔬菜当中的含水量相当高，因此就算含有丰富的膳食纤维，其比例相对来说也不高；而精米精面，由于去除了糊粉层和谷糠稻壳，因此膳食纤维的含量已经很低了；木耳、蘑菇、银耳、海带、裙带菜等菌藻类的膳食纤维含量也很丰富，但干品泡发后膳食纤维的比例受到水分的影响，可能就会和水果蔬菜类似。一般来说，成人每天需要摄入中等含水量的豆粮果蔬的总量需达到自己拳头大小的5～7份，大约800～1000g，摄入的膳食纤维的量才较为充足。常见食材膳食纤维含量见表1-36。

表1-36　常见食材膳食纤维含量

食材	膳食纤维含量/%	食材	膳食纤维含量/%
谷薯类		甘薯（白心）	1.0
魔芋精粉	74.4	豆类	
麸皮	31.3	黄豆（大豆）	15.5
黑麦	14.8	青豆	12.6
玉米糁	14.5	黑豆	10.2
全麦	10.7	白芸豆	9.8
燕麦	10.6	红芸豆	8.3
大麦	9.9	红豆	7.7
麦片	8.6	紫花豆	7.4
玉米（干、白）	8.0	黄豆粉	7.0
荞麦	6.5	绿豆	6.4
玉米（干、黄）	6.4	红花豆	5.5
玉米面（白）	6.2	虎皮芸豆	3.5
苦荞麦粉	5.8	水果类	
莜麦面	5.8	番石榴	5.9
玉米面（黄）	5.5	石榴	4.8
荞麦面	5.5	椰子	4.7
燕麦片	5.3	桑葚	4.1
小米	4.6	刺梨	4.1
黄米	4.4	人参果	3.5
高粱米	4.3	黄河蜜瓜	3.2
糙米	3.5	梨	3.1
玉米（鲜）	2.9	红果	3.1
青稞麦仁	1.8	芭蕉	3.1
甘薯（红心）	1.6	猕猴桃	2.6
木薯	1.6	火龙果	2.0

续表

食材	膳食纤维含量/%	食材	膳食纤维含量/%
香蕉	1.8	西蓝花	3.7
榴梿	1.7	黄豆芽	3.6
山竹	1.5	彩椒	3.3
柿子	1.4	车前子（鲜，车轮菜）	3.3
桃	1.3	胡萝卜	3.2
杏	1.3	芦笋（绿）	2.8
菠萝	1.3	南瓜（栗面）	2.7
苹果	1.2	青萝卜	2.7
草莓	1.1	莲藕	2.6
蔬菜和药食两用植物		西芹	2.6
枸杞子	16.9	紫背天葵	2.6
辣椒（红，小）	14.6	蒜薹	2.5
鱼腥草（根）	11.8	油菜薹	2.0
玉兰片	11.3	韭菜苔	1.9
鱼腥草（叶）	9.6	菌类	
黄花菜	7.7	松蘑（干）	47.8
抱子甘蓝	6.6	冬菇（干）	32.3
甜菜根	5.9	大红菇（干）	31.6
根芹	5.7	香菇（干）	31.6
苦菜	5.4	银耳（干）	30.4
薄荷（鲜）	5.0	木耳（干）	29.9
秋葵	4.4	紫菜（干）	21.6
空心菜	4.0	黄蘑（干）	18.3
芥蓝	3.9	口蘑（干）	17.2
紫苏（鲜）	3.8	羊肚菌（干）	12.9
藿香叶（鲜）	3.8	榛蘑（干）	10.4

二、膳食纤维的人体作用与人群需求

（一）膳食纤维的人体作用

膳食纤维在人体的主要作用包括吸水作用、结合作用、阳离子交换作用、发酵作用和抗氧化作用。膳食纤维的人体作用与失衡损害可见表1-37。

表1-37　膳食纤维的人体作用与失衡损害

膳食纤维的作用	具体功效	缺乏风险	过量损害
吸附水分后增加腹内食物体积	增加饱腹感、耐饥饿、稳定血糖、预防便秘、辅助减肥	容易饥饿、血糖忽上忽下，影响精神状态	低聚糖或膳食纤维过量能引发腹痛腹泻、肠鸣产气、虚弱乏力以及肠胃排空那种极度饥饿感
结合油脂、胆固醇	降低能量吸收率，预防肥胖、心脑血管疾病、脂肪肝的发生风险	油脂、胆固醇吸收率高会增加相应疾病风险，可能诱发脂肪代谢失调引起的脂溢性皮炎、皮肤黄瘤等	很难控制想去吃蛋糕、巧克力牛排等高糖高脂食物的强烈欲望，这些都不利于食欲和体重的长期调控
阳离子交换作用	螯合重金属、降低体内毒素，降低人体毒素隐患	重金属毒素累积会造成失眠、健忘、头晕、隐痛、理解力下降等慢性中毒现象	过多的膳食纤维也会结合钙、铁、锌、硒等有益金属阳离子。长期素食人群一定要格外注意补锌、补钙，否则很容易出现缺乏的相应症状
细菌发酵作用	促进益生菌增殖、抑制有害细菌，从而辅助调控体味和肤色；分解脂肪酸链，抑制炎症等	体味增加、口气改变，增加肤色晦暗的概率	腹痛腹泻、肠鸣产气等
保护抗氧化成分	较完整的细胞结构能够最大程度保护维生素C、维生素E等抗氧化营养素的活性，有助于胶原蛋白的吸收利用，延缓衰老	若抗氧化性营养素不足，人的衰老速率会增加	厚硬的细胞壁会阻碍营养素从细胞中进入人体。生食的胡萝卜中未被嚼碎的细胞结构，就很难将对人体有益的维生素释放出来

1. 吸附水分后增加腹内食物体积

膳食纤维，尤其是水溶性膳食纤维吸附水分后，能显著增加腹内食物体积，非常有助于增加饱腹感和延缓饥饿感，这就有助于稳定人体血糖，还有助于缓解便秘和辅助减肥。

2. 结合油脂、胆固醇

膳食纤维能够结合肠道内的胆固醇、油脂等，在当前的饮食条件下，有助于降低能量吸收率，有一定预防肥胖、降低心脑血管疾病和脂肪肝等慢性疾病发生风险的作用。

3. 阳离子交换作用

膳食纤维有一定与矿物质螯合的能力，尤其是对于重金属的螯合作用，非常有利于降低体内毒素含量，有助于降低多种慢性中毒的风险；在当前饮食状况下，膳食纤维有助于代谢出过多的钠，从而稳定血压，但是过量的膳食纤维同样有可能带走人体所需的钙、铁、锌等有益矿物质，所以在日常饮食中要注意均衡饮食和关注体检指标。

4. 细菌发酵作用

膳食纤维相当于人体肠道中益生菌的优良饲料，非常有助于促进益生菌的增殖，也就能抑制有害细菌，从而辅助调控体味和肤色；还能通过益生菌将长链脂肪酸分解成有助于抑制炎症的短链脂肪酸。

5. 保护抗氧化成分

食物中相对完整的细胞壁结构，能够保护维生素C等抗氧化营养素的活性，也就有助于营养素在人体代谢运转和实现功能。例如，促进胶原蛋白的吸收利用，有助于延缓衰老。

（二）膳食纤维的人群需求

1. 适宜人群

对于有调控体重欲望的人，有高血糖、高血脂及嗜好吃肉且口气异常的多种人群而言，在食物体积确定的情况下，增加低糖低油富含膳食纤维食物的摄入比例，比如冬瓜、白菜或膳食纤维保健品等，对于调控体重、预防慢性病是有好处的。但如果不注重食物总量，正常饮食的同时还摄入这些食物，反而会增大胃容量，加重吃不饱的现象。

2. 禁忌人群

体质虚弱的人群，包括老人和小孩，尤其是食管疾病或肠胃疾病患者，如某些食管静脉曲张、伤寒、痢疾、结肠憩室炎、肠道肿瘤、消化道少量出血、肠道手术前后、肠道食管管腔狭窄等疾病的患者，尤其不适宜过多摄入膳食纤维，也不适合以粗粮为主食。

══ 第九节 食物特殊的活性物质 ══

除了人体必需的多种营养素之外，食物当中还有一些特殊的活性成分。它们并非人体赖以生存所必需的营养物质，但与机体作用后也能引起各种生物效应，对于人体有较大的调节作用，也可视为半必需营养素。人体对于这些半必须营养素的需求量差异很大，有的需求量极少，就能对人体起到很大的调节，稍微过量就引发人体的中毒反应，类似于一些药物的作用；有的则相对安全，稍微多吃一些对人体的保护作用更大。这些特殊活性营养物质大多是抗氧化剂，有的能增强免疫功能，有的能增强激素的平衡能力。

▌ 一、天然色素

天然色素是天然资源中存在的各种色素，营养学上所指的天然色素主要是指动、植物及微生物所含的可食用色素。天然色素不仅具有给食品着色的作用，而且相当一部分天然色素具有生理活性。这使它不但可以作为食品添加剂，也可以开发成保健食品或者功能性食品。绝大多数天然色素无副作用，安全性高，常见的包括花青素、类胡萝卜素、卟啉类色素

（叶绿素类）、红曲色素等类型。食物中的天然色素往往具备一定增强人体免疫力、抗氧化和促进血液循环等辅助作用。

1. 花青素

花青素是一类存在于水果和蔬菜中的天然色素，使得水果和蔬菜呈现红色至蓝色的色调。花青素不仅具备美丽的颜色，而且也有许多生物活性。花青素是一种天然的抗氧化剂，对人体的衰老有逐步预防和缓解的作用，天然蓝莓萃取花青素的抗氧化性能比维生素E高出50倍，比维生素C高出20倍。花青素可以促进视网膜细胞中的视紫质再生，预防近视，提高视力；花青素可通过对弹性蛋白酶和胶原蛋白酶的抑制作用，缓解过度日晒所导致的皮肤损伤，有助于维护皮肤弹性。

花青素最丰富的来源是葡萄皮，此外，紫甘薯、葡萄、黑米、红豆、血橙、甘蓝、蓝莓、茄子、樱桃、草莓等中也含有一定量的花青素。

2. 类胡萝卜素

类胡萝卜素是一组由8个异戊二烯基本单位构成的碳氢化合物（胡萝卜素）和它们的氧化衍生物（叶黄素）组成的化合物。常见的叶黄素和胡萝卜素都是国际公认的抗氧化剂，可清除危害最大的活性氧自由基，具有提高机体免疫力，预防肿瘤、血栓、动脉粥样硬化以及抗衰老的作用；还能在体内一定程度地转化成维生素A，对维持正常视力大有帮助。虾青素抗氧化性能较高，但来源有限。这些类胡萝卜素都有助于维持及促进表皮组织的生长，避免皮肤发生感染，有助于脓疱、皮肤表面溃疡等的辅助治疗，也有助于预防很多相关的慢性疾病。

类胡萝卜素普遍存在于动物、高等植物、真菌、藻类的黄色、橙红色或红色的色素之中。植物来源包括很多具备鲜艳黄、橙、红色的不同植物果实，如南瓜、胡萝卜、橙子等，也包括很多绿叶菜，尤其是叶色浓绿的多种叶菜类，且以野菜中含量更高；动物来源为蛋黄、乳制品、红肉鱼类和虾蟹类。

3. 姜黄素

姜黄素是从姜科、天南星科中的一些植物的根茎中提取的一种化学成分，是植物界很稀少的具有二酮结构的色素。大量研究表明，姜黄素是一种强有力的分子，可以发挥多种积极的药理作用，包括抗炎、抗氧化、抗凋亡作用。目前姜黄素在医药上的主要应用包括：姜黄素有助于预防脑神经细胞损伤、改善脑神经细胞功能；姜黄素的抗炎活性类似于药物，如吲哚美辛和保泰松，且在大多数情况下是安全的；姜黄素的摄入可显著改善糖尿病及糖尿病前期患者血糖、血脂水平，增加胰岛素敏感性，改善胰岛素抵抗。

姜黄素的主要来源来是姜黄和菖蒲的根。其中姜黄中约含姜黄素3%～6%。

二、黄酮类化合物

黄酮类化合物是一类具有C_6-C_3-C_6基本母核的化合物，多呈黄色。此类化合物广泛存在于高等植物中，在植物的各个器官及组织中都有分布。黄酮类化合物是许多药用植物的主要活性成分，具有清除自由基、抗氧化、抗癌、抗菌、抗过敏、抗炎、抗病毒等多种生物活性及药理作用。黄酮类化合物对紫外线具备一定的强吸收能力，有助于缓解由光老化和自由基伤害造成的细胞衰老，其机理包括改善皮肤的弹性、延缓皮肤皱纹的产生和减少色素的沉着。大豆异黄酮的保健品具有缓解妇女更年期综合征的作用，原因在于其异黄酮的结构与雌激素相似，能与雌激素受体结合，能对雌激素起到较安全的双向调节作用。

黄酮类化合物广泛存在于水果、蔬菜、谷物、植物根茎、树皮、花卉、茶叶和红葡萄酒中。常见保健品成分包括银杏提取物、茶多酚、葡萄籽提取物、松树皮提取物、甘草黄酮等。

三、植物多酚

植物多酚是一类广泛存在于植物体内的具有多元酚结构的次生代谢物。狭义的植物多酚是具有涩味和蛋白收敛性的单宁；广上的植物多酚还包括小分子酚类化合物，如花青素、儿茶素、槲皮素、没食子酸、鞣花酸、熊果苷等天然酚类。其中，单宁具备一定的收敛作用，常被用于祛痘护肤品中，但单宁是一种化学物质，化学组成复杂，长期使用也有伤害人体蛋白的副作用。所有的植物多酚都具备较强的紫外线吸收能力，可以作为抗衰老剂和防晒剂的有效成分；多酚还具备很好抗氧化作用，可以有效预防多种慢性病。

植物多酚存在于植物的叶、壳、果肉以及种皮中，其含量仅次于纤维素、半纤维素和木质素。人类摄取的多酚类物质多来源于茶叶、蔬菜和水果。植物多酚含量较高、保健价值比较明显的常见食物包括绿豆、茶、苹果、葡萄、啤酒、大豆等。

四、生物碱类

生物碱是存在于生物体内、含负氧化态氮原子的次生代谢产物。大多数生物碱有复杂的环状结构，氮素多包含在环内。大多数生物碱有显著的生物活性，对人体也具有明显的生理作用，是中药中重要的有效成分之一。生物碱通常具备刺激神经系统的作用，有的有利于让人体保持清醒，有的有助于促进血液循环、提升人体基础代谢率、促进减肥和滋养皮肤。但不同生物碱的作用强度不同，有的稍微摄入就有明显毒性，而有的较温和更适用于人体保健。

绝大多数生物碱分布在高等植物，尤其是双子叶植物中，如毛茛科、罂粟科、防己科、茄科、夹竹桃科、芸香科、豆科、小檗科等。最常被人摄入的生物碱包括胡椒碱、可可碱、咖啡碱和茶碱等。

五、胆汁酸类

胆汁酸是胆汁的重要成分，在脂肪代谢中起着重要作用。天然的胆汁酸有20余种，目前应用较为广泛的，包括石胆酸、胆酸、去氧胆酸、熊去氧胆酸和鹅去氧胆酸等。其中，胆酸可促进人体对脂类消化及吸收，还能激活胰液脂肪酶的活性，促进脂肪酸、胆固醇、脂溶性维生素、胡萝卜素和钙离子的吸收；鹅去氧胆酸及熊去氧胆酸能抑制胆固醇的合成，使胆汁中胆固醇与胆酸的比例适宜；去氧胆酸及胆酸对中枢抑制药物具有协同作用，有助于增强睡眠；胆酸、去氧胆酸等均有抑制革兰阳性菌和抗炎的作用。

胆汁来源于脊椎动物的肝胆分泌液，常见的包括鲤鱼胆、羊胆、猪胆、牛胆、鸡胆等。

六、萜类

萜类可看作是两个或两个以上异戊二烯单位按不同方式首尾相连而成的饱和程度不等的烃类或其含氧衍生物。根据构成分子碳架的异戊二烯数目分类,可以分为单萜、倍半萜、二萜、三萜及四萜。常见的单萜包括罗勒烯、香叶醇、柠檬醛、香茅醇、薄荷醇、松节油、樟脑、龙脑(冰片)等;二萜包括维生素A;三萜包括角鲨烯、甘草次酸;四萜包括α-胡萝卜素、β-胡萝卜素、γ-胡萝卜素等。很多萜类化合物具有生理活性,有助于人体的美容保健。如驱蛔萜具驱蛔虫作用,青蒿素有抗疟作用,穿心莲内酯有抗菌作用;斑蝥素具有抗癌、抗病毒作用,可抑制癌细胞DNA和RNA的合成,在治疗原发性肝癌、食管癌、胃癌等方面显示出其独特疗效,但其毒性也大,对心肾器官有实质性损伤;角鲨烯有利于促进机体新陈代谢,提高机体防御功能及应激能力,加速类固醇激素合成,激活腺苷酸环化酶的活性,有增强人体免疫力和延缓衰老的作用。

萜类物质广泛分布于植物、昆虫及微生物中,包含很多中药中的色素、挥发油、树脂、苦味素等。

七、甾体类

甾体类种类繁多,但它们的结构中都具有环戊烷多氢菲的甾体母核。常见的类型包括植物甾醇、固醇类、胆汁酸、C_{21}甾类、昆虫变态激素、强心苷、甾体皂苷、甾体生物碱、蟾毒配基等。许多动物激素也都属于固醇类,例如性激素中的孕甾酮、睾丸甾酮、雌二醇及肾上腺素中的皮质甾酮。甾体类可用于治疗充血性心力衰竭及节律障碍等心脏疾患,所以也被称为强心甾体类,其强心作用主要表现在增强心肌收缩力、增加心搏出量、减慢心率、消除水肿与呼吸困难。

甾体类是广泛存在于自然界中的一类天然化学成分。例如人类最早发现的甾体——胆固醇,就可存在于动物的血液、脂肪、脑髓及神经组织等多处。

八、肉碱

肉碱是一种类氨基酸,属于季铵阳离子复合物,能参与脂肪代谢。肉碱存在有两个立体异构:包括具备生理活性的天然构型L-肉碱,以及不具备生理活性的人工合成的副产物D-肉碱。L-肉碱(左旋肉碱)是一种广泛分布于肝脏器官中的氨基酸,尤以心肌及骨骼肌中含量最高,大部分机体所需的肉碱来源于肉类和乳制品。L-肉碱可以显著提升有氧运动水平、抗疲劳和提高精力,但不能直接降低体重。各国相关试验均证明L-肉碱是较为安全的,建议服用左旋肉碱的剂量在每天1~5g之间。一旦超过5g,可能会导致腹泻。但不足5%的人服用左旋肉碱后会出现不明原因精神亢奋、头痛和失眠等不耐受情况。左旋肉碱对于心肌细胞的健康极为重要,补充足够的左旋肉碱有利于预防及治疗心脏的多种状况;左旋肉碱还能提高血液中的高密度脂蛋白水平,有助于清除体内的胆固醇、保护血管、降低血脂,同时也可降低高血压患者的血压。

膳食中L-肉碱主要来源于动物,而在植物中的含量很少。常见动物来源包括:羊肉、鸡肉、兔肉、牛乳和乳清等。

九、牛磺酸

牛磺酸是动物体内的一种含硫氨基酸，但并不是蛋白质的组成成分，又名牛黄酸、牛胆酸、牛胆碱、牛胆素等。牛磺酸在胆汁中与胆汁酸结合时，以结合形式存在；而在脑、卵巢、心脏、肝脏、乳汁、松果、垂体、视网膜、肾上腺等组织中，以游离形式存在。虽然牛磺酸是一种未纳入蛋白质类物质的特殊氨基酸，但其应用广泛且重要，例如：在维护中枢神经系统的功能、保护细胞作用、调控心肾功能、预防视网膜神经损伤等方面；在循环系统中可抑制血小板聚集，降低血脂，保持人体正常血压和防止动脉硬化；对心肌细胞有保护作用，可抗心律失常；对胎儿、婴儿神经系统的发育也有重要作用。

牛磺酸几乎存在于所有的生物之中，其中在海洋中的鱼贝类中含量最为丰富，特别是在牡蛎、墨鱼、章鱼的眼睛和心脏中；禽畜类的内脏、眼睛、脑和骨髓中牛磺酸的含量也高于皮肉中的含量。

十、益生菌

益生菌是通过定殖在人体内，改变宿主某一部位菌群组成的一类对宿主有益的活性微生物。通过调节宿主黏膜与系统免疫功能或通过调节肠道内菌群平衡促进营养吸收，保持肠道健康，从而产生有利于健康的单微生物或组成明确的混合微生物。益生菌的类型多样，保健作用也各异。对人体有益的细菌或真菌主要包括部分类型的酵母菌、益生芽孢杆菌、丁酸梭菌、乳杆菌、双歧杆菌等。这些微生物广泛存在于自然环境中，但随着环境污染的加重、多种来源抗生素和抗菌剂、各种保鲜剂和多数食物加工程度的增加而减少。除了从多种相应食物，如纳豆、酸乳、乳酪、有机蔬果中获取之外，在良好的环境中休养身体、摄入有助于益生菌种群恢复的食物都有助于平衡人体菌落平衡，促进维护良好状态。在选购富含益生菌的保健品时，要注意补充数量和补充时间，从而避免因某一种类过度造成菌落失衡而损害人体状态。

1. 酵母菌

酵母菌是一种单细胞真菌，通常能将糖发酵成酒精和二氧化碳，同时有助于分解一些抗氧化营养物质，如面粉中的植酸；或者有助于将营养素转化成更适合人体利用的形态，如发酵玉米中的烟酸等。酵母菌的主要成分是蛋白质，几乎占了酵母干物质的一半含量，而且人体必需氨基酸含量充足，尤其是谷物中较缺乏的赖氨酸含量较多。另外，酵母菌中还含有大量的维生素B_1、维生素B_2及尼克酸。所以，酵母菌能提高发酵食品的营养价值。由于它含有丰富的蛋白质、维生素和酶等生理活性物质，医药上将其制成酵母片，用于治疗由不合理的饮食引起的消化不良症。体质虚弱的人服用后能一定程度起到调整新陈代谢的作用。在酵母菌培养过程中，如添加一些特殊的元素制成含硒、铬等微量元素的酵母，对一些疾病具有一定的疗效。如含硒酵母用于治疗克山病和大骨节病，并有一定防止细胞衰老的作用；含铬酵母可用于治疗糖尿病等。

2. 益生芽孢杆菌

芽孢杆菌是指能形成芽孢（内生孢子）的细菌类型。大多数芽孢杆菌属细菌是无害的，但有一些对人和动物是有致病性的，如蜡样芽孢杆菌可引起食物中毒，症状与金黄色葡萄球菌食物中毒相似，而炭疽杆菌可引起人和动物炭疽病。益生芽孢杆菌是指其对人体有益的芽孢杆菌类型。多种研究证实，肠道内的芽孢杆菌可通过生成"丰原素"，有效抑制金黄色葡萄球菌；由益生芽孢杆菌制备的微生态制剂，在治疗肠道菌群失调症、治疗念珠菌感染、预防疮面感染等方面均有重要的作用。

3. 丁酸梭菌

丁酸梭菌又名酪酸菌、丁酸梭状芽孢杆菌，是健康人体肠道中的一种厌氧性芽孢杆菌。人体肠道内的酪酸菌能促进产生B族维生素、维生素K等物质。单用丁酸梭菌或与双歧杆菌、益生元等合用，对于因菌群失调而引起的急慢性腹泻、肠易激综合征、抗生素相关性肠炎、便秘等有良好的疗效，对于肠炎、肝硬化、放疗和化疗造成的免疫功能下降也能起到辅助治疗的作用。也有研究证实，该菌能促进维生素E的吸收、降解胆酸和提高抗氧化能力。

4. 乳酸菌

乳酸菌是一类能利用可发酵糖类产生大量乳酸的细菌统称。乳酸菌是最常见的益生菌，可通过发酵产生的有机酸、特殊酶系、酸菌素等具有特殊生理功能的物质。大量研究表明，乳酸菌能促进生长，调节胃肠道菌群、维持微生态平衡，从而起到改善胃肠道功能、提高食物消化率和生物效价、降低血清胆固醇、抑制肠道内腐败菌生长和提高机体免疫力的作用。

5. 双歧杆菌

双歧杆菌广泛存在于人和动物的消化道、阴道和口腔等环境中，是人体内存在的一种生理性细菌，与人体的健康密不可分。双歧杆菌的保健作用很多：首先，双歧杆菌含有活性较高的乳糖酶，其发酵制品适合乳糖酶缺乏者饮用，且饮用后可明显改善便秘症状；其次，双歧杆菌除能与病原菌争夺营养物质和空间位置外，还可通过其代谢产物细菌素，来抑制病原菌的生长；再次，双歧杆菌还能抑制血浆脂质的过氧化反应，有助于延缓人体衰老和提高免疫功能；最后，双歧杆菌常和和乳酸菌等有益细菌共同作用，可用于治疗慢性腹泻与抗生素相关性腹泻。另外，双歧杆菌最主要的产物为乳酸和乙酸，二者均可改善肠道内pH值，有提高人体对磷、铁、钙的利用率的作用。

第十节　食物的营养价值与营养素的相互作用

一、食物的营养价值

食物的营养价值是指食物中能量和营养素满足人体需要的程度。食物营养价值的高低，取决于食物中营养素是否齐全、数量多少、相互比例是否适宜，以及是否易于消化、吸收等。一般来说，食物中所提供的营养素种类及其含量越接近人体需要，则该食物的营养价值就越高，比如母乳对于婴儿来说，其营养价值就很高。食物的营养价值是相对的，即使是同一种食物，由于其产地、品种、部位以及烹调加工方法不同，其营养价值有所不同。常见判断食物中各种营养素水平的标准包括食物营养质量指数（INQ）和营养素参考值（NRV）。

（一）食物营养质量指数（INQ）

食物营养质量指数是指食物中以单位热量为基础所含重要营养素的浓度，或者说是食物中某营养素满足人体需要的程度与其能量满足人体需要程度之比值。也就是说，一份食物中某种营养素占该营养素每日推荐摄入量的比例，除以该份食物所提供能量占每日推荐摄入能量的比例，所得的数值，即INQ=营养密度/能量密度。计算公式如下：

$$INQ = \frac{营养密度}{能量密度}$$

$$营养密度 = \frac{某营养素含量}{该营养素供给标准}$$

$$能量密度 = \frac{所产生的能量}{能量的供给标准}$$

通常以100g可食部分所含的各种营养素含量来表达食物所含的各种营养素情况，所以公式也可表示为：

$$营养密度 = \frac{100g某种食物中某种营养素含量}{该营养素的参考摄入量}$$

$$能量密度 = \frac{100g某种食物中的能量含量}{能量参考摄入量}$$

当INQ=1时，表示食物中的该营养素与能量含量达到平衡；

当INQ>1时，说明食物中的该营养素的供给量高于能量的供给量，故INQ≥1为营养价值高；

当INQ<1时，说明食物中该营养素的供给量少于能量的供给量，长期食用此种食物，可能发生该营养素的不足或能量过剩，则该食物的营养价值低。

按轻体力劳动营养供给量，以100g猪瘦肉为例，根据附录五，计算出的INQ见表1-38。经分析后，可知瘦猪肉对蛋白质、钙、铁、维生素B$_1$和尼克酸来说是营养质量高的食物，而对其他营养素来说，其营养质量是低的。

表1-38　100g猪瘦肉中多种营养素的营养质量指数（INQ）

100g猪瘦肉营养素	热能/kcal	蛋白质/g	钙/mg	铁/mg	维生素A/mg	维生素B$_1$/mg	维生素B$_2$/mg	尼克酸/mg	维生素C/mg
含量	257	17.4	171	3.4	0	0.52	0.12	4.2	0
INQ	0.1	2.35	2.88	2.87	0	4.00	0.93	3.27	0
占供给量标准/%	9.9	23.2	28.5	28.3	0	40.0	9.3	32.3	0

（二）营养素参考值（NRV）

营养素参考值是依据我国居民膳食营养素推荐摄入量（RNI）和适宜摄入量（AI）而制

定的。用于加工食品营养标签上比较食品营养素含量的参考标准。它是合法加工食品标签的重要内容，也是消费者选择食品时最常用的一种营养参照尺度。营养标签中营养成分应当以每100g（mL）和/或每份食品中的含量数值标示，并同时标示所含营养成分占营养素参考值（NRV）的比例。NRV所含能量与营养素参考值的日推荐摄入量标准见表1-39。

需注意，NRV仅适用于预包装食品营养标签的标示，但不适用于4岁以下的儿童食品和专用于孕妇的食品。常见的营养素参考值形式见表1-40。营养素参考值的计算公式为：

$$NRV = \frac{X}{RNI（或AI）} \times 100\%$$

式中，X为100g食品中某营养素的含量；RNI为食物营养素推荐摄入量，AI为食物营养素适宜摄入量。

表1-39　NRV所含能量与营养素参考值的日推荐摄入量标准

营养成分	日推荐量摄入标准	营养成分	日推荐量摄入标准
能量	8400kJ或2000kcal	泛酸	5mg
蛋白质	60g	生物素	30μg
脂肪	≤60g	胆碱	450mg
饱和脂肪酸	≤20g	钙	800mg
胆固醇	≤300mg	磷	700mg
糖类	300g	钾	2000mg
膳食纤维	25g	钠	2000mg
维生素A	800μgRE	镁	300mg
维生素D	5μg	铁	15mg
维生素E	14mgα-TE	锌	15mg
维生素K	80μg	碘	150μg
维生素B$_1$	1.4mg	硒	50μg
维生素B$_2$	1.4mg	铜	1.5mg
维生素B$_6$	1.4mg	氟	1mg
维生素B$_{12}$	2.4μg	铬	50μg
维生素C	100mg	锰	3mg
烟酸	14mg	钼	40μg
叶酸	400μg		

表1-40 某饮料的营养素参考值

项目	每100mL	NRV
能量	88kJ	1%
蛋白质	0g	0
脂肪	0g	0
糖类	4.8g	2%
钠	0mg	0
维生素B_6	0.16mg	11%
维生素B_{12}	0.08mg	3%
维生素C	0.16mg	2%

二、营养素之间的相互作用

合理营养和合理饮食，要求各种营养素必须种类齐全、数量充足、比例合适，才能满足机体正常生理代谢需要。各种营养素在体内代谢是有机的整体过程，既相互配合，又相互制约。除注意机体对营养素消耗和摄取之间的平衡外，还要保持机体内各种营养素之间的平衡。

（一）产能营养素之间的关系

1. 产能营养素的适宜比例

针对三类产能营养素而言，糖类应为主要产能营养素，其次是脂肪，而蛋白质主要用于完善和修复人体组织。所以推荐供能比例为：糖类占总能量的55%~65%、蛋白质占总能量的10%~15%、脂肪占总能量的20%~30%，而且其对应的产热能力是1g碳水化合物产生约4kcal能量、1g蛋白质产生约4kcal能量、1g脂肪产生约9kcal能量。这说明糖类是最经济的产能营养素，脂肪是产热系数最高的营养素，而蛋白质是不易发胖的营养素。但蛋白质和脂肪比例过量时对身体有毒害作用。

2. 摄入过多

假如人体摄入过多食物，无论这些食物的能量是来自哪种产能营养素，也都会转化成脂肪囤积在体内，造成肥胖。

3. 摄入不足

人体缺乏能源时会优先动用体内脂肪，然后分解体内蛋白质来提供能量，所以过度减肥会产生对肌肉和内脏的损害。

（二）维生素与产能营养素的关系

高脂肪饮食使机体对维生素B_2的需求增加，高蛋白饮食有利于维生素B_2的利用和保存。维生素B_1、维生素B_2和尼克酸的需求量会随能量供给增加而增加，能量代谢受阻会增加代谢综合征风险。

（三）维生素之间的关系

维生素E能促进维生素A在肝内的贮存，这可能是前者在肠内保护维生素A，使其免遭氧化破坏所致；维生素B_2和维生素B_1都能保护维生素C的活性。因此各种B族维生素剂量保持平衡非常重要。如饮食中缺乏B族维生素时，单独给予大量的维生素B_1，则可加剧尼克酸缺乏。所以补充维生素时，复合维生素的效果更好。

由于维生素对于人体的调节作用既明显又重要，缺乏时能够导致人的体力和脑力劳动效率下降、免疫力下降。不同的维生素缺乏严重时，会有不同的症状和体征。所以通过对人体外在状态观测和生活习惯分析，能大概率推测出很多种缺乏维生素的倾向性。一种症状的发病原因可能和一种或多种维生素有关，还需要对饮食结构和生活方式进行较为系统的了解，才能较为准确地分析出发病原因。例如人眼部发生黄斑时，可能是缺乏维生素C和维生素E，导致人体胶原合成减少、氧化速度加快造成的衰老，可能是缺乏B族维生素引起的血液循环变慢等代谢障碍，也可能是由于与维持视力相关的维生素A及来源物质不足。严重的维生素缺乏症往往是由于生活习惯不良，饮食营养素非常不足造成的慢性疾病，还需要结合血液检测和药物、医疗手段，尽早干预调整，不要耽误病情。

（四）矿物质与维生素的关系

维生素和矿物质都是人体所需的微量调节物质，前者往往是来源于动植物的低分子化合物，后者则为最初来源于自然界的无机物，但可分为无机态和有机态。总体来说，就中毒风险而言，无机态矿物质＞有机态矿物质＞维生素，但不同类型之间差异很大。维生素和矿物质能在体内协作，起到共同完善人体内环境的作用。例如，维生素D促进钙吸收、维生素C促进铁吸收、维生素E与硒对抗脂质过氧化等。

（五）矿物质之间的关系

矿物质之间的基本关系分为协同关系和拮抗关系，具有拮抗关系的矿物质多于具有协同作用的矿物质。如钙与镁、钾与钠既有配合作用，也有拮抗作用。磷和钙共同构成骨和牙，但钙磷比例不当可阻碍钙的吸收。铁、铜、钴在造血过程起协同作用。利用矿物质之间的拮抗作用，可消除某些金属元素所造成的损害，例如：硒可抑制汞、铅、镉的毒性；锌能拮抗汞、铅的毒性。总之，矿物质之间的关系十分复杂，必须保持一定平衡。

三、中国居民膳食营养素参考摄入量（DRI）

DRI是在膳食营养素推荐供给量（recommended dietary allowance，RDA）的基础上发展起来的一组每日平均膳食营养素摄入量的参考值，包括四项内容：平均需要量（EAR）、推荐摄入量（RNI）、适宜摄入量（AI）和可耐受最高摄入量（UL）。熟悉DRI不但有助于评价个体和群体的食物消费资料、制订营养教育计划，还有利于指导食品加工和计算营养标签等。人体所需能量和蛋白质的RNI及脂肪供能比、常量和微量元素的RNI或AI、脂溶性和水溶性维生素的RNI或AI和某些微量营养素的UL的相关数据可以参考附录二。

（一）推荐摄入量（recommended nutrient intake，RNI）

RNI相当于传统使用的RDA，它可以满足某一特定群体中绝大多数（97%~98%）个体需要量的摄入水平，可以维持组织中适当的储备。RNI是健康个体的膳食营养素摄入标准，个体摄入量低于RNI时，并不一定表明该个体未达到适宜营养状态。如果个体的平均摄入量达到或超过了RNI，可以认为该个体没有摄入不足的危险。

（二）平均需要量（estimated average requirement，EAR）

EAR是某一特定性别、年龄及生理状况群体中对某营养素需要量的平均值。摄入量达到EAR水平是可以满足群体中半数个体对该营养素的需要，而不能满足另外半数个体的需要。人群中的一个随机个体的某种营养素的摄入量达到EAR水平时，其有50%概率不缺乏，但也有50%的概率缺乏这种营养。

（三）适宜摄入量（adequate intake，AI）

AI是通过观察或实验获得的健康人群某种营养素的摄入量。AI能满足目标人群中几乎所有个体的需要。AI的准确性远不如RNI，其数值可能显著高于RNI。AI主要用作个体的营养素摄入目标，同时用作摄入过多的标准。当健康个体摄入量达到AI时，出现营养缺乏的危险性很小。如长期摄入量超过AI，则有可能发生不良反应。

（四）可耐受最高摄入量（tolerable upper intake level，UL）

UL是平均每日可以摄入某营养素的最高量。这个量对一般人群中的几乎所有个体都不至于损害健康。UL的主要用途是检查个体摄入量过高的可能，避免发生中毒。当摄入量超过UL时，发生不良反应的危险性会增加。在大多数情况下，UL包括膳食、强化食物或添加剂等各种来源的营养素。

四、营养素补充剂的应用建议

营养素补充剂是单纯以一种或数种经过化学合成，或天然动植物中提取的营养素为原料加工制成的保健品。营养素补充剂主要是由一种或多种维生素或矿物质组成。营养素补充剂适合营养素缺乏的个体和孕妇、乳母、幼儿、老年人等处于特殊生理时期的营养素缺乏人群，用于补足人体缺乏的营养素，避免相关营养素缺乏症损害人体健康和美容状态。因为各种营养素对于人体都有着至关重要的调节和保护作用，但这并不意味着越多对身体越好。比如说非常容易过的维生素A和硒，两种营养素过量的危险比不足的损害还严重。另外，矿物质的中毒风险高于维生素，脂溶性维生素的中毒风险高于水溶性维生素。这些能在体内储存的营养素，也可以按周补充，而不必按日计算。常见食物营养素成分表可见附录五。

复合维生素和各种矿物质补充剂经常会忽略复合物中"元素"含量值，只说明了该矿物质化合物的量。通常维生素保健品剂量均以毫克（mg）或微克（μg）为单位。例如，100mg的氨基酸锌整合物，仅仅能提供10mg的锌，另外90mg是与锌发生螯合的氨基酸。锌的实际含量，在这个例子中，就是10mg，这个值叫作"元素量"。多数制造商通常会标明"50mg氨基酸锌整合物（可提供5mg锌）"或"锌（以氨基酸整合物的形式存在）5mg"，两种说明都指出，该产品能提供5mg的元素锌。补充剂的标签也要求写明该产品占推荐每日摄入量RDA的百分比。但是以获得最充足的营养素、达到更好的健康和美态为目的时，这个说明就不起作用了，因为达到最佳营养所需的剂量往往要比推荐的每日摄入量高出很多倍。例如，在补充以美容护肤、促进能量代谢为目的的营养素时，B族维生素的较佳摄入量大概是RNI的7~10倍。

以善存多元维生素为例，其所含的维生素和矿物质情况（表1-41）与表 1-39中的NRV对照可以看出，其中多种营养素的供给量占营养素参考值的60%左右，是满足大多数人除饮食之外，对营养素基本需求的较安全剂量，但并非是针对个体的最适宜剂量。实际上还可以增加摄入水溶性维生素和钙等低风险营养素，因为各种维生素的需求剂量和个人的基因、习惯、环境甚至心情都有很强的相关性，按需调控才是更有利于个体的营养素补充策略，有时也需要辅助医疗检测手段确定个体的真实需要。

表1-41　一片（1日的量）善存多元维生素的维生素和矿物质含量

维生素	含量	矿物质	含量
维生素A	323.6μg	钙	267.3mg
β-胡萝卜素	193.4μg	镁	123.8mg
维生素B_1	0.7mg	铁	9.3mg
维生素B_2	0.7mg	铜	1.2mg
烟酸	8.4mg	硒	31.1μg
泛酸	3.1mg	锰	2.1mg
维生素B_6	0.7mg	铬	31.3μg
叶酸	254.7μg	锌	6.8mg
维生素B_{12}	1.4μg		
维生素C	61.7mg		
维生素D	3.0μg		
维生素E	8.8mg		
生物素	18.2μg		

| 拓展阅读 |　　　促进减肥的高热量食物——牛油果

牛油果又名"鳄梨"，是一种热量很高的热带水果。每100g牛油果含糖类8.53g、脂肪14.66g、蛋白质2g、纤维素6.7g，热量高达160kcal。但神奇的是，遵医嘱吃牛油果，却有助于肥胖症的辅助治疗。因为牛油果的脂肪酸类型以不饱和脂肪酸为主，既能提升饱腹感，又能能促进人体代谢机能；牛油果富含多种生物活性成分，其中包括多种促进人体代谢机能的矿物质和维生素。

第二章

人体营养的调节策略

学习目标

1. 熟悉膳食宝塔的五层结构以及推荐数量，熟悉编制食谱的关键要素。

2. 了解中医理念和多种膳食方法的应用范畴。

3. 熟悉膳食调查的方法，掌握对营养素按需调控的本质。

4. 了解人体异常状况与营养对策。

第一节　膳食宝塔与编制食谱

一、膳食指南与膳食宝塔

（一）膳食指南与核心建议

《中国居民膳食指南》是根据营养学原则，结合中国国情制定的，是人民群众采用平衡膳食，以摄取合理营养，促进健康的指导性意见。这一指南是以科学研究的成果为根据，针对我国居民的营养需要及膳食中存在的主要缺陷而制定的，具有普遍指导意义。《中国居民膳食指南》针对2岁以上所有健康人群提出6条核心推荐，分别为：

（1）食物多样，谷类为主

① 每天的膳食应包括谷薯类、蔬菜水果类、畜禽鱼蛋乳类、大豆坚果类等食物。

② 平均每天摄入12种以上食物，每周25种以上。

③ 每天摄入谷薯类食物250~400g，其中全谷物和杂豆类50~150g、薯类50~100g。

④ 食物多样、谷类为主是平衡膳食模式的重要特征。

（2）吃动平衡，健康体重

① 各年龄段人群都应天天运动，保持健康体重。

② 食不过量，控制总能量摄入，保持能量平衡。

③ 坚持日常身体活动，每周至少进行5天中等强度身体活动，累计150min以上；主动身体活动最好每天6000步。

（3）多吃蔬果、乳类、大豆

① 蔬菜水果是平衡膳食的重要组成部分，乳类富含钙，大豆富含优质蛋白质。

② 餐餐有蔬菜，保证每天摄入300~500g蔬菜，深色蔬菜应占1/2。

③ 天天吃水果，保证每天摄入200~350g新鲜水果，果汁不能代替鲜果。

④ 吃各种各样的乳制品，相当于每天液态乳300g。

⑤ 经常吃豆制品，适量吃坚果。

（4）适量吃鱼、禽、蛋、瘦肉

① 鱼、禽、蛋和瘦肉摄入要适量。

② 每周吃鱼280~525g、畜禽肉280~525g、蛋类280~350g，平均每天摄入总量120~200g。

③ 优先选择鱼和禽。

④ 吃鸡蛋不弃蛋黄。

⑤ 少吃肥肉、烟熏和腌制肉制品。

（5）少盐少油，控糖限酒

① 培养清淡饮食习惯，少吃高盐和油炸食品。成人每天摄入食盐的量不超过6g，每天烹调用油25~30g。

② 控制添加糖的摄入量，每天不超过50g，最好控制在25g以下。

③ 每日反式脂肪酸摄入量不超过2g。

④ 足量饮水，成年人每天7～8杯（1500～1700mL），提倡饮用白开水和茶水，不喝或少喝含糖饮料。

⑤ 儿童、孕妇、乳母不应饮酒。成人如饮酒，男性一天饮用酒的酒精量不超过25g，女性不超过15g。

（6）杜绝浪费，兴新食尚

① 珍惜食物，按需备餐，提倡分餐不浪费。

② 选择新鲜卫生的食物和适宜的烹调方式。

③ 食物制备生熟分开，熟食二次加热要热透。

④ 学会阅读食品标签，合理选择食品。

⑤ 多回家吃饭，享受食物和亲情。

⑥ 传承优良文化，兴饮食文明新风。

（二）中国居民平衡膳食宝塔

1. 中国居民平衡膳食宝塔简介

中国居民平衡膳食宝塔是根据《中国居民膳食指南》结合中国居民的膳食结构特点设计的。它把平衡膳食的原则转化成各类食物的重量，并以直观的宝塔形式表现出来，便于群众理解和在日常生活中实行。目前最新的版本是《中国居民膳食指南》（2016），可参见附录一。中国居民平衡膳食宝塔（2016）是《中国居民膳食指南》（2016）的主图形，具体体现了《中国居民膳食指南》（2016）的核心推荐内容。

平衡膳食宝塔的右下侧标示着日均饮用水1500~1700mL，左下侧标示意为每日需要活动。一般来说，活动量至少需要6000步（6000步=骑车48min=跳绳24min=练习瑜伽64min=打羽毛球42min）。共分五层，包含正常人每天应吃的粮谷类、果蔬类、肉蛋鱼类、乳豆类、调料类等食物类型。宝塔各层位置和面积不同，这在一定程度上反映出各类食物在膳食中的地位和应占的比例。宝塔塔身共分成五层（从下至上）：第一层为谷薯类250~400g（指干重）；第二层为蔬菜类300~500g、水果类200~350g（指清洗后可食部的重量）；第三层为每天摄入总量为120~200g的肉类、水产品和蛋类，其中水产品40~75g、禽畜肉40~75g、蛋类40~50g；第四层为乳类、大豆及坚果类，包括了乳及乳制品300g（牛乳、酸乳），大豆及坚果类25~35g（大豆指干豆的量，坚果可选各种各样类型）；第五层为油、盐等调味品的建议摄入量，其中烹调用油25~30g，盐的摄入量不超过6g（包含零食、酱油等隐形的盐）。

2. 应用平衡膳食宝塔的注意事项

① 平衡膳食宝塔建议的各类食物摄入量都是指食物可食部分的生重，而并非煮熟后的重量，也不是带皮带骨等不可食用部分的总重。

② 同类食物可以按一定比例互换：同类互换、因地制宜，保证不同地区的人都能摄入更好的营养素，从而促进健康和美容。

③ 平衡膳食宝塔的设计初衷是从国家角度，规范人们饮食的标准，用最简单经济的食物，保证其营养素的全面性。平衡膳食宝塔的推荐情况不代表最适合个体的营养方案。

④ 从个人角度，为了保证骨质坚固，可以增加动物骨骼、鱼贝类在餐桌上出现的频率；为了养护皮肤，可以增加n-6系列多不饱和脂肪酸和富含矿物质的海带的摄入。这些都需要在

了解营养素对身体维护作用的基础上，通过每周食谱不断完善。

⑤ 关键营养素，如含量充足的大豆、小麦、鱼、禽畜肉、坚果、牛乳、蛋类等恰恰是常见的食物过敏原。现实生活中食物过敏人群基数庞大，选择自身亲和性更好的食材十分重要，也建议尽早检验过敏原，以利于选择更适合自身的食物。

二、饮食计划与编制食谱

（一）饮食计划与编制食谱

饮食计划是营养工作的主要内容之一。人体对所有营养素的需求，都是由饮食计划来体现的，因此，做好饮食计划工作是保证合理营养的中心环节。饮食计划的实施方法是根据人体营养的基本要求，结合季节和年龄及劳动强度等特点，选择适宜的食物编制成食谱，并经过合理的烹调加工，能使人体获得丰富营养素的平衡饮食。

（二）编制食谱的原则

编制食谱的对象可以是有营养需求共性的群体，也可以是有特殊需求的个人。简单来讲，就是要先确定对象的年龄、身高、体重、环境、职业和经济条件等，主要是确定其生理阶段以及营养状况。特殊生理阶段如婴幼儿、儿童、老人、孕妇等，这些特殊人群在营养需求上会有不同。因此，编制食谱要切记的SOAP原则，包括：

1. 主观因素（subjective data）

主观因素是指食谱对象的个体或群体对食物的主体意愿或反感禁忌等。例如工作性质为长时间面对电脑的程序员王某，他并不喜欢动物肝脏的油腻感，但其对于维生素A的需求量远高于短时间面对电脑的其他人，所以王某的食谱可以用富含胡萝卜素类营养素的南瓜、苦苣、西红柿等食材来调配，也可以增加维生素A的保健品。

2. 客观因素（objective data）

客观因素是指由客观条件决定的食材丰盛或稀缺、新鲜或储运状态等。客观因素也需考虑经济条件。

3. 营养评价（assessment）

营养评价是指对食谱对象的营养状态进行全面评估，从而判断其可能存在的营养不良的类型和程度，以及评估营养不良所致的危险性，也包括监测营养支持的疗效。

4. 营养计划（plan）

营养计划包括两重含义：其一是营养计划工作的相关分析，提出在未来一定时期内要达到的营养目标以及实现目标的方案途径；其二是营养计划形式，是指用食谱和运动等形式在未来一定时期内施用于相关对象的要求。

（三）合理食谱必备条件

合理的食谱必须供给充足的能量及各种营养素，选定的食物合乎营养与食品卫生学的要求，每天饮食在各餐中分配要适当，烹调方法应合理。食谱制订的关键因素如下：

1. 确定供给

根据季节、年龄和劳动强度，结合机体具体的健康情况，先确定总热能及产热营养素的分配比例。

2. 热量分配

按产热营养素合理分配的要求，计算糖类、蛋白质、脂肪的大约需要量，分配比例要合理。

3. 食物搭配

根据食物成分表，参考各类人员标准供给量，选择和确定各类食物之间数量和质量，以满足人们对各种营养素的需要量。每天饮食应包括中国居民平衡膳食宝塔中推荐的五大类食物；糖类应主要由淀粉类食物提供；在蛋白质适量的前提下，保证1/3比例的优质蛋白质；脂肪应以植物性脂肪为主，尽量减少动物性脂肪，且饱和脂肪酸、单不饱和脂肪酸和多不饱和脂肪酸应各占1/3；饮食中维生素与矿物质应尽可能满足需要；不同人群所需能量和营养素需求量差别很大，可参见附录二。

（1）糖类　主要来源为粮谷杂豆类，200～400g粮谷杂豆类就能提供适宜的能量，而富含精致糖的酸奶、饮料、糖块和糖浆等食物的含糖总量需控制在30g以内。

（2）蛋白质　200～400g粮谷杂豆类主食就能提供25～40g蛋白质，其余部分由肉类、牛乳、鸡蛋、水产类和豆制品供给。

（3）脂肪　每日脂肪总量需低于80～100g，因为每日烹调用油约30～50g，所以需要限制其他动、植物性食物来源的脂肪。

（4）维生素和矿物质　按中国居民平衡膳食宝塔供给量保证蔬果和其他副食品的供给，也可按实际需求，适当强化维生素和矿物质的来源。如高度用眼人群应多选食动物内脏、乳类、蛋类等富含维生素A和维生素B_2的食物。

在选择食物时猪肉应尽量选瘦肉，蔬菜应先选红、黄、绿色蔬菜，水果应尽可能选柑橘类带酸味的品种。应注意在不违反原则的前提下，灵活掌握食物的可替代性，如肉类可用鱼类、蛋类、豆类及其制品替换。

4. 确定定额

为了精确计算所选食物中营养素的含量，按合理补养的原则进行评价，不合理者应及时调整或补充。也可将供给标准与实际需要量结合起来，做成营养定额，可按定额规定的数量选配主副食品的种类和数量，以利于达到合理营养的要求。

5. 制订食谱

按照营养定额，制订饮食制度。饮食制度是指把全天所有的食物按一定数量、质量、次数和时间，来间隔分配到每一餐的制度。合理的饮食制度应根据生理情况，特别是消化器官的活动规律，并考虑到生活、劳动特点加以适当安排。根据我国居民的饮食习惯，正常成年人需一日三餐，白天的两餐之间一般相隔5～6h。在日常情况下，还是应提倡"早饭要吃饱，午饭要吃好，晚饭要吃少"。每日三餐中，能量的分配以早餐占全天总能量的30%、午餐占40%、晚餐占30%较为合适。

6. 注意事项

（1）饮食习惯及实际需求　合理的食谱不是各种营养素的罗列和拼凑。因为将营养素数据转变成食物实体时，会受到很多因素的影响，所以必须考虑饮食习惯的影响以及人群或个体对营养素的实际需求。

（2）供给标准和当地条件　应根据当地条件在不超过供给标准的范围内，肉类食品应优先采购禽类、水产类、海味类这些低脂肪高蛋白质且口味鲜美的食品。蔬菜应先选红、黄、绿等富含胡萝卜素、维生素C及维生素B_2的类型。动物性食品在三餐之间应合理分配。既要掌握营养原则，又要结合当地副食品生产情况选择合适的食物，以保证合理营养。

（3）注意季节转换　秋冬季的主食和肉食的消耗量常较夏季为高，而夏季进食量减少，必要时应补充饮料、水果等提高能量，以及补充多种营养素的不足。

（4）能量及食物数量分配　食谱中各种营养素的数量必须达到合理营养的基本要求，食物的质量及全天的能量、产热营养素的分配必须适宜，饮食程序应根据消化生理和饮食习惯做合理安排。刺激胃液分泌的食物，如浓肉汤、酱肉、香肠或果汁等，应在饭前食用；抑制胃液分泌的食物，如甜点心、糖果、糖茶之类，能使人有饱腹感，应在饭后食用，以免影响食欲。

（5）注意食物搭配　配制食谱时，应注意食物的颜色和质地搭配，经常变换烹调方法，如红色的番茄蛋花汤、白色的芙蓉鸡片、绿色的酸辣黄瓜、黄色的西法虾等，在质地上有软、脆、带汁、干烧等。总之，应做到色、香、味、形齐全，刺激食欲，增加消化液的分泌。

三、食物交换份

在编制食谱或者按人体所需的营养素选择食物时，会受到个人喜好和环境限制等因素的制约。营养学上常应用食物交换份法来协调食物种类和人体营养素的实际需求。

（一）食物交换份法概述

食物交换份是将食物按照来源、性质分成几类，同类食物在一定重量内所含的蛋白质、脂肪、糖类和能量相近；或者能量相同的不同类食物之间，都存在一定等值交换的关系。需要注意，利用这种方法调控饮食时，所有相关食物均指可食部分，即去除皮、籽、核、骨头等后的净重。

（二）食物交换份的应用

食物交换份可应用于各类型人群对于能量的来源置换。例如，不同数量的榛子和薯片提供的能量都能满足人体对能量的需求，而同类食物提供类似的能量时，所含的其他营养素种类和数量，也有很多相似之处，有利于改换口味或者适应环境。食物交换份法的缺陷在于并未精确考虑食物中所含维生素、矿物质的差异，也并不能明确能量的来源属于哪种产能营养素。

各类人群均可通过食物交换份表来变化食谱，保证饮食的多样化。多种食材类型的能量与食物数量的交换关系，可分别参见表2-1~表2-5。

表2-1　谷类薯类食物互换表

食物名称	食物重量/g	食物名称	食物重量/g
稻米或面粉	50	米粥	375
面条（挂面）	50	馒头	80
面条（切面）	60	花卷	80
米饭	籼米150 粳米110	烙饼	70

续表

食物名称	食物重量/g	食物名称	食物重量/g
烧饼	60	饼干	40
油条	45	鲜玉米（市品）	350
面包	55	红薯、白薯（生）	190

注：食物重量为能量相当于50g米、面的谷薯类食物的重量。

表2-2　肉类食物互换表

食物名称	食物重量/g	食物名称	食物重量/g
猪瘦肉（生）	50	瘦牛肉（生）	48
猪排骨（生）	85	肥牛肉（生）	70
猪肉松	30	瘦羊肉（生）	48
广式香肠	55	肥羊肉（生）	85
火腿肠	85	鸡胸肉（生）	50
酱肘子	35	鸡腿肉（生）	90
酱牛肉	35	鸡翅肉（生）	80
牛肉干	30	炸鸡	70

注：食物重量为蛋白质含量相当于50g猪瘦肉的肉类重量。需注意在提供等量蛋白质时，脂肪含量高的肉类能量更高。故在选择肉类食物时应注意控制脂肪含量与总能量的摄入。

表2-3　鱼虾类食物互换表

食物名称	食物重量/g	食物名称	食物重量/g
草鱼	85	大黄鱼	75
鲤鱼	90	带鱼	65
鲢鱼	80	鲅鱼	60
鲫鱼	95	墨鱼	70
鲈鱼	85	蛤蜊	130
鳙鱼（胖头鱼、花鲢鱼）	80	虾	80
鲳鱼（平鱼）	70	蟹	105

注：食物重量为蛋白质含量相当于50g猪瘦肉的肉类重量。多数水产动物的不饱和脂肪酸比例大于畜肉，对于维持人体的健康美态有一定好处。

表2-4   大豆类食物互换表

食物名称	食物重量/g	食物名称	食物重量/g
大豆（黄豆、青豆、黑豆）	50	豆腐干	110
北豆腐	145	素鸡	105
南豆腐	280	半干腐竹	35
内酯豆腐	350	豆浆	730

注：食物重量为蛋白质含量相当于50g鲜大豆的大豆类食物重量。

表2-5   乳类食物互换表

食物名称	食物重量/g
鲜牛乳（羊乳）	100
奶粉	15
酸乳	100
乳酪	10

注：食物重量为蛋白质含量相当于100g鲜牛乳的乳类食物的重量。含糖的乳类加工品不适合作为儿童的日常滋补食物。

| 案例分析 |

　　女士小王和男士小李，是一对感情和睦的新婚夫妇。小王是成都人，无辣不欢；小李是上海人，吃鱼都加糖。两人结婚后，为吃饭伤透了脑筋，也差点影响了感情。后来，两人想出了一个好主意，就是做菜时只加咸鲜调料，其他滋味另调。于是，小王另配麻辣调料，小李准备甜蜜酱汁。用调配滋味的简单方式，把小日子过得红火又甜蜜。

第二节   中医理念和体质类型

一、整体观念

　　中医是传承数千年的医药文化和经验精华。中医的高层次理念并非治病，而是治未病。其核心理念是：人是一个有机的整体，只有实现整体循环的平衡通畅，才有可能从本质上不得病，或者调理好局部的病症。更广义的整体观念还包括天人相应、万物合一的理念，认为人与自然界万物相互影响。预防疾病和损容状态的发生要顺应四季环境，要考虑诸多因素，才能完善形神。

中医理念认为人的美是由形体、神色和精力三大要素共同构成的。形体包括人的外形和胖瘦等；神色包括人的肤色、血色和气色等；精力则是指人的精神力、生命力等外在状态。将这三者在中医阴阳、经络、气血津液学说等核心理论的基础上，调节到和谐统一的状态，能实现预防慢性病、延缓衰老的保健美容目的。

二、五行学说

五行学说常用于解释万物相生相克、人体生理病理以及与外界环境的互动关系。它有助于解释在调养人体病症时，整体、部分之间存在协同和拮抗作用的普遍性规律。中医五行属性如表2-6所示。五行学说是用木、火、土、金、水五大类物质的特点，通过类比来概括自然现象和人体器官状态等属性。

表2-6　中医五行属性表

五行	五脏	五腑	五季	情志	五官	五味	形体	五液	五方	五色
木	肝	胆	春	怒	目	酸	筋	泪	东	青
火	心	小肠	夏	喜	舌	苦	脉	汗	南	赤
土	脾	胃	长夏	思	口	甘	肉	涎	中	黄
金	肺	大肠	秋	悲	鼻	辛	皮毛	涕	西	白
水	肾	膀胱	冬	恐	耳	咸	骨	唾	北	黑

三、四气五味

不同的食药材分别具备不同的四气和五味特点。大多数气味相同的食药材对人体的保健作用类似，例如甘温的大枣和栗子，都是富含糖类的果实，都能滋补身体，同属温性，但五味不同，功效也有差异。苦温的杏仁含有丰富的甾醇和挥发油类，能够润肺平喘；咸温的海参富含蛋白质和矿物质，能够补虚抗衰。还有性温、五味俱全的五味子，富含多糖、有机酸、多种五味子素、醇类和酯类，有"养五脏"的美誉。由于古人对食药材的化学成分不甚了解，四气五味并不是判定其疗效的准确手段。有些保健食材的食药性可能被任意更改调整，不可尽信文字。在饮食方面，由于人们对药物和食物化学成分的进一步认知，逐步摒弃了用毒性物质强行压制症状的行为，如应用马兜铃酸止咳、用汞嫩肤美白等以损害肝肾为代价的表象性康复。由于食物种类众多，强行依赖四气五味的食性理论，有时会延误病情，需配合现代医学、化学、生物学、营养学知识，用辩证态度利用四气五味的一般规律，才能最大程度发挥食药材的保健功效。

1. 四气

四气也称四性，是指摄入食物或药物后，对身体状态的四种不同反应和疗效。包括寒、凉、温、热四种程度的辩证食物或药物。现代生理研究证实，大多数寒凉药物可用于减轻或消除热证，具有消炎镇定、降压镇咳等功能，而大多数温热药可用于缓解或调节寒证，具有促进合成代谢、营养运转等效果。大多数粮谷蔬果的寒热程度低于动物类食材，但也有特例。四气除了寒凉和温热程度上的差异，还包含辨别真假寒热以及虚实症状。四气的食源与人体作用见表2-7。

表2-7　四气的食源与人体作用

四气类型	常见食源和原因	适用症状	作用
寒	清凉爽口，易激惹肠胃的夏季植物性食物，如西瓜、梨、柚子等；寡糖丰富，提供能量少的植物性食物，如海带、苦瓜、绿豆等	实热烦渴、温毒发斑、血热吐衄、火毒疮疡、热结便秘、湿热黄疸、湿热水肿、痰热喘咳、高热神昏、热极生风等阳热证	清热泻火、凉血解毒、滋阴除烦、利尿通便、清心开窍、凉肝息风等
凉	水生不爱动的动物，如乌龟、贝类等；膳食纤维丰富、口感清淡的植物性食物，如大白菜、白萝卜、丝瓜等		
温	秋季的水果（温差适宜），如桃子、山楂、南瓜等；常吃的饲养家畜、海鲜等，如猪肉、牛肉、鱼虾等	中寒腹痛、寒疝作痛、阴寒水肿、内寒闭经、虚阳上越、手足冰冷等阴寒证	温里散寒、暖肝散结、补火助阳、温阳利水、温经通络、回阳救逆等
热	富含特异蛋白质与植物活性成分，有刺激味的植物，如榴梿、辣椒、生姜等；肉碱、雄激素、不饱和脂肪酸和矿物质丰富的爱动或耐寒动物，如羊肉、黄鳝、鹿肉等		

2. 五味

五味是指食物或药材本身滋味和对于调节人体机能作用的倾向性，包括酸、苦、甘、辛、咸等五种属性。辛味活血行气，甘味滋补解毒，酸味缓解收敛，苦味通泄去热，咸味滋润凉血。后来又增加了淡味（是指具备利湿防肿功效的食药材）。五味也有阴阳的分属，即辛、甘、淡属阳，酸、苦、咸属阴。五味对应五脏，"酸入肝、苦入心、甘入脾、辛入肺、咸入肾"，例如：酸味食材富含有机酸，能促进肝脏解毒；苦味来源的植物多含生物碱、萜类等，能帮助退热消炎；甜味食物能量充足；辛味食物多含皂苷、挥发油等，能刺激呼吸链和血液循环；咸味食物多含矿物质，与体内钠钾平衡密不可分。五种滋味还对应中医五行，具备五行相生、相克、相乘的各种规律。但是，我们目前能买到的很多食物，都是人工调节味道的工业产物，已经很难对应中医学说的相关经验了。五味的食源与人体作用见表2-8。

五味与五脏有归经的联系和升降沉浮的变化趋势，但并非一成不变，较为复杂。归经是说药物对于机体某部分选择性的调节作用，也就是某种食物或药物对脏腑经络倾向性的调节或者治疗作用。归经不同，其治疗作用倾向性不同，有时一种食物或药物可能会归属多个脏腑经络，说明这种食物或药物治疗范围比较大。升降沉浮是说药物在人体运行的方向性：一般来说，辛、甘、温、热主升浮；酸、苦、咸、寒、凉主沉降。

表2-8　五味的食源与人体作用

滋味功效	中医食材	滋味来源	作用机理	适量好处	过度风险
酸收	乌梅、酸枣仁、山楂、覆盆子	有机酸：柠檬酸、苹果酸、抗坏血酸等	抗氧化；增强肝肾活性；抗菌	收敛保水：改善遗精遗尿、止汗止泻等	胃酸增多；筋骨不适；代谢异常
苦燥	苦瓜、黄连、黄柏等	苦味素：葫芦素、柠檬苦素、橙皮苷、啤酒花苦素、茶碱、咖啡碱等	激活人体免疫功能；降低人体对脂肪和胆固醇的利用率；抗菌	解毒清热：缓解热证溃疡、缓解咳喘等	手脚冰凉、腹泻虚弱；伤筋败脾
甘缓	扁豆、苹果、蜂蜜、甘草、枸杞等	小分子糖类：葡萄糖、果糖、蔗糖、麦芽糖	提供能量；活跃神经递质，改善心情；提高肝脏解毒能力	缓和补益：放松紧张情绪、缓解不适等	糖尿病风险；发胖风险；湿阻积食
辛散	葱白、大蒜、陈皮、香菜、酒等	黏膜刺激物质：辣椒素、芥子苷、大蒜辣素等	刺激物加速血液循环，促进物质和能量代谢	行气活血：促进代谢循环、祛寒等	口舌生疮；痤疮炎症；耗气损阴
咸软	海带、牡蛎、咸菜、大豆等	钠离子	富含Na$^+$的食材，往往具有咸味，能升高血压	缓解头晕、便秘，预防身体虚弱	血压过高、肾脏损害；水肿便溏
淡渗	红豆、薏米、冬瓜等	钾离子、维生素	富含K$^+$的食材，大多比较清淡，能降低血压	帮助调节血压；预防水肿	血压过低、虚弱无力；津液损伤

四、阴阳、气血、津液

（一）阴阳理念

1. 阴阳概述

中医所说的阴阳是对某些事物或现象的相互关联的对立特征。其中，活跃的、发散的、过剩的、明亮的、粗犷的等特征属于阳，低调的、内敛的、不足的、晦暗的、温柔的等特征属于阴。中医理念认为：白天属于阳，夜间属于阴；天属于阳，地属于阴；男属于阳，女属于阴。阴阳在大多数情况下，并没有褒义和贬义的差别，只是相同类别事物的不同状态，且阴阳相互关联。阳既抑制阴，又暗含阴的因素和可能；阴也抑制阳，潜藏阳的存在。二者相互依存，此消彼长，相互转化，生生不息。对于人体而言，阴阳失调则百病丛生。

2. 阴阳辩证

中医辨证学的基本纲领包括阴、阳、表、里、寒、热、虚、实八纲。以虚实为例，虚实是指人体对物质的需要程度或者自身状态，虚就是不足，虚则补之；实就是过盛，实则泄之。食肉过量引发的口舌生疮，可以理解为肥甘厚味过度引起的上火实证；吃菜太少造成的口角舌炎，则属于缺乏B族维生素导致的机体失调。中医学与营养学都认为，假如把正常设定为一定范畴，那么负向缺乏和正向过量都会对机体有所损害。

（二）气血与津液

1. 气

气是古人对人体能量来源的朴素认知，源自父母肾气转化而成的元气和后天转化的宗气（食物产能）、营气（运载营养）、卫气（抵御逆境），统称为人的真气。气的学说和生物能量ATP以及三羧酸循环理论有高度相似性，大致可以理解成生命活动中能量与各类营养素参与代谢循环的过程。气有着促进代谢、维护稳态、预防病变的作用。

（1）气的失常　包括气虚、气郁、气滞、气逆、气陷、气闭、气脱等。相当于人体代谢速度变慢、能量转化受到影响。人体会相应出现虚弱无力、心情不爽等不良状态。

（2）调理策略　对应气虚的策略为补气。常见的补气食材包括富含热源质的谷类、肉类、坚果；常见的补气药材包括富含植物活性成分的参类、黄芪、山药。对应气不虚但不畅的其他症状，中医常见的策略为行气。常见的行气食材包括富含挥发油味的柠檬、橘子、洋葱等；常见的行气药材包括富含植物活性成分的砂仁、厚朴、木香等。

2. 血

血是人体内流动的红色液体，主要成分为血浆、血细胞、抗体、遗传物质和凝血因子等。血浆能运载血细胞在人体血管内运转。血细胞携带氧气、营养素和能量，负责滋养细胞和组织。血液内还蕴含多巴胺、内啡肽、5-羟色胺等多种神经化学物质，是触发大脑平和幸福感受的关键介质，和情志变化息息相关。

（1）血的失常

血虚是血的失常的最主要类型，是指缺铁性贫血或血细胞发育不良等造成体内氧气不够，不足以促进三羧酸循环运转，而产生的类似气虚的症状；斑疹、紫癜等损害血细胞的疾病也能引起血虚。血的失常的类型除血虚外，还包括血瘀、血寒、血热及出血，相关调理策略可参见表2-9。

（2）补血策略　中医补血讲究补血活血，而非一味恶补。常见策略包括：补血同时健脾养胃，多喝水、多运动，按摩、艾灸、拔罐之类。能导致贫血的原因很多，中医注重补充的补血类食物包括：动物性食材，尤其是血制品、肝脏，富含与人体血细胞类似的氨基酸模式的蛋白质和铁、锌等矿物质，适合缺铁性贫血患者；乳酪、贝类、鸡蛋等富含维生素B_{12}的食物，能缓解红细胞发育不良引起的疲劳健忘；红色的枣子、花生衣、紫黑色的桑葚、蓝莓等植物果实，富含类胡萝卜素、花青素和更丰富的矿物质，有促进血液循环、增强免疫的功效。

表2-9　常见血的失常的类型与调理策略

血的失常	症状	调理食材	禁忌
血虚	面色发白、头晕乏力、心悸	补血： 富含铁的食材； 富含维生素B$_{12}$的食材； 彩色蔬果	发汗伤津
血瘀及血寒	手脚冰凉、月经量少、容易感冒等、面糙生斑、口舌瘀紫、月经异常等	活血： 富含挥发油的食材； 富含铁的食材； 富含植物活性成分的食材。 温煦： 温热的食材； 活血的食材； 富含不饱和脂肪酸的食材	寒凉食物，酸苦咸食物
血热及出血	牙龈出血、咳血、尿血、情志失常、口渴心烦、手脚发热、鼻出血等	止血： 富含维生素C的食材； 富含维生素E的食材； 富含矿物质的食材； 凉血除热的食材； 清热生津的食材	热性食物，辛甘食物

就药材而言，阿胶补血而不活血，不是很适合运动量少的人服用；当归补血活血，更适合大多数人安全补血；何首乌的肝肾毒性已经被科学证实，还是遵医嘱谨慎食用为好。

3. 气血失调

气的失常也常伴随血的失常，也就是中医所说的气血失调。常见的气血失调类型包括：气滞血瘀、气不摄血、气虚血瘀、气血两虚、气随血脱等。按照导致异常的主次因素，给予混合食物或行为干涉，就可以达到气血调和的效果。

（三）津液

津液是指人体内一些和生命活动相关的正常水液。津液中流动性大的被称为津，例如口水、血液、肠液等；流动性小的被称为液，例如脑内、骨内、脏腑中的半流质成分，包括不饱和脂肪酸和某些蛋白质相关产物。津液和外观状态、能量循环、体温调节、营养运转、废物排出均有关联。

1. 津液失调

津液失调常伴随气血失调，原因在于人体内营养素和各种激素、神经递质的运载都受津液限制。津液不足导致口渴身热、心烦失眠和衰老加速等后果。常见症状包括失眠盗汗、舌质暗紫、面部色斑、口臭面青、浮肿肥胖，以及皮肤糜烂流水或干枯晦暗。

2. 补充策略

补充津液往往需在辨证施治的基础上调节阴阳、在调节运动的基础上完善气血、在强化吸收能力的基础上补给有助于恢复人体物质基础的营养物质。常见的补充津液的食物包括富含维生素的酸甜水果、富含必需脂肪酸的龟贝鱼虾以及一些有助于养脾生津的中药材。

五、病因与病机

1. 病因

病因是指导致人体状态失衡的直接原因，是疾病的起因。常见病因有三大类：六淫和疠气是外感病因；七情内伤、饮食不当、作息失调等是内伤病因；除此之外，遗传因素、寄生虫、微生物感染、外伤等被视为其他病因。

（1）六淫　六淫是指风、寒、暑、湿、燥、火六种外感病邪，往往与季节气候变化相关。例如，春多病风，夏多病火，长夏多病暑，秋多病燥，冬多病寒。在其中任何一个季节保养不当，都会造成湿气过剩。这六种病邪也能多种同时侵犯人体，从而加重病态。常见的多重病因包括：风寒、风湿、暑湿、燥火等。有助于抵御和调整六淫所致病症的食物类型可参见表2-10。

表2-10　六淫的种类与食物对策

六淫种类	病症	适宜食物	禁忌食物
风邪	伤风、面瘫、中风、风痹、风团及痒疹等	温热性食物；行气活血的食物	寒凉性食物
寒邪	恶寒发热、肠鸣腹泻、口唇青紫、瑟瑟发抖等	高能量的食物；温热性食物	寒凉性食物
暑邪	口渴出汗、心烦暴躁、胸闷呕吐、乏力晕厥等	温凉性食物；富含矿物质和水溶性维生素的食物	温热性食物
湿邪	大便黏腻，女性白带增多、男性阴囊潮湿、浮肿生疮等	富含钾的食物；寒凉性食物	温热性食物；富含钠的食物
燥邪	舌质红咽痛、大便秘结、皮肤干燥、干咳无痰等	寒凉性食物	温热性食物
火邪	大便秘结、小便短赤、痛肿疮疡、舌质红苔黄等	寒凉性食物	温热性食物

（2）七情内伤　七情内伤是指喜、怒、忧、思、悲、恐、惊七种引发或诱发疾病的情志活动。中医认为，七情与人的五脏密切联系，与五脏的生理、病理变化相关联，喜与心、怒与肝、思与脾、忧悲与肺、恐惊与肾有中医学的对应关系。七情波动能影响人的阴阳气血平衡和运行，主要还是需要按时作息、调节情绪，单凭饮食可能很难调整偏颇状态。

2. 病机

病机是疾病发生、发展、变化的机理，是从宏观角度来分析讨论疾病的失衡状态和变化趋势。常见的病机包括邪正盛衰、阴阳失调等病理变化。气、血、津液三者失调就能导致脏腑失调、内生五邪。内生五邪为内风、内寒、内湿、内燥、内火，其外部特征类似外感六淫的相应症状，但病机不同。

六、体质类型

体质是指人群中的个体，在外观形态、精神状态、代谢机能以及对食物和环境的反应性方面的生理差异。中医理论总结出八种，由于阴阳失调、代谢障碍和能量过剩等原因导致的偏颇体质；算上较好的平和体质和更特殊的特禀质后，人群中共十种常见体质，可参见表2-11。

各种偏颇体质需要通过不同状态的食物和配料等来重建身体，其最终目的是尽量向平和质的状态来完善调整。正所谓人体正气来源于五脏，五脏坚强，血气充实，卫外固内，外邪无从侵入，疾病则不发生，所谓"正气存内，邪不可干"。如手脚冰凉的阳虚质在炒制青菜的过程中，可以稍微加一些花椒、辣椒、葱、姜等热性物质来调节食物状态。各种体质类型的人除了需注意食物的状态外，还要注意饮食不宜过饱、合理搭配食物、按照季节来选择食物等天人相应的理念。

表2-11　不同体质类型的特点和食物对策

体质类型	外观特征	性格特点	疾病风险	适宜食物	禁忌食物	适宜运动
平和质	面色红润、精力充沛、二便正常	开朗乐观、适应力强	低	搭配日常食物，少吃加工食品	很少	动静皆宜
气虚质	虚弱乏力、肌肉松软、抵抗力差	不喜活动、偏于内向	易感风寒、易患慢病、易衰老	益气健脾、补血活血的食物	温热性食物	有氧运动
血虚质	发甲干枯、肤色暗淡、虚弱乏力	安静怯懦、容易心慌	失眠脱发、皱纹早衰、耳目疾病	补血养血的食物、益气健脾的食物	寒凉性食物、不易消化的食物	有氧运动
阴虚质	口燥咽干、大便干燥、面色偏红	活泼急躁、外向好动	失眠便秘、口干眼干、皮肤敏感	滋阴清热、清淡爽口的食物	温热性食物	养生运动
阳虚质	畏寒喜暖、肌肉松软、抵抗力差	安静稳重、温和内向	风寒感冒、风湿、容易水肿	补阳行气的温辛类食物	寒凉性食物	有氧运动、泡温泉、按摩
气郁质	神情抑郁、敏感多虑、失眠胸闷	情绪异常、敏感内向	失眠抑郁、精神异常	彩色食物，有香味的食物，加工程度低的食物，行气活血的食物	温热性食物	有氧运动
血瘀质	肤色晦暗、舌质瘀紫、月经紫黑	急躁易怒、适应力差	失眠健忘、易染风寒、月经失调	行气活血的食物，清淡食物	温热性食物	有氧运动、泡温泉、按摩

续表

体质类型	外观特征	性格特点	疾病风险	适宜食物	禁忌食物	适宜运动
痰湿质	腹部肥满、皮肤油腻、胸闷痰多	温和稳重、性格讨喜	慢性综合征、口黏苔腻、胸闷痰多	能量低且调节型营养素高的食物	温热性食物，肥甘厚味的食物	有氧运动、泡温泉、按摩
湿热质	面垢油光、痤疮炎症、排泄不畅	急躁易怒、雨天难受	大便黏滞、困乏无力、湿疹口气	清热润燥的富含B族维生素的食物	温热性食物，辛辣油腻的食物	有氧运动
特禀质	先天失常、过敏反应、遗传疾病	适应力差、抵抗力差	先天旧疾、过敏现象、抵抗力差	提升免疫力的食物，补虚益气的食物	深度加工的食物，有敏感成分的食物	安全环境内的有氧运动

|案例分析|　　盲目去火加重病情

　　某女士有痤疮的困扰。朋友告诉她金银花能清热凉血、缓解痤疮症状。于是她就自行网购了一些金银花，坚持每天喝金银花水。一个月后，该女士出现了手脚冰凉、虚弱无力，痤疮变成闭口脓疱，疼痛难忍等症状。

　　　　分析：大多数痤疮患者属湿热蕴结，需要滋阴清热的食物来修正体质。以金银花泡水确实有好处，但该女士忽视了中医理论对于个体的辨证论治：对于痰湿血瘀、缺乏运动的人来说，活血化瘀才是第一要务。否则在血瘀不畅的基础上增加凉血的食物，势必将加重病情。

══ 第三节　膳食模式的利弊分析 ══

一、膳食模式概述

　　膳食模式，是指膳食中不同食物的种类、数量、比例或者组合，以及习惯性消费的频率。一般来说，大范围应用的膳食模式被称为膳食结构，小范围应用的膳食模式被称为饮食方法。膳食模式不仅能反映人们的饮食习惯、生活水平和营养知识，也能反映出民族的传统文化、国家的经济水平或地区的环境和资源等多方面的情况。

二、世界三大膳食结构

　　各个国家的膳食指导方针虽然不同，但对于不同人群完善自身的饮食结构，也都有指导意义。很多国家政府为其人民提供建立在科学研究基础上的营养指南，以帮助他们做出更好的食品选择。由于多样的气候类型、各异的地理位置、不同的人群体质和饮食习惯倾向，因此没有人能说清楚，适合个体详细的膳食平衡究竟是怎样的。归纳而言，世界上最典型的膳食结构有三种，即东方、西方和地中海膳食结构。

（一）东方膳食结构

以中国为代表的东方膳食结构的特点为高糖类、高膳食纤维和低动物脂肪。与西方膳食模式相比，我国居民的膳食模式是以植物性食物为主，谷类、薯类和蔬菜的摄入量较高，肉类的摄入量比较低，大豆及其制品的消费因地区而不同，乳类消费在许多地区不高。中国的平均脂肪摄取量在全世界三大膳食结构中是最低的，约19%~22%。但据统计，我国居民死亡率占前三位的慢性疾病依然是和高脂肪密切相关的心脑血管疾病和癌症。据分析，其原因可能与摄入猪肉有关，猪肉中的脂肪含量很高，就算是瘦猪肉，其中的脂肪含量也比普通牛肉和鸡肉要高。另外，我国居民膳食结构中植物性食物的比例逐渐减少，膳食能量密度逐渐增高，也是慢性疾病发病率日益增加的原因。

（二）西方膳食结构

西方膳食结构的特点是膳食脂肪供能比较高，包含精细谷类、加工肉类、高脂乳类、甜品，另外，酒精摄入量较高。很多研究结果显示，遵循西方膳食结构模式的人群发生肥胖、糖尿病等代谢综合征的风险显著增加。以美国、加拿大和北欧一些发达国家为代表的西方膳食中提取的脂肪可占总热量的35%~45%，而且脂肪中饱和脂肪酸的比例较高，占膳食热量的18%。这种高脂肪与高饱和脂肪酸的膳食结构对健康十分不利，高血脂、高血压、动脉粥样硬化、冠心病、脑血管疾病、结肠癌、乳腺癌等均与之有关。

（三）地中海膳食结构

地中海膳食结构是指地中海沿岸国家的膳食结构。虽然这种膳食结构中脂肪含量很高，占总热量的37%，但橄榄油居多，故饱和脂肪酸比例很低。当地人还会摄取很多新鲜的蔬菜、水果、豆类、鱼类和少量葡萄酒，但很少摄入畜肉和禽类。地中海沿岸国家居民的心脑血管疾病、癌症的发病率和死亡率，比上述两种膳食结构的都低。

三、常见饮食方法

饮食方法可以理解成某些对人体生理学和营养学有一定认知的人群，在自身体重调控、健康维护和美容调养等需要下，对膳食中食物的种类、数量、比例或者组合，以及习惯性消费的频率的调整策略。也许并没有一种完美的饮食方法能让人类一劳永逸，但综合多种饮食策略，才更有利于总结出最适合个体的策略。

（一）得舒饮食法

得舒饮食法来源于1997年美国的大型高血压防治计划。在这项计划中发现，饮食中如果能摄食足够的蔬菜水果、低脂或脱脂乳，以维持足够的钾、镁、钙等离子的摄取，并尽量减少饮食中油脂的量，特别是富含饱和脂肪酸的动物性油脂，可以有效地降低血压。因此，现在常以得舒饮食法作为预防及控制高血压的饮食模式，在体重管理、降低胆固醇、预防糖尿病和心脑血管疾病等方面也都非常有效。得舒饮食法的重点要求是需减少食盐和调料的摄入。辅助的六大原则如下：

① 选择全谷类：每日三餐中有两餐尽量选用未经精制加工的全谷类，至少选用2/3以上含麸皮的全谷类，如糙米饭、地瓜、马铃薯等。

② 每天5蔬菜与5水果：每天4～5份蔬菜，5份水果，果汁、果干搭配食用，多摄取富含钾的蔬果（如菠菜、苋菜、韭菜、金针菇，香瓜、哈密瓜、香蕉等）。

③ 多喝低脂乳。

④ 富含优质蛋白的食物：每天5～7份，以豆制品、鱼肉为主，尽量减少红肉的摄入。

⑤ 油脂类：烹调用油尽量不使用动物油脂，选择好的植物油，如橄榄油、亚麻籽油等。

⑥ 坚果种子类：每天约10g（不含壳重），可作零食，也可打入果汁或加入饭中。

（二）阿特金斯饮食法

阿特金斯饮食法是美国阿特金斯博士提出的一种减肥饮食法，主张多吃高蛋白质的食品，尽量少吃能提供能量的碳水化合物类主食。阿特金斯减肥法的原理为：不让碳水化合物氧化释放能量，于是，身体被迫将供能方式切换到由蛋白质和脂肪供能，来消耗身体里的脂肪。净碳水是阿特金斯减肥法中的一个重要概念，比起碳水化合物总量，阿特金斯更强调净碳水。净碳水＝总碳水－膳食纤维。针对不同的需求，阿特金斯提供了阿特金斯20、阿特金斯40、阿特金斯100三个档位。阿特金斯20就是起始阶段要把每日摄入的碳水化合物限制在20g以下，阿特金斯40、阿特金斯100分别以此类推。一般地说，阿特金斯饮食法大致分为四个阶段。以阿特金斯20为例的四个阶段包括：

（1）第一阶段（第一周）　每天净碳水限制在20～25g，只能吃低碳水的绿叶菜、蛋白质、健康脂肪、乳酪（碳水含量低的）、种子、坚果。

（2）第二阶段（第二周）　每天净碳水可摄入25～50g，可加入浆果、瓜类、全脂希腊酸乳、乳清干酪、白色软干酪、豆类、番茄汁。

（3）第三阶段（第三周）　每天摄入50～80g净碳水，可以加入更多水果、淀粉类蔬菜、全谷物。

（4）第四阶段（四周之后）　每天摄入80～100g净碳水的正常饮食。

（三）区域饮食法

区域饮食法是一种通过平衡膳食优化激素反应，控制体内炎症水平的营养概念。其核心理念为：胰岛素与n-6脂肪酸相结合，会产生促进炎症的激素，而炎症会导致体重增加，这种饮食法试图通过调控激素平衡和血糖稳定来减轻炎症。大致上，每餐保持40%糖类、30%蛋白质、30%脂肪的比例，能够确保胰岛素和炎症促进激素保持在合理范围内。主要原则包括：

1. 每天摄入的热量，女性限制在约1200cal，男性约为1500cal；每天吃5餐，3顿正餐，2份零食；每餐都要按照上述的4∶3∶3的比例。

2. 醒来后1h内吃早餐；每顿饭的间隔不超过5h。

3. 推荐以加工程度较低的蛋白质类、脂肪类和糖类为人体提供热量，还需注意饮水量。

（1）蛋白质类　瘦牛肉、猪肉、羊肉；去皮鸡肉、火鸡胸肉；鱼和贝类；豆腐及其他豆制品；低脂乳酪、低脂牛乳、低脂酸乳。

（2）脂肪　单不饱和脂肪酸丰富的食物，如牛油果、坚果（花生、腰果、杏仁、开心果）、花生酱、芝麻酱、菜籽油、芝麻油、花生油、橄榄油。

（3）糖类　血糖指数低的食物。水果，如苹果、橙子、李子等；蔬菜，如黄瓜、辣椒、菠菜、西红柿、蘑菇、南瓜、鹰嘴豆等；谷物，如燕麦、大麦。

（4）饮水量　每天饮水1.5~2L。

（四）旧石器时代饮食法

该理论来源于进化医学"进化不一致假说"的主张。该假说的支持者认为，我们的免疫系统至今仍然视粮食、乳制品等为入侵者，身体因此产生免疫抵抗，导致各种现代疾病（比如肥胖、糖尿病、心脏病等）。解决以上问题的方法或许就是回归到旧石器时代的饮食习惯，模仿当时狩猎-采集者的饮食方式。

原则：旧石器时代饮食法不仅要避免加工食品，还要避免人类在新石器时代后开始食用的食物。只食用在旧石器时代就已经存在的蔬菜、水果、坚果、肉类。禁止或者尽可能少食用乳制加工品、谷物加工品、精制糖、植物油等所有的新型食品和工业食品。

（五）容积饮食法

容积饮食法既是一种非结构化饮食法，也属于典型的限制热量饮食法。其原理为：不论热量情况如何，人们每天总倾向于吃相同重量或数量的食物。由于一些食物的能量比较低，如果你选择这样的食物，那么在总量不减少的情况下，会摄入更少的热量。低能量密度食物可帮人保持饱腹感。其创始人根据能量密度把食物分为四类，而受众需尽量选择第一类、第二类食物，将第四类的选择降到最低。按照能量密度的食物分类情况为：

（1）较低能量密度食物　水果、蔬菜、脱脂牛乳、肉汤。

（2）低能量密度食物　含淀粉较高的水果、蔬菜、谷物、早餐麦片，脂肪含量低的肉类，豆类、低脂混合菜肴，如辣酱配意大利面。

（3）中等能量密度食物　一般肉类、乳酪、比萨饼、炸薯条、沙拉酱、面包、饼干、冰激凌、蛋糕。

（4）高能量密度食物　饼干、薯片、巧克力糖果、坚果、黄油、食用油。

该饮食法的辅助建议还包括女性每天至少喝9杯水，而男性则应达到每天12杯；减少久坐时间，增加体力活动：每天至少进行30min的中等强度锻炼，每周两次强化训练。

（六）改变激素饮食法

改变激素饮食法的核心理念是压力和环境毒素会引起激素失调，而如果激素失调，那么减肥、锻炼就很难奏效。例如，过度运动会影响甲状腺激素，从而导致减肥失败，某些激素如压力激素皮质醇会让人难以控制食欲，故该饮食法周期较长。主要原则包括：

1. 为期两周的排毒，旨在清除过量的激素（如雌激素和皮质醇），减少炎症。去除过敏性和炎性食物，包括咖啡、糖、酒精；避免面筋、乳制品、玉米、土豆、油、花生、橘子、葡萄柚。

2. 从第三周开始，逐一添加食物，从而确定哪些食物不适合食用。例如，喝酸乳胀气的人，就需要减少或停止食用酸乳。一般到四周结束时，多数人就会了解需要从食谱中去除哪些食物了。

3. 在地中海膳食结构的基础上，尽可能少摄入高血糖指数食物，并坚持4周。

4. 4周结束后，遵循地中海饮食法，坚持较好的饮食制度。

这种饮食法的辅助建议包括在1～4周内服用营养素补充剂，以改善激素分解，增加新陈代谢，减少食欲。建议补充益生菌、维生素D_3等，不过营养补充剂并非对所有人都有必要。

（七）211饮食法

211饮食法是指把每一餐的食物都划分成4个拳头：2个拳头的蔬菜、1个拳头的主食和1个拳头的高蛋白质食物。其主要原则为：

（1）蔬菜　最好选深绿色绿叶蔬菜，比如菠菜、生菜、莜麦菜、小青菜、芥蓝、上海青等；也可吃其他色蔬菜，如紫甘蓝、胡萝卜、南瓜等，但不能用水果代替蔬菜，因为水果里糖分很高。

（2）蛋白质食物　包括鱼、肉、蛋、乳、豆，这里的"鱼"也包括虾和贝类等海鲜。海鲜是非常优质的蛋白质，脂肪含量很少。"肉"指的是纯瘦肉，比如瘦牛肉、鸡胸肉、瘦猪肉。蛋类可以多吃点蛋清，蛋黄的脂肪含量比较高，建议每天不超过2个蛋黄的量。豆腐、豆皮、豆浆也都是优质蛋白质。

（3）主食　除谷物类外，还有一些根茎类、薯类等富含淀粉的食物都算主食，包括玉米、红薯、土豆、山药等。

（八）宗教饮食法与纯素食饮食法

1. 宗教饮食法

宗教饮食法主要包括全素食和素食为主两种类型。前者不进食任何与动物相关的食物；后者会条件性进食蛋类、乳类和海鲜类。从全素食食物中获得所有必需的营养是可能的，但需格外注重强化维生素B_{12}、维生素D、矿物质。

2. 纯素食饮食法

纯素食者选择素食，通常是出于对动物、环境保护或对自身健康等因素的考虑。纯素食者不吃、不用任何形式的动物制品。甚至从动物中提取出来的明胶、黄油也一概不吃。

美国饮食协会的指南推荐纯素食者每天食用4份蔬菜、2份水果、2份健康脂肪食物（比如芝麻油、鳄梨、椰子等）。营养补充剂要关注以下方面。

（1）维生素B_{12}　维生素B_{12}主要存在于动物来源的食物中。乳蛋素食者可以从乳制品和鸡蛋中获得维生素B_{12}，纯素食者可以从一些强化维生素B_{12}的杏仁奶、椰奶、豆奶、麦片及营养补剂（氰钴胺素）中获得维生素B_{12}。尽管人体对维生素B_{12}的日常需求非常少，但维生素B_{12}缺乏会导致贫血和不可逆的神经损伤。

（2）n-3脂肪酸　n-3脂肪酸的食物来源有大豆、核桃、南瓜子、菜籽油、猕猴桃、大麻籽、藻类、奇亚籽、亚麻籽、绿叶蔬菜（莴苣、菠菜、卷心菜、马齿苋）；也建议适量补充二十碳五烯酸（EPA）和二十二碳六烯酸（DHA）。

（3）矿物质　非动物性矿物质来源有限，需要重视豆类、坚果，多种相对高铁、高钙果实的摄入，以避免出现骨质疏松、关节炎、潮热、闭经、神经衰弱、失眠等贫血和缺钙症状。

四、完善更好的饮食方法

对于个人而言，不必盲目轻信任何一种饮食方法或者减肥方法，理解多种饮食方法的核心内涵和利弊风险，更有助于完善自身的营养状态。比如素食饮食法，能让人们意识到植物性食物营养的重要性；旧石器时代饮食法，提示人们要尽量减少精制加工食品的摄入，以避免能量过剩；得舒饮食法提倡减少盐的摄入，以预防心脑血管疾病等。这些都和主流的营养学建议不谋而合。想要按照自身状态和饮食喜好，完善出最有利于自己的饮食方法，既不能偏听偏信、盲目跟风，也不能一味否定或固执己见。总之，均衡饮食和加强锻炼，才是保持健康和完善美态的最佳策略。

第四节　膳食调查和按需调控

一、膳食调查

膳食调查是指为了解个人或群体的膳食情况，而对其摄入的食物种类、数量和搭配比例进行调查，进而分析其摄入的营养素优势和潜在风险的饮食情况调查方法。膳食调查能通过摄入的各种不同产地、加工的食品，分析出其含有的大致能量和营养素情况。通过这些数据，结合基础代谢、劳动强度、食物热效应和生长发育等多种数据模型，就能大致分析出调查对象的能量平衡情况以及发生各种慢性病的风险。针对以美容为目的的较高级营养需求，大多数营养师对个体的调查会更精细，而对于以群体预防慢性疾病为目的的日常级营养需求，由于数据量大，调查分析也会相对粗放。针对普通人群，关注膳食调查与分析、体格检查、实验室检查和注重干预与持续监测，就可以为调整个体的营养素供给量标准提供基础资料。

（一）膳食调查内容

膳食调查内容主要包括调查期间每人每天所吃食物的品种、数量，所摄入营养素的数量、比例是否合理，能量是否足够，以及产能营养素占总能量的比例。了解烹调方法对维生素保存的影响，膳食制度和餐次分配是否合理，了解过去膳食情况、膳食习惯等。

（二）膳食调查方法

根据具体情况可采用24h回顾法、膳食史法、食物频率法、记账法和称重法等。在进行膳食调查时，应选择一个能正确反映个体或团体当时食物摄入量的方法，必要时可用两种方法，然后按《食物成分表》计算分析营养素的摄入量。常用调查方法如下：

（1）24h回顾法　以往常用访谈形式，通过询问来了解调查对象过去一天中的实际膳食情况。一般会通过连续三天的访谈，记录个体摄入的所有餐点、饮料和零食情况。其误差在于调查对象的记忆准确性、食品的重量估计、加工对营养素的影响等等。由于科技发展，手机拍照极为便利，请调查对象拍摄所有的食品的方法更为常见好用。对于有经验的营养师而言，看图也能最大程度降低误差。

（2）膳食史法　是指通过询问过去一段时间（一个月、一个季度等）的饮食情况，了解调查对象系统性习惯和长期膳食模式的方法。需要调查对象熟悉自己的膳食模式，对其智力水平要求较高。这种方法对于预防食源性慢性疾病有重要意义。为了提高精确性，可以结合24h回顾法和食物频率法。

（3）食物频率法　是指通过了解调查对象在一段时间内摄入某些食物的频率，推测其营养状况和发生慢性病风险的膳食调查方法。这种方法相较于膳食史法更简便易行，但准确度也不高。

（4）记账法　是指由研究者通过购买记录，了解调查对象在一段时间内所消耗的食品总量。如果调查对象是一大群体，可以将其按食量比例细分为多个小群体，再估算小群体中的个体，从而计算食物消耗量。这种方法简便高效，但误差较大。

（5）称重法　是指由研究者通过各种食物的购买量与废弃量，分析出一段时间内，个体或人群对于这些食物的消耗情况，从而分析其营养状态和发生慢性病风险的方法。这种方法相当麻烦，可以结合记账法降低工作量。

（三）膳食调查步骤

（1）资料收集与整理　各种食物经分类综合后，得到人群中个体或个人的每日食物的消耗数据。

（2）计算　根据数据按《食物成分表》计算出每种食物所供给的能量和各种营养素的量。

（3）食物及营养素重量及比例　计算各类食物的重量及组成比例，产能营养素的能量比及三餐能量分配，蛋白质、脂肪的来源及分配比例。

（4）评价　将膳食调查的结果与中国营养学会推荐的每日膳食中营养素供给量标准进行比较。如某种营养素的供给量长期低于标准的90%，就有可能发生营养不足症；如果长期低于标准的80%，则有发生营养缺乏症的可能。对于有美容或养生需求的人群重点评价包括总能量的限制、维生素、矿物质的特殊需求与风险调控，膳食纤维的数量，还包括精制糖、饱和脂肪的限度等。

（5）辅助软件　膳食调查的结果结合Excel等软件的辅助计算和等电子记录方式，不但能减轻工作量，还应建立数据库，分析人群营养状况和发生慢性病风险的倾向性和更好的营养素完善策略。

（四）食物成分表

《食物成分表》现在被广泛用来计算营养素的摄入量，是进行营养调查的必备工具书。现有的《食物成分表》分为全国和地方两种，也都有其局限性和相对误差；此外，《食物成分表》没有包括生物利用率，故食物含有一定数量的营养素并不意味着在生理上就是完全可以利用的。这些都需要营养师尽可能熟悉食物的类别，了解同类食物的共性，尽可能降低误差。

（五）膳食调查结果评价

得到一份食谱或者膳食调查结果后，首先应将各类食物按平衡膳食宝塔的五层来分类，然后按《食物成分表》查出每100g该种食物所含可食部分比例和营养素情况，最后将计算结果与《中国居民膳食营养素参考摄入量》中对应的特征人群相比较，并进行评价和按其需求给予建议。总之，通过膳食调查结果的评价，对于膳食调配合适与否的问题，可以得出结论，作为改进营养素策略的基本依据。

（1）能量及营养素的评价　劳动强度或能量需要量的确定，一般按作业情况大致分为轻度、中度、重度、极重度的水平分级。能量需要量确定之后，各种营养素标准供给量在中国营养学会制定的RDA中可以查询。在将膳食调查资料计算分析以后，即可得到平均每人每日能量及各种营养素的摄取量。将此量与标准供给量相比较，评价能量及各种营养素的量够或不够，相当于标准供给量±10%即可，低于10%则判断为不足。

（2）产能营养素来源评价　　计算得到产能营养素供应能量的百分比，与标准供给量相比较，相当于标准±10%即为正常。

（3）蛋白质评价　　需计算得到蛋白质来源百分比，评价蛋白质质量的好坏，衡量互补作用发挥的情况。若优质蛋白质数量不能达到总蛋白质的1/3，则适当替换来源。

（4）组成评价　　计算分析后得到膳食的食物组成、能量来源分配情况，评价膳食调配是否合适。

（5）能量评价　　按早餐25%～30%、中餐40%～45%、晚餐30%～35%相比较，评价能量分配是否合理。

（6）安全评价　　从安全性角度评价食品有无污染的可能，富集效应与搭配解毒之类，也可作为制订预防肠传染病及食物中毒计划时的参考。

（7）习惯评价　　是指群体或个体在一段时间内的食物摄取情况，包括食物的来源、加工、搭配等，对其营养滋补和养生美容、预防慢性病和损容性疾病的调节倾向性。

（8）深层评价　　为了进一步评价营养素的摄取情况，可参照烹调方法的调查结果，考虑营养素的损失破坏情况，可以估计营养素的实际摄取情况与调查结果有无差异及差距的大小。

二、按需调控

按需调控是人们生活水平提高，对自身重视程度提高的必然要求，也是编制食谱的高级形式。最简单延缓衰老、预防慢性病膳食需求的辅助方法是记录分析，留心自己每天有没有便秘、睡眠不好、精神不集中、身体浮肿等等，根据自身的感受调整膳食。详细记录膳食情况，包括吃饭时间，膳食内容、重量，吃饭时的情景和心情；吃完之后的感受，当天的身体感受和失眠、生病等状况。然后，配合实验室检测结果、体格状况和对饮食制度、营养素、抗生素与肠胃微生物的相关知识，制订出更适合自身的膳食搭配。

（一）按需调控的原则

正确选择食物的三大原则是适时、适当和适量。

（1）适时　　容易被代谢出体外的食物更需要频繁补充，比如说果蔬中的B族维生素和维生素C，都是会随尿液和体液流失的水溶性维生素，需要每日补充。肝脏内储存的维生素A能在需要时逐步释放，因此可以按周补充，并不需要每天关注。

（2）适当　　既能满足身体组织修复更新需要，又有利于调控内环境。痤疮期间进食大量海鲜等特异蛋白质会加重炎性反应。不同体质或不同生存环境的人群，其适当食物差异很大。

（3）适量　　原料充足才能合成正确的具备良好功能的细胞和组织，缺乏会造成损害，运动则促进运转，然而过量则增加毒性风险。众所周知木桶效应取决于最短木条，而身体状况既取决于最少原料的限制，又和最超量的物质相关，像过长的贪食蛇咬到自己的尾巴。超量越多，伤害风险越大。

（二）按需膳食调控的关键因素

1. 欲望调控

欲望调控对于校正食欲和调整状态都很重要。一方面，要控制欲望：喝酒放松、寻找刺激神经的食物或事物，这都是人体试图缓解不适感受逃避行为，并不是身体真正需要的，需要控制。另一方面，如果真的很想吃某种食物时，强制克制住大脑的欲望，人的压力会增大，焦虑与痛苦感会引发强烈不适，可能引发厌食或暴食甚至心理疾病。所以，给自己一个欲望底线，才有助于在身体健康与精神健康之间寻求平衡。

由于食欲是一种受外界影响很大的感受信号，因此对照自身对营养素的真实需求，校正食欲传感器的灵敏度，是守护健康很重要的底线。一些工作忙碌或压力较大的人长期被神经衰弱和失眠等因素困扰，加上超加工食物的摄入，甚至出现暴饮暴食，说明其食欲传感器不再灵敏，需要重新校正。按时、限量、运动和选择更好的食品对于食欲都有调控作用。

2. 能量调控

能量型营养素中，人体最先利用糖类，糖类很容易转化成能量。在糖类不足时才分解脂肪和蛋白质，以维持能量需求，此时就是所谓的能减肥的生酮模式。针对轻体力工作的人而言，选配低能量密度、中等修复营养素密度和中等调节营养素密度的食物即可。多数情况下，适量增加调节型营养素（如多种B族维生素）的数量是利大于弊的，都有促进能量代谢的作用。

3. 营养素调控

当缺乏任意一种产能营养素时，大脑就有可能发射食欲信号，但是大脑并不能给予身体更精确的信号。当人体缺乏蛋白质时，我们根据大脑发出的信号既有可能去吃肉或豆腐，也有可能吃点面包、馒头。由于不同的食物的营养素构成差异很大，因此用平衡膳食宝塔为基准较为便利。其后，在个人特质的基础上，按自身状态和调整目的，对有特殊需求的营养素合理修正即可。

4. 感官调控

感官调控既可以按照原始食物的口感倾向性，来初步判断食物的营养素状况，例如含水量多的水果饱腹感时间较短，也更容易吃多，增加发胖和血糖失控风险，颜色比较深的蔬菜富含的调节型营养素更多等；也可以通过加工手段来调节食物的感官状态，常见的油炸手段可以让食物变得酥脆，烘烤的手段能够让食物变得干硬等；还可以通过搭配来改变食物的色香味，但不要被这些变化所诱惑，要熟悉加工变化趋势和营养素情况。

5. 食材调控

富含相似营养素的食材价格差异很大，却并不一定影响人体细胞的修复和构建。只有掌握好食物营养素的倾向性，才能满足不同经济状况的人群对营养素的需求。以"三菜一汤"的食谱为例，确定每日食谱的方法如下：

（1）确定数量　三菜一汤就是一份主食、一碗汤、一道主菜和两道副菜。

①简易版：麦片、紫菜汤、生菜叶、鸡蛋和咸黄豆。

②加强版：红豆薏米粥、西红柿汤、烤鱿鱼、辣白菜和海带丝。

③豪华版：虾仁八宝饭、海参花汤、乳酪烤澳龙、山胡萝卜酥、娃娃菜卷。

（2）确定食材　食材包括尽量不与昨日重复的主食、主菜与副菜。这些都可以按四季时令、颜色口味、营养素等情况来变更，要包含合理的营养素，能量不可超标太多。动物性食材和人体细胞结构相近，有利于迅速补充人体蛋白质等物质基础。如果是严格的素食主义者，则需要考虑增加牛乳、鸡蛋、大豆、多种坚果，来满足身体对蛋白质的需求，并需格外注重豆类发酵食物，以补充蔬菜缺乏的维生素B$_{12}$。

（3）补充颜色　常见食材的颜色有红、绿、黄、白、黑及其近似色。一般主食、主菜出现的颜色较少，需要利用副菜和汤来增加更多颜色，来调剂营养素情况，且以当季、新鲜的食材为佳。

（4）加工方法　家常烹饪方法包括蒸、煮、炒、炸、煨、凉拌等。加工方法和总能量有直接关系，例如油炸土豆片的能量可能是煮土豆的4倍；若需调控能量与健身塑形，凉拌与水煮是更好的加工策略。刀工和口感有相关性，切丝后的萝卜，与片状、块状或者直接啃嚼的口感特性截然不同，带给人的心情和满足感也有差异。食物的搭配，如分层与包团差异的包子、馅饼、比萨就算使用相同原材料，也不是近似的味道。

（5）调制口味　口味是人类选择食物的重要因素。五种基本口味包括酸、苦、甜、咸、鲜，此外还有清凉、辛辣等舌感觉味。日常调配味道除盐和味精外，直接应用芝麻酱、辣椒酱、甜面酱、黑胡椒酱、乳酪酱也是很好的策略。但这些加工好的味道变化性较小，容易让舌头感觉到腻味，需要经常更换。一些香料也能在增加风味的同时促进代谢，如芥末、生姜、孜然等。

（6）日平衡与周平衡　很多人由于生活忙碌复杂等各种原因，无法完全决定某个时刻的膳食，或者根本无暇顾及某顿饭，但至少也要以周为单位调整食材和膳食搭配，让舌尖与身体获得更好的享受平衡。如果工作相对轻闲或时间安排得当，48h内做到营养均衡能更好地维护健康状态。

6. 心情调控

美食关系到人脑感受，假如吃惯了加工美食，难以戒断，也并不需要用严重破坏心情的方式换取健康。例如，习惯喝奶茶的人，不妨先试试换成小杯、半杯、半杯兑水，也可以用替换法，试试少糖的玫瑰花红茶有机牛乳。亲自烹饪，拍照发朋友圈也有利于播种好心情。就算工作繁忙，日日与快餐盒饭相伴的人，也可利用闲暇时烹饪、分装、冷冻一些熟制骨肉，在需要时只要搭配好洗的蔬菜，就能在15min内吃上健康美食。

7. 环境调控

很多在外的人到了一定年龄以后，就会无比怀念故乡的乡音地貌和饮食习俗。若从基因角度分析，有可能和人的基因中镌刻的能力有关。当人体逐渐衰弱，对食物中活性物质的耐受力也会减退，此时就会无比怀念那些容易适应的本乡食物。很多人离开故乡或者放弃传统饮食之后，患糖尿病、心脑血管疾病等慢性综合征的概率会明显增加。

大部分人在青壮年时期时免疫力最强，所以摄入不适应的食物后，人体的不适感和反应症状可能很轻微，但随着人体机能的衰退，不耐受或过敏的风险也会增加。对于这一问题，也许回到故乡，了解下祖先们饮食的精髓之处，会比最新的基因疗法有用得多。所以就算有一份精心设计的健康食谱，也不一定适用于所有人，关于饮食的按需调控，也要考虑环境的影响。

▌三、探求自身的最佳营养

每个人的基因和习惯都有独特之处，却也有共性；食物的来源和加工保存包装各不相同，却也有规律。因此，我们既要尊重食物的共性，也要通过对自身的观察和了解，发现属于自己的最佳营养。常见的发现最佳营养的方法有三种：症状分析、膳食分析、生活方式与环境分析。

1. 症状分析

（1）观察自己的五官、四肢等外露皮肤的颜色和状态　黝黑、萎黄、红润还是白嫩，粗糙还是光滑，这些颜色和状态不但与你所处的环境与习惯有关系，还与你摄入的蛋白质和身体中的矿物质铁、锌、钙，以及维生素息息相关。

（2）观察和感受自己的精神状态　你的情绪和易疲乏程度与血糖、体内脂肪组成、维生素也有关联。

2. 膳食分析

（1）长期饮食习惯　分析你爱吃什么、常吃什么，这些吃到的食物里哪些营养素与你的症状有相应联系。如果你的眼部出现血丝、黄斑等用眼过度和衰老的征兆，会考虑到在长期的饮食单中增加维生素A、花青素和亚麻酸吗？

（2）偶然进食情况　人体只有在相对健康的前提下才可以偶尔摄入刺激性食物，因为皮肤或内脏在疾病期会格外容易被激惹成疾。其实这是炎症因子、细胞在警告你，保护身体、避免伤害。

3. 生活方式与环境分析

熬夜、压力、环境污染等逆境会消耗很多体内的维生素，导致维生素不足以调节身体状态，就会影响美态和健康。比如吸烟者的皮肤更容易衰老、饮酒者的腹部更容易长肉，这些都是烟酒消耗了调节状态的营养素的后果。

总体来说，美容相关的营养素需要在了解自身、熟悉食物相关特性的基础上调整完善，既不能偏信盲从，也不能认准了某种食物或保健品就不再分析感受自己的实际状态。对于营养素的完善和补充应从实际情况考虑：对于缺乏的营养素进行增加补足和优化利用；对于过剩的营养素需要调控限制和减少利用。现代社会流量能带动经济，很多夺人眼球的标题层出不穷，处处都有夸大实际的情况，加重恐慌焦虑的特点，这就需要我们了解更多的美容营养相关知识，关心自己，从而享受健康美态的岁月静好。

第五节　人体健康状态与损容性疾病的营养治疗

人体营养的衡量方式包括身高、体重以及一些人体状态反映出的营养素缺乏或过剩、健康或疾病的状况。人体营养状况的测定和评价，是结合人体体格测量结果，通过膳食分析，辅以医学标准的生理化学检验手段，得出综合性的营养状况、综合体征和慢性病风险的倾向性意见。

一、人体健康与营养状态检验

（一）人体营养健康自测指标

1. 体温

人体的正常体表温度为36～37℃，高于此范围为发热，低于此范围称"低温"。后者常见于高龄体弱老人及长期营养不良患者，也可见于甲状腺功能减退症、休克等患者。

2．脉搏

正常成人的脉搏为60～100次/分，常为70～80次/分，平均约72次/分；老年人较慢，为55～60次/分；婴幼儿和儿童较快，可达80～160次/分。另外，运动和情绪激动时可使脉搏增快，而休息、睡眠则使脉搏减慢。临床上有许多疾病，特别是心脏病可使脉搏发生变化。若成人脉搏超过100次/分，或低于60次/分，都需及时就医。

3．呼吸

人体的正常呼吸应均匀规律，呼吸频率约为15～20次/分。如呼吸深度、频率、节律异常，呼吸费力、胸闷、憋气等则为异常表现。

4．血压

正常成人安静状态下的血压范围较稳定，正常范围收缩压90～139mmHg，舒张压60～89mmHg，脉压30～40 mmHg。未使用抗高血压药的前提下，18岁以上成人收缩压≥140 mmHg和（或）舒张压≥90 mmHg，为高血压；血压低于90/60 mmHg，为低血压。

5．身高和体重

体重指数BMI：18.5～23.9为正常，22为最佳。BMI≥24为超重；BMI≥28为肥胖。中国人体重指数参考标准与心脑血管疾病发病风险可参见表2-12。人体标准身高和体重情况也可参考附录三。

表2-12　中国人体重指数与心脑血管疾病发病风险

中国参考标准	BMI水平	心脑血管疾病发病风险
偏瘦	<18.5	低，但其营养缺乏症的危险性增加
正常	18.5～23.9	平均水平
超重	≥24	增加
偏胖	24～27.9	增加
肥胖	28～29.9	中度增加
重度肥胖	≥30	严重增加

6．腰围

腰围男性<85cm为正常，≥85cm为腹部肥胖；女性<80cm为正常，≥80cm为腹部肥胖。腹部肥胖也称向心性肥胖，意味着多种代谢综合征的发病风险增加。

7．饮食

正常情况下人的饮食和体重、精力会保持平衡关系。如出现多食多饮的异常情况，应尽早体检或就医，以避免突发疾病损害健康。和食欲异常相关的疾病包括甲状腺功能亢进、暴食症、精神障碍和一些消耗性疾病，如癌症等。

8. 排便

正常情况下人的排便1～3次/天或至少隔天1次，呈黄色成形软便为正常。如颜色、性状、次数异常反映胃肠病变。

9. 排尿

正常情况下人的排尿1～2L/天，每隔2～4h排尿1次，夜间间隔不定。正常尿液为透明的淡黄色，有少许泡沫。如尿色、尿量异常和排尿过频、困难、疼痛等均为异常。

10. 睡眠

正常情况下人的睡眠为6.5～8h/天，中午睡0.5～1h。如失眠或夜醒不眠、打鼾伴有呼吸暂停、白天嗜睡打盹均属于睡眠障碍。

11. 精神

正常情况下人的精神饱满、行为敏捷、情绪稳定，无头痛头晕等症状。如出现体重异常增减、精神萎靡或者极端兴奋等异常情况，也应尽早体检或就医。常见的和精神异常相关的疾病包括抑郁暴躁、精神障碍和一些消耗性疾病，如癌症等。

（二）异常人体的状况自检

对于一些常见轻度异常状况问题的诊断，可以以观察症状为基础，并结合采取一些人体和生化检查来确定结果。常见的人体代谢失调类型包括血糖失调、食物和化学物质过敏不耐受、甲状腺功能异常、B族维生素缺乏、必需脂肪酸缺乏或失衡、重金属中毒和高血同型半胱氨酸等。

1. 血糖失调

血糖水平波动是最常见的人体生化失调症状，也称为血糖代谢失调。随着人体出现血糖代谢障碍的症状，相关的一些疾病，如肥胖症、衰老性的记忆力减退、早老性痴呆、心脏病和糖尿病的发病率都有所增加。最常见的血糖失调症状如下：

（1）多发疲倦感 饭后昏昏欲睡、慢性疲劳或者心悸等。

（2）水代谢异常 多发的异常口渴、多汗或盗汗等。

（3）专注力下降 如注意力难以集中、头昏健忘等。

（4）异常情绪 多发焦虑、易怒、抑郁等原本不该出现的情绪波动。

（5）口感偏好 嗜甜食或刺激性食物，可能伴随一天吃不到就难受的依赖感。

如果出现2个或2个以上上述症状，说明你的身体存在血糖代谢异常可能性。血糖代谢异常和刺激物（茶、咖啡、酒精、糖、可乐、咖啡因片、香烟）等上瘾症的症状相似，有时也会同时发生。需要结合平时饮食习惯来进行更准确的综合分析，也可配合血液检测获得更精确的结果。有意识地淡化甜食和刺激物的浓度和频率、选用口感平淡的原始食物和富含维生素、矿物质的保健品，有助于修复血糖失衡的症状。有助于恢复血糖平衡的营养素包括维生素C，复合B族维生素，矿物质中的钙、镁、铁和锌。

2. 食物和化学物质过敏以及不耐受

食物不耐受指的是一种复杂的变态反应性疾病，人的免疫系统把进入人体内的某种或多种食物当成有害物质，从而针对这些物质产生过度的保护性免疫反应，产生食物特异性IgG抗体，IgG抗体与食物颗粒形成免疫复合物（Ⅲ型变态反应），可引起所有组织（包括血管）发生过敏性炎症反应，并表现为全身各系统的症状与疾病。可能使人体产生过敏的食物有小麦、乳制品、橘子、鸡蛋、多种植物种子、发酵食物、贝类、不同肉类和洋葱等。食用色素和其他化学添加剂也会产生问题。一些人也会对茶、咖啡或酒精等饮料产生不耐受的症状。最常见的食物和化学物质过敏以及不耐受症状如下：

（1）幼时病史　如疝气、湿疹、哮喘、皮疹或中耳炎等先天不足性疾病。

（2）异常情绪　频发的情绪波动、无特殊原因的抑郁或者暴躁、焦虑等。

（3）免疫力低　经常性的感冒、鼻塞或者皮肤痒痛等。

（4）血液循环差　眼皮浮肿、黑眼圈、眼周围颜色异常或者出现水肿等症状。

（5）学习力下降　出现频繁多动、诵读困难或学习困难等现象。

如果出现2个或2个以上上述症状，或是你在不吃上述食物后感觉良好，那么这些食物或是过敏或是不耐受的化学物质，可能就是产生问题的原因。速发型的过敏反应有明显的季节性，发病时间短、发病率高。迟发型的过敏反应，主要与食物有关，即食物不耐受，表现为接触过敏原几天或一周后才出现相关症状。这些过敏反应常因症状滞后而被误诊，临床表现为各系统的慢性症状。最好是去咨询医生，也可配合血液检测获得更精确的结果。

3．甲状腺功能异常

甲状腺功能异常多以甲状腺功能衰退为特征，也包括以甲状腺过度活跃导致的狂躁和代谢过快。甲状腺功能衰退往往是由多种原因引起的甲状腺激素合成分泌或生物效应不足所致的，属于内分泌疾病。如果成年人突然感受到思维障碍和行动迟缓，可能是甲状腺功能退化造成的后果。最常见的甲状腺功能异常症状如下：

（1）活力下降　身心疲惫或没有活力。

（2）代谢障碍　代谢速率下降，往往伴随便秘、胀气、消化不良、皮肤毛发干燥和体重增加的症状。

（3）情绪异常　如抑郁、易怒或冷漠等，往往伴随健忘现象。

（4）耐寒力下降　常表现为不耐寒冷，或手脚冰凉、体温持续低于36.5℃等；女性也多发痛经和内分泌紊乱等症状。

（5）肌肉疼痛　多发喉咙疼痛、腰酸背痛或鼻塞等症状。

如果出现2个或2个以上上述症状，可能是由甲状腺不够活跃造成的。长期的应激状态也能使甲状腺功能耗竭，因为压力激素皮质醇可以抑制甲状腺功能。甲状腺的健康主要依赖于膳食中的碘和锌，碘和锌都是海洋食物中富含的营养素，可以一起补充。因为血液检查并不能精确检测出轻微的或亚临床状态的甲状腺功能减退，所以如果症状不严重，也可求助于临床营养师或医生，通过营养素和食物的调节来尝试改善症状。

4．B族维生素缺乏

B族维生素是人体多种重要酶类参与工作的辅助因子（辅酶），能参与到体内各种代谢循环中，所以对于人体调控体重，维护状态的作用也极大。最常见的B族维生素缺乏症症状如下：

（1）情绪异常　多发虚幻感、焦虑、抑郁情绪或者冷漠等异常情绪。

（2）感受异常　包括对疼痛的忍耐力异常、听觉或者视觉不再灵敏等。

（3）皮肤问题　多发皮炎、湿疹或者反复发作的痤疮，有时也会多发脱发。

（4）消化障碍　便秘、胀气或腹泻等。

（5）代谢异常　多有体重增加的趋势，有时伴随口气和体味。

如果出现2个或2个以上上述症状，则应当提高这些营养素的摄入量，服用一段时间的营养素补充剂。由于B族维生素的水溶性特征，某些代谢速率快或喜好运动的人会比其他人需要更多的B族维生素，因此B族维生素的血液检查指标并不精准。可求助于临床营养师或医生，通过营养素和食物的调节来尝试改善症状。

5. 必需脂肪酸缺乏或失衡

被明确定义的人体必需脂肪酸有两类，一类是以α-亚麻酸为母体的n-3系列多不饱和脂肪酸；另一类是以亚油酸为母体的n-6系列不饱和脂肪酸。n-6脂肪酸∶n-3脂肪酸为（4～6）∶1时，能对人体起到较好的保护作用，至少也要达到1∶1。而现在的平均比例更接近1∶20，即n-6脂肪酸占极大优势。所以是多不饱和脂肪酸的总体缺乏，和两种必需脂肪酸的不平衡，造成了很多慢性疾病的发病风险。最常见的必需脂肪酸缺乏或失衡症状如下：

（1）体力下降　多发慢性疲劳或精力衰退等。

（2）皮肤问题　多发皮炎、湿疹、皮肤干燥粗糙、毛发干燥、脱发或头皮屑等。

（3）水液代谢异常　多发的异常口渴、多汗或盗汗等。

（4）学习能力下降　出现狂躁、抑郁、频繁多动、诵读困难或学习困难等现象。

（5）其他症状　更年期综合征、经前期综合征（PMS）、乳房疼痛、哮喘或关节疼痛等。

如果出现2个或2个以上上述症状，则最好去做一个血液检查来确定你的必需脂肪酸状况，从而有利于按需完善。也可求助于临床营养师或医生，通过营养素和食物的调节来尝试改善症状。日常食用新鲜坚果或者每周吃鱼，也有利于强化人体所需的必需脂肪酸。

6. 重金属中毒

重金属原义是指密度大于$4.5\ g/cm^3$的金属，包括金、银、铜、铁、汞、铅、镉等，但就环境污染方面所说的重金属主要是指汞（水银）、镉、铅、铬以及类金属砷等生物毒性显著的重元素。重金属难以被生物降解，相反却能在食物链的生物放大作用下，成千百倍地富集，最后进入人体。重金属在人体内能和蛋白质及酶发生强烈的相互作用，使它们失去活性，也可能在人体的某些器官中累积，造成慢性中毒。

重金属在现代生活环境中普遍存在，虽然自从无铅汽油出现之后，人体内铅含量过高的现象不是很常见了，但是有些人体内的铜含量仍然很高，这主要是来自软水地区的铜质自来水管。铜虽然对人体来说是必需元素，但是当其含量上升到某种程度的时候也会变成毒物。在吸烟者体内常常发现镉的含量很高，因为烟草中含大量的镉元素。补牙材料中含有的汞可以导致记忆力丧失，而烹调用具中的铝与早老性痴呆有关。最常见的重金属中毒症状如下：

（1）情绪异常　多发妄想症、恐惧症、愤怒、焦虑、抑郁或者冷漠等异常情绪。

（2）学习能力下降　出现狂躁、抑郁、思维混乱、频繁多动、诵读困难或学习困难等现象。

（3）疼痛频发　头痛、偏头痛或关节疼痛等。

（4）活力下降　身心疲惫或没有活力等。

（5）肤色异常　肤色晦暗、唇色青紫、指甲青黑或乌紫等。

如果具有2个或2个以上的上述症状，则建议进行头发金属元素的分析，检查体内是否有过量的有毒金属，顺便还能测出一些人体重要营养素（如锌、镁和锰等）的储备状况。

7. 高血同型半胱氨酸

血同型半胱氨酸，简称血同，又名Hcy。血同型半胱氨酸是一种含硫氨基酸，为蛋氨酸和半胱氨酸代谢过程中产生的重要中间产物。正常情况下，血同型半胱氨酸在体内能被分解代谢，浓度维持在较低水平。但在日常生活中由于原发性原因和继发性原因会影响血同型半胱氨酸代谢，导致血同型半胱氨酸浓度升高，即高血同型半胱氨酸，简称高血同。高血同型半胱氨酸会大幅增加冠心病、外周血管疾病及脑血管疾病的发病风险。因此，血同型半胱氨酸是一项重要的人体健康指标。高含量的血同型半胱氨酸液与抑郁症、精神分裂症、记忆力减退和早老性痴呆有强相关性。最常见的高血同型半胱氨酸症状如下：

（1）情绪异常　频发的情绪波动、无特殊原因的抑郁或者暴躁、焦虑等。

（2）慢性疲劳　睡眠障碍、欲望衰退和疲乏无力等。

（3）机能衰退　关节炎、关节痛、头痛、肌肉痛或视力减退等。

（4）家族病史　心脏病家族史、精神分裂症或早老性痴呆家族史等。

（5）刺激物上瘾　如对甜食、咖啡、酒类和香烟的依赖性较强或者停止摄入时有难受的感觉。

如果你符合上述情况的2项或2项以上，则可能处于较高的血同型半胱氨酸水平。实验室检查可见血浆同型半胱氨酸、蛋氨酸含量，若二者增高可初步诊断，也可结合基因检测指标明确诊断结果。解决此问题的方法是提高维生素B_6、维生素B_{12}和叶酸的摄入量，配合摄入适量的n-3脂肪酸。

（三）测定和评价人体营养状况的实验室项目

测定和评价人体营养状况的实验室通常是指体检中心和医院的检验实验室。这些实验室通常会通过收集人体的毛发、尿液、粪便和血液等物质，来测定或判断人体内各种特征指标的数量或活性，如体内胆固醇含量、血同型半胱氨酸水平、激素变化、血细胞数量、维生素和矿物质水平等。

1. 毛发

毛发是由毛球下部毛母质分化而来的，每根毛发都拥有独立的微丝血管。假如有毒素进入血液，毛发也会随物质和毒素代谢而生长，因此越长的毛发可检验的数据越精准。最常用于人体监测的毛发是头发。头发也是检验重金属毒素和微量矿物元素的较好测定物。

2. 尿液

尿液能够作为水溶性维生素耐受性、肌酐含量、激素含量的测定指标。还可作为衡量蛋白质、血糖、维生素、矿物质（钙、铁、锌）、骨状况等代谢水平的实验指标。由于食物和人类身体状况对尿液成分影响很大，故任意尿、晨尿、餐后尿、白昼尿和夜间尿、累积尿（3h或24h）平均样本、负荷尿等，所含的需测物质水平差异也会很大，需遵医嘱取测。

3. 粪便

通过粪便，能检测出胃肠等消化道状态和肝胆胰等消化腺功能，肠道内有害菌和益生菌的综合情况，寄生虫、内出血、肿瘤等疾病情况，还能通过氮平衡法推测人体蛋白质状况，对于人体矿物质调控也有重要意义。需要注意的是，很多保健品的营养成分含量较高，对于粪便检测结果的真实性有干扰作用。

4. 血液

通过血液，可检测的项目包括血色素及各种血液成分，能检测出和心脑血管疾病息息相关的血糖、血脂、血胆固醇、血同型半胱氨酸等多项指标，还有助于判断贫血、白血病、早孕、癌症等多种疾病的发生概率。血液富含蛋白质，易被空气中的氧气、杂质、微生物所污染，因此离体后一定要尽快检测。因为早晨空腹或者禁食禁水6h以上的检测结果相对较准，所以体检时一定要最先去验血。

二、损容性疾病的营养治疗

（一）损容性疾病

狭义的损容性疾病是指长在面部或者是出现在皮肤表面的影响容貌外观的色斑、痤疮、皮炎等皮肤疾病。广义上来看，由其他疾病引起损毁容貌和影响状态的疾病都可以称为损容性疾病。影响人体精神状态和身体状态的毛发、皮肤、内脏、骨骼、精神类疾病等都可以算作损容性疾病。很多急慢性疾病都会在人体表现出损害美态的病征，也都是阻碍人体呈现出最佳状态的深层次原因。例如，肾病引发的浮肿和晦暗肤色；伴随软骨病出现的变形骨骼；失眠引发的暴躁易怒等。一些过敏和中毒的异常状态也会通过机体表达出来，如铅中毒引发的多动症、食物过敏引发的紫癜等。如果能够趁这些疾病和不良症状发生之前或者不严重之时，通过调节饮食、调整作息和调控环境等行为干预就能够降低很多不良状态的发生风险。

（二）营养治疗

营养治疗是现代临床医学综合疗法中不可缺少的组成部分。适当的营养辅助治疗对于导致损害人体容貌和状态的营养缺乏症、营养过剩症和慢性疾病，以及一些和食物相关的过敏症均有疗效。

1. 营养缺乏症

由于营养代谢的负平衡，机体内缺少一种或一种以上的营养素时，首先表现为体内组织营养素含量减少或浓度下降，继而发生化学变化和功能改变，就会导致营养缺乏症。营养缺乏症的类型可大致分为两种，包括由膳食中的营养素不足造成的原发性营养缺乏症和由疾病导致的继发性营养缺乏症。后者的发病原因较多，涉及机体对营养素的摄取、消化、吸收和利用障碍，机体对营养素的需要量增加，机体排泄营养素增多，体内营养素分解加剧等。尤其是机体处于生长发育、妊娠、哺乳和疾病状态等，对营养素的需求增加之时，更易造成营养不良。

当前比较常见的营养缺乏症主要有蛋白质能量营养不良、缺铁性贫血、单纯性甲状腺肿、钙缺乏症、锌缺乏症、干眼病、佝偻病、脚气病、B族维生素缺乏症、维生素A缺乏症、维生素C缺乏症、巨幼细胞性贫血等。

针对营养缺乏症采取的对策为按需补足。

2. 营养过剩症

营养过剩，机体摄取的营养素超过了本身的需要，多余部分在体内蓄积并引起病理状态。当前，营养过剩造成的疾病主要包括摄入的能量超过机体需要形成的肥胖症，摄取过量脂肪和糖类引起的高脂蛋白血症和高甘油三酯血症。另外，由于土壤、水和农作物中硒元素含量过高引起的硒中毒症，水中氟元素过高造成的氟中毒症等，一般认为虽然也是营养素摄入过多引起的，但不被列入营养过剩症的范畴。

针对营养过剩症采取的对策为相应减少富含人体中过剩营养素的食物来源，并增加某些调节型营养素的供给量。

3. 慢性疾病

慢性疾病是指不构成传染、具有长期积累形成疾病形态损害的疾病的总称。常见的慢性疾病主要有心脑血管疾病、癌症、糖尿病、慢性呼吸系统疾病，其中心脑血管疾病包含高血压、脑卒中和冠心病。绝大多数慢性疾病的发病原因取决于个人的生活方式，此外也与遗传、医疗条件、社会条件和气候等因素有关。在生活方式中，营养素失衡、运动不足和烟酒过度是慢性疾病的最常见危险因素。

针对慢性疾病采取的对策为调节相应营养素、增强运动和改善生活习惯。

4. 过敏症

过敏症是临床免疫学方面最紧急的事件，现在描述为一组包括免疫或非免疫机制、常常是突发的、涉及多个靶器官的严重临床症状，是具有多种诱发物、致病机制不尽相同的临床综合征。任何食物都可能诱发过敏症，但最常引起过敏症的是牛乳、蛋清、花生和其他豆科植物、坚果等少数几种食物；药物中以一些抗生素、阿司匹林和非类固醇类抗炎药等引发的过敏症最常见。

针对过敏症采取的对策为避免接触过敏原、增强体质。

第三章

各类食物的营养价值与食疗功效

学习目标

  1. 了解食物分类的用途，掌握动植物性食物的营养素差异。

  2. 熟悉各类食物的营养价值与食疗功效。

第一节　食材与食物分类

一、食材的定义

食材是指用于加工各种食物所需的原材料，包括各类可食性动物、植物、微生物，以及各种调料。不同地域的人们所吃食物来源的差异很大，这往往和自然环境状态、资源匮乏程度、生产力发展水平等因素有关。

二、食物分类的方法

人类对种类多样、口味各异、来源不同的食物予以分类，来应对食物加工和流通中不同的需求和目的。

（一）按食物营养特征分类

1. 三群分类法

三群是指支持热能、成长、健康的三类食物，对应颜色分别为黄色、红色、绿色，也叫三色分类法。黄色代表提供热能的食材，也叫热能源，包括粮谷类、薯类、糖类、坚果类、油脂类等；红色代表成长所需的营养素，也叫成长源，包括富含蛋白质的和矿物质的乳酪、蛋类、肉类等；绿色代表富含维生素、矿物质和有益于健康的特殊活性物质和增进免疫、预防疾病的食物，也叫健康源，包括色彩鲜艳的水果、蔬菜、海藻之类。这种分类方法通俗易懂，但常出现不严谨的颜色建议。

2. 四群分类法

四群包括粮谷类、果蔬类、动物和坚果类、糖和脂肪等能源类，共四大类别。因为这种分类方法的营养素倾向性比较混乱，所以虽然简单，但应用较少。

3. 五群分类法

五群即主食类、蔬果类、禽畜肉蛋及海鲜类、豆类乳制品和坚果类、油盐调料类。这种分类方法的食材类别和营养素倾向性较为清晰，也是目前中国居民膳食指南对应平衡膳食宝塔所示的膳食结构类型，可参见附录一。

（二）按来源分类

1. 按来源的动植物属性分类

植物性食物，是将植物性食物与常见大型食用真菌类和菌藻类归纳到一起的统称；动物性食物，是指各类水陆动物及其副产品的统称。

2. 按来源的生产方式分类

农产品，包括农业种植出的谷类、豆类、薯类、蔬菜类、水果类和食用菌类；畜产品，包括放牧养殖得来的畜禽肉类，相应副产品乳类、蛋类及蜜蜂类产品等；林产品，包括林区的野果、野菜、蘑菇、坚果等；水产品，包括鱼贝类、虾蟹以及藻类；其他，如水、调料、食物添加剂等。

（三）按食物营养素倾向性分类

《食物成分表》将常见食物按营养素倾向性分20类，其数据庞大、分类细致、营养素情况也较全面，是各类营养学研究的基础。部分《食物成分表》可参见附录五。

（四）其他分类方式

其他常见食物分类方式包括按需求目的、按烹饪习惯和按中医四气五味分类等，需要依据具体应用情况来理性应用。

三、食物分类的作用

（一）合理替换

食物分类最重要的作用，是有利于食物的储存加工和搭配利用。其原因在于，类似食物的利用价值相似且储存加工条件类似。例如，当了解了虾含有丰富的矿物质，有利于补钙后，在食物搭配中就可以选用蟹和虾互换。不同家庭饮食习惯各不相同，对食物选择的标准也不同。所以了解一些食物的营养价值之后，通过食物分类，就可以省心省力、节约时间地搭配出符合人体需求的饮食模块。

（二）远近安危

抛去产地和环境的因素外，大多数食物可依照与人类的基因类型相似与否，来判断其滋补作用与安全程度。

人类身体所需的蛋白质结构与动物性来源的蛋白质结构更接近。所以适量吃肉，有助于提升滋补效率。植物类、大型真菌类和人类亲缘关系相对较远，其细胞结构、器官组织的构成形态、运作方式，都和人类的差异很大。也就是说，如果只吃这些素食，且在不注意食材和营养素搭配的情况下，使人体能达成最优修复和最好调节的可能性并不大。

对人体免疫功能而言，越不常接触特殊活性成分或微生物，引发人体过度反应的可能性越高，这也是发生过敏症的常见原因之一。

四、动植物性食物的营养价值

（一）植物性食物的营养价值

植物性食物是指以植物的种子、果实或组织部分为原料，直接或加工以后为人类提供能量或物质来源的食物。主要包括谷物、薯类、蔬菜、水果、豆类及其制品，也包括嗜好类的茶叶、咖啡粮谷，还有草药和香料等，有时也将大型真菌类的蘑菇和一些藻类算在其中。这些非动物来源的食物给人类提供了成千上万种主食和辅食的搭配选择。一般来说，深色、滋味强烈、香味浓郁的天然植物性食物，比浅色、滋味平淡、香味轻微的同类食物所含有的维生素、多酚类和黄酮类等抗氧化物质更多。部分植物性食物可能含有有毒的活性蛋白质、生物碱类、植酸盐或草酸盐等抗营养物质，有时还存在让人反感的风味化学物质。

植物性食物不但能够补充营养，还能够通过培育稳定收获，因此人类不仅通过鉴别选择无毒、味美的植物作为蔬菜和水果的选用和培育，还会尝试低毒、怪味的植物性食物，拓展食物范畴。

（二）动物性食物的营养价值

动物性食物是指各种来源于动物的食物，包括畜禽肉、蛋类、水产品、乳类及其制品等，主要给人体提供丰富的优质蛋白质、脂肪、矿物质、维生素A和B族维生素，其中包含了很多植物性食物所缺乏的关键营养素，比如维生素B_{12}、锌、铁、二十二碳六烯酸（DHA）等。除乳类因为含水量高而导致蛋白质含量较低外，其他四类食物的蛋白质含量都在10%以上，与食材含水比例有关，部分含水量低的肉类蛋白质比例可达到20%左右，牛肉干的蛋白质比例能达到35%。畜禽肉、鱼、蛋类和乳类中蛋白质的氨基酸组成基本相同，不但含有人体8种必需氨基酸，而且含量比较充足，比例也接近人体的需要。但也正是由于动物性食物和人类器官组织的氨基酸模式类似，有毒、有病、有害的动物性食物对人体的潜在危害风险也远大于植物性食物。二噁英毒鸡、疯牛病、口蹄疫和严重急性呼吸综合征（SARS）等来源于动物的恶性事件对全球经济和人类健康都造了巨大损害。除此之外，动物性食物可能含有的瘦肉精、农兽药、重金属、抗生素、激素和非法添加剂等不利成分，也会增加损害人体健康和美态的风险。

若按养殖方式分类，常见的动物性食物可大致分为集中化养殖型、家庭散养型和野生型。其中最为香嫩弹润的美味类型要数家庭散养型动物了。因为集中化养殖型出栏期要尽可能短，动物肉中积累的鲜味氨基酸不足，而野生动物因为运动量较大、环境条件更苛刻所以往往比较瘦柴，并不可口，也由于野生动物所携带的病菌、病毒较多，存在鼠疫、霍乱等多种严重传染病的隐患，故国家法律规定严禁买卖野生动物。

（三）动植物性食物的营养素差异

动植物的生理结构差异很大，其所含的营养素种类和数量差异悬殊。一般来说，动物性食材所含的大多数营养素的数量和比例，更符合人体需要，很多植物来源的营养素的人体利用率都低于动物来源的同种营养素。因此，很多不注重营养素搭配的素食者会出现脱发、乏力、湿疹，甚至闭经、干燥综合征等严重健康损害，往往还伴随偏执和暴躁等不良状态；人们对动物性食物的过度抵制，对婴幼儿身体发育和智力发育也带来隐患。因为很多植物中的营养素，能被人体利用的程度太低了，远不能满足身体需要。例如，菠菜中钙的生物利用率低于6%，而牛乳中钙的生物利用率约为30%，其他动物来源的有机钙的生物利用率也能达到20%。此外，合理搭配动植物来源的营养素，也能提高多种营养素的吸收效率。又如，富含维生素C的食物和新鲜肉类可以提高人体对铁元素的利用率，脂肪则有助于人体对维生素A、维生素D和维生素E的吸收。

1. 动植物性食物的维生素差异

（1）维生素A　人体对动物性食物中维生素A的利用率，远高于植物性食物；植物性食物中不含维生素A，需在人体内转化为维生素A。

（2）B族维生素　动植物性食物都是B族维生素的丰富来源。但一些植物性食物中的B族维生素形态不易被人体吸收利用，需要多种不同来源的植物性食物配合食用，才能降低缺乏症风险。另外，维生素B_{12}仅存在于动物性食物中。维生素B_{12}对制造DNA、RNA和血细胞都至关重要，而缺乏维生素B_{12}会导致疲劳和虚弱，甚至破坏神经系统——增加抑郁症、记忆力差或狂躁症等精神问题的发病风险。

（3）维生素C　植物性食物是维生素C的主要来源；动物性食物的内脏和脑组织中，含有一定量的维生素C。

（4）维生素D　人体所需要的维生素D的主要来源为：日照条件下自身转化的维生素

D_3、动物性食物来源的维生素D_3和植物性食物来源的维生素D_2。其中来源于动物性食物的维生素D_3广泛存在于动物内脏、瘦肉、骨骼和蛋黄等部位中；而植物性食物来源的维生素D_2的来源相对较少，仅菌藻类的含量相对丰富。

（5）维生素E　植物种子含有较高浓度的维生素E，这是因为植物种子需要额外的保护，以免不饱和脂肪酸被过分氧化。肉类中的维生素E含量可能仅为植物种子维生素E含量的百分之几。

（6）维生素K　动植物性食物都有维生素K_1，但是，植物性食物没有对人类生命至关重要的K_2。维生素K_2也有多种形式，但人体需要最基本的是MK-4（维生素K_2活性体），它仅存在于动物性食物中，人体也可以将一些维生素K_1转化为MK-4，但通常并不能满足需求。

2. 动植物性食物的矿物质差异

就矿物质而言，虽说动植物性食物都含有所有人体必需的矿物质，但这些矿物质的生物利用率却存在明显差异，主要原因包括：

（1）矿物质形式可能存在不同　以铁为例，动物性食物和植物性食物都含铁元素，但植物性食物含有的是非血红素铁，其人体利用率是动物性食物所含血红素铁利用率的四分之一左右。

（2）植物性食物中的"抗营养素"会抑制人体对多种矿物质的吸收　植物性食物含有丰富的"抗营养素"，包含植酸、草酸、植物凝集素、单宁酸等等，会不同程度干扰人体对矿物质的吸收。以植酸为例，谷物、豆类、坚果等都含有一定的植酸，会影响人体对钙、铁、镁、锌等矿物质的吸收。例如，把黑豆和富含锌的牡蛎同时食用，人体吸收的锌将会比单独食用牡蛎时少一半。另外，素食者一定要格外注意选用草酸含量低的蔬菜来加工菜汁，千万不要选择菠菜、芹菜、韭菜等高草酸蔬菜。因为草酸盐能极大增加肾结石的发生风险，还有可能增加肠黏膜疾病的发病概率。

3. 动植物性食物的宏量营养素差异

（1）蛋白质　动物来源的蛋白质，如鸡肉、鸡蛋、乳制品和海鲜，往往含有全部8种人体必需氨基酸，属于完整的蛋白质来源，而大多数植物性食物所含的蛋白质以不完全蛋白质为主，且所占比例也较低。

（2）脂肪　就n-3脂肪酸和n-6脂肪酸两种必需脂肪酸而言，n-3脂肪酸有消炎消除病症的作用，相反，n-6脂肪酸有致炎引起警示的效果，在数量合理情况下，这两者的摄入比例为1：1，对人体的保护作用最好。但动物脂肪和植物脂肪也有较大差异，n-3系列的高级形式，如二十碳五烯酸（EPA）和DHA，是大部分植物中不存在的构型；大多数植物油脂，比如大豆油、菜籽油、玉米油等，n-6脂肪酸比例也较大。假如食物组成中，缺乏鱼类，而豆油、菜籽油、玉米油比例失衡，就会增加湿疹、痤疮、肠胃炎症的发生风险。

（3）糖类　动物性食物所含的天然糖类很少，而植物性食物往往富含糖类。长期频繁吃高糖类，就会加重胰岛素负担，最终可能带来各种代谢类疾病，包括糖尿病、高血压等等。糖类过量还会影响微量元素的吸收，例如葡萄糖和维生素C的分子结构类似，它们会在体内相互竞争；果糖会干扰维生素D从非活性状态向活性状态的转化等。

| 拓展阅读 | 抗营养素

抗营养素是指食物或药物中存在的对抗人体吸收营养元素的成分。抗营养素干扰营养素的方式包括：减少有效成分吸收、降低营养成分质量、抑制营养成分发挥作用、导致营养成分流失等。最常见的抗营养素大多来自植物类，包括植酸、单宁酸、植物凝集素、谷醇溶蛋白和蛋白酶抑制剂、草酸等。过量的抗营养素会导致严重的人体健康问题，比如导致营养吸收不良、视网膜磨损、结石、肠漏和自体免疫性疾病等。这些危害和症状，多数集中在以谷物、豆类为基础饮食，以及偏好素食和纯素食的人群中。

第二节　谷类的营养价值与食疗功效

一、谷类的营养价值

谷类是人体能量的主要来源，主要包括小麦、大米、高粱、小米、燕麦等。在我国人民的饮食中，约75%的能量和50%左右的蛋白质来自谷类。全谷类食物可以提供较多种类的营养素，包括较多的淀粉、部分蛋白质、少量脂肪以及含量差异较大膳食纤维、维生素和矿物质等。少数有颜色的谷物含花青素和胡萝卜素，可在人体转化成维生素A，用于保护视力和促进代谢。但谷物在各种加工过程中的磨损，均会损耗很多B族维生素和矿物质。谷类食材含有的化学防御物质相对较少，易发霉变质。

各种谷粒的结构基本相似，都是由谷皮、糊粉层、胚乳和谷胚四部分组成。谷皮主要含有纤维素和半纤维素，也含有较多的B族维生素和矿物质；糊粉层含有较多的蛋白质和B族维生素，但在碾磨加工时会大量损耗；胚乳则含有大量的淀粉、较多的蛋白质以及少量的脂肪和矿物质；谷胚含有丰富的蛋白质、脂肪、维生素和矿物质。

二、部分谷类的食疗功效

1. 薏米（别名：薏仁、薏苡仁）

【性】微寒。

【味】甘、淡。

【归经】脾、肺、胃。

【功效】健脾利水除痹、清热排脓除湿热。

【适宜】各种关节炎、脚气病、扁平疣、寻常性赘疣、传染性软疣、粉刺。

【禁忌】瘦弱者、经期女性、孕妇。

【特点】薏米是药食两用利湿之佳品，对慢性肠炎、消化不良等病症也有效果。薏米能增强肾功能，并有清热利尿作用，因此对浮肿病和由病毒感染引起的赘疣也有辅助疗效。

2. 黑米（别名：紫米）

【性】平。

【味】甘。

【归经】脾、胃。

【功效】开胃益中、健脾活血、明目。

【适宜】产后血虚、病后体虚、贫血、肾虚、年少须发早白者。

【禁忌】脾胃虚弱者。

【特点】被誉为"补血米""长寿米"。

【描述】黑米中的黄酮类和多酚类化合物能维持血管正常渗透压，减轻血管脆性，防止血管破裂和止血；黑米还有助于改善心肌营养、降低心肌耗氧量、降低血压；黑米含蛋白质、脂肪、糖类、B族维生素、维生素E、钙、磷、钾、镁、铁、锌等营养素，有助于增强免疫力。

3. 大麦（别名：元麦、饭麦）

【性】凉。

【味】甘、咸。

【归经】脾、胃。

【功效】益气宽中、消渴除热、平胃止渴、滋补虚劳、强脉益肤、充实五脏、消化谷食、止泻、宽肠利水。

【适宜】小便淋痛、消化不良、饱闷腹胀等。

【禁忌】无。

【特点】大麦是一种平和滋润的主食，大麦苗也是一种常见的维生素和膳食纤维营养补充剂，有很好的保健功能；大麦芽是产后女性常用的回乳用品（用量过小或萌芽过短者，均会影响效果）。

4. 小麦（别名：白麦）

【性】凉。

【味】甘。

【归经】心、脾、肾。

【功效】养心除烦、健脾益肾、除热止渴。

【适宜】脚气病、末梢神经炎、产妇回乳、自汗、盗汗。

【禁忌】糖尿病患者。

【特点】药用价值较高。进食全麦可以降低血液循环中雌激素的含量，能缓解更年期综合征。浮小麦是小麦干燥轻浮瘪瘦的果实，性味甘、凉，入心经，有益气除热，养心生津，止虚汗、盗汗，除骨蒸清虚热的作用，可治疗虚热多汗、盗汗、口干舌燥、心烦失眠。

第三节　薯类的营养价值与食疗功效

一、薯类的营养价值

薯类食材是富含淀粉的植物根茎，主要包括山药、红薯、土豆、芋头等，是重要的粮食、蔬菜兼用作物，其中土豆被我国认定为第四大主粮。薯类淀粉含量低于谷类，但含有更多果胶类膳食纤维、黏多糖以及B族维生素，有的还含有胡萝卜素和维生素C。对于需要控制淀粉摄入量的人群来说，也是较好的主食替代品。

二、部分薯类的食疗功效

1. 山药（别名：淮山药、山芋）

【性】平。

【味】甘。

【归经】脾、肺、肾。

【功效】健脾补肺、益胃补肾、固肾益精。

【适宜】脾胃虚弱、倦怠无力、食欲不振、久泻久痢、肺气虚燥、痰喘咳嗽、肾气亏耗、腰膝酸软、糖尿病、消渴尿频。

【禁忌】便秘者。

【特点】山药含有淀粉酶、多酚氧化酶等物质，有利于脾胃消化吸收功能，是一味平补脾胃的药食两用之品。无论脾阳虚或胃阴虚，皆可食用，有强健机体、滋肾益精的作用，但凡肾虚遗精，妇女白带多、小便频数等症，皆可服之。山药含有皂苷、黏液质，有滋润的作用，故可益肺气、养肺阴，治疗肺虚痰嗽久咳之症。山药含有大量的黏液蛋白、维生素及微量元素，能有效阻止血脂在血管壁的沉淀。近年研究发现山药具有促进血糖运转的作用，可预防糖尿病和抗肝昏迷。

2. 红薯（别名：白薯、番薯、地瓜）

【性】平。

【味】甘。

【归经】脾、胃、大肠。

【功效】补脾益胃、通便、益气生津、润肺滑肠。

【适宜】脾胃气虚、营养不良、产妇、便秘、慢性肝肾病、癌症、夜盲症。

【禁忌】胃溃疡患者、胃酸过多者、糖尿病患者。

【特点】红薯含有大量的糖类、蛋白质、脂肪和各种维生素及矿物质，能有效地被人体所吸收，防治营养不良症，且能补中益气，对中焦脾胃亏虚、小儿疳积等病症有益；红薯含的大量黏液蛋白，能够防止肝脏和肾脏结缔组织萎缩，保持血管壁的弹性；红薯中的绿原酸，可抑制黑色素的产生，抑制肌肤老化，预防雀斑和老年斑的产生。但烂白薯的黑斑病毒很难热解，能导致人体中毒。

3. 土豆（别名：马铃薯、洋芋）

【性】平。

【味】甘。

【归经】胃、大肠。

【功效】益气健脾、调中和胃。

【适宜】脾胃气虚、营养不良。

【禁忌】勿食发芽、变绿或紫的土豆。

【特点】土豆含有大量淀粉以及蛋白质、B族维生素、维生素C等，能促进脾胃的消化功能；土豆能供给人体大量有特殊保护作用的黏液蛋白，能促持消化道、呼吸道以及关节腔、浆膜腔的润滑，预防心血管系统的脂肪沉积，保持血管的弹性，有利于预防动脉粥样硬化的发生；土豆含有丰富的维生素及钙、钾等微量元素，且易于消化吸收，营养丰富，有利于高血压和肾炎水肿患者的康复。表皮发绿、生芽的土豆含有高剂量的龙葵素，被人体摄入后会有溶血及麻痹呼吸中枢的毒性。

4. 芋头（别名：芋艿、毛芋）

【性】平。

【味】辛、甘、咸。

【归经】小肠、胃。

【功效】益胃、宽肠、通便、解毒、化痰。

【适宜】老年人、乳腺增生患者、习惯性便秘患者。

【禁忌】糖尿病患者；不能生食、不宜多食。

【特点】芋头中富含蛋白质、钙、磷、铁、钾、镁、钠、胡萝卜素、烟酸、维生素C、B族维生素和皂苷等多种成分。芋头所含的矿物质中，氟的含量较高，具有洁齿防龋、保护牙齿的作用；芋头含有一种黏液蛋白，被人体吸收后能产生免疫球蛋白，或称抗体球蛋白，可提高机体的抵抗力。故中医认为芋头能解毒，对人体的痈肿毒痛包括癌毒有抑制消解作用。

━━ 第四节　蔬菜的营养价值与食疗功效 ━━

蔬菜类是指可以烹饪成为食物的植物和一些可食性菌类、藻类。其中植物类蔬菜可按植物的六大器官根、茎、叶、花、果、种子来简单分类，因为类似部位积累的营养素情况有一定共性；菌类和藻类由于其特殊的生长环境，口感和营养成分各具特性。蔬菜能为人体提供大量的膳食纤维和维生素。此外，蔬菜中还有多种多样的植物化学物质，是人们公认的对健康有效的成分，可以有效预防慢性和退行性病变。但对于一些含有抗营养素成分的蔬菜，需要合理的加工手段才能降低危害。

一、根菜和茎菜的营养价值与食疗功效

（一）根菜和茎菜的营养价值

根茎类蔬菜是指以根或茎为主要食用部位的植物，如莲藕、菊芋、姜、洋葱、荸荠、萝

卜等，其特征是根茎膨大。这类蔬菜往往能储存较多的各种营养素，但不同品种差异很大。根茎菜最常含有的抗营养素为植酸，主要存在于植物根茎和种子胚芽中。植酸是一种强酸，能螯合多种金属离子，并影响其吸收利用。这种功能可以理解为影响有益的金属元素钙、铁、锌等在体内的正常运转，也可以阻碍铅、汞等毒性重金属在体内的肆意伤害。大量的植酸还能降低酶的活性，影响蛋白质的分解利用。但摄入少量植酸时，其在人体内水解的产物为肌醇和磷脂，有较好的抗氧化、防衰老的美容保健作用。

（二）部分根菜和茎菜的食疗功效

1. 胡萝卜

【性】平。

【味】甘。

【归经】脾、肺。

【功效】健脾消食、润肠通便、明目、行气化滞。

【适宜】糖尿病、癌症、高血压、夜盲症、干眼症、营养不良、食欲不振、皮肤粗糙。

【禁忌】橘子病患者。

【特点】胡萝卜含有大量胡萝卜素，胡萝卜素转变成维生素A，有助于增强机体的免疫功能，在预防上皮细胞癌变的过程中起着重要作用，也有补肝明目的作用，有助于防治夜盲症；其所含的某些成分，如槲皮素、山奈酚能增加冠状动脉血流量、降低血脂、促进肾上腺素的合成，还有降压、强心作用，是高血压、冠心病患者的食疗佳品。过多食用胡萝卜会引起黄皮病，全身皮肤黄染与胡萝卜素有关，停食一段时间后会自行消退。

2. 白萝卜（别名：莱菔）

【性】凉。

【味】辛、甘。

【归经】肺、胃、大肠。

【功效】清热生津、凉血止血、消食化滞。

【适宜】胆结石、泌尿系结石、高血压、高血脂、动脉硬化、脂溢性脱发和皮炎、肠炎、便秘、气管炎。

【禁忌】脾胃虚寒、体质虚弱者。

【特点】萝卜中的芥子油能促进胃肠蠕动、增加食欲和增强免疫力。

3. 莲藕（别名：七孔菜、藕丝菜）

【性】寒。

【味】甘。

【归经】心、脾、胃。

【功效】清热、生津、凉血、散瘀、补脾、开胃。

【适宜】营养不良、食欲不振、贫血、高热、吐血、尿血、高血压、糖尿病、便秘。

【禁忌】脾胃虚寒者、经期女性、痛经女性。

【特点】莲藕味甘多液、清香独特，有益于胃纳不佳、食欲缺乏者，对热病口渴、衄血、咯血、下血者尤为有益；莲藕中含有黏液蛋白和膳食纤维，能与人体内胆酸盐，食物中的胆固醇及甘油三酯结合，使其从粪便中排出，从而减少脂类的吸收。化工污染的水域长出的莲藕带刺鼻气味，不可食用。

4. 竹笋

【性】微寒。

【味】甘。

【归经】肺、胃。

【功效】滋阴凉血、和中润肠、清热化痰。

【适宜】肥胖、习惯性便秘、动脉硬化、冠心病、癌症、浮肿、腹水、小便不利、风热感冒、肺热咳嗽、咳黄痰。

【禁忌】胃溃疡、胃出血、肾炎、肝硬化、肠炎患者。

【特点】竹笋所含的特殊清香含氮物，构成了竹笋独有的气味，它具有增强食欲、促进消化的作用；竹笋低糖、低脂、富含膳食纤维，可降低体内多余脂肪，辅助治疗高血压、高血脂、高血糖症，且对消化道癌肿及乳腺癌有一定的预防作用；竹笋中矿物质元素的含量均很高，有助于增强机体的免疫功能。

二、花菜和叶菜的营养价值与食疗功效

（一）花菜和叶菜的营养价值

花叶蔬菜是指以花或者叶为主要食用部位的植物。大多数花叶菜类无毒，既适合生食凉拌，也适合轻度热加工。少数花叶菜类由于有一定毒性而不适合鲜食或生食，这类蔬菜被重度热加工时，对维生素破坏太严重，相当于浪费。储藏过久的花叶菜类和其剩菜所含的硝酸盐成分会随时间流逝而被氧化成亚硝酸盐物质，能影响人体红细胞携带氧气的能力。冰箱能降低温度，减缓变化的速度，但花叶菜类依然不适合久储。一般生鲜花叶菜的冷藏期为7～10天，熟制花叶菜的冷藏期在2天以内较为安全。

花菜包括最常见的花椰菜等，可食用花类还包括南瓜花、薰衣草、紫罗兰、茉莉花、月季花、栀子花、桂花、菊花、荷花等。但由于品种繁多、种植环境和条件各异，不熟悉的花类，切不可盲目尝试食用。目前已知有毒的花类包括大部分的杜鹃花、铃兰、水仙花、夹竹桃、牵牛花。市售的鲜黄花菜也有小毒，需要热加工或水浸泡降低毒素水平才能食用。

市场常见的叶菜包括甘蓝家族的甘蓝类（大头菜、卷心菜）、白菜类（大小白菜、娃娃菜）、油菜类、芥菜类等；莴苣家族的叶用类生菜、莜麦菜、苦苣等。草酸是叶菜中含量较多的抗营养素，尤其是菠菜、苋菜、厚皮菜、茶叶的含量为多，它能伤害皮肤黏膜和刺激呼吸道，成人口服5g就能引发黏膜溃疡、腹泻、疼痛，也有致死风险。草酸也是一类金属螯合剂，类似植酸。草酸能结合体内钙质形成草酸钙结晶，增加结石的发生风险。漂烫后捞出和与矿物质丰富的食材同煮，都是去除大量草酸的常见策略。前者过程中可能损失食材中的一些水溶性维生素；后者直接生成草酸钙排出体外，但会造成食材中矿物质的损失。

（二）部分花菜和叶菜的食疗功效

1. 紫甘蓝（别名：赤甘蓝、紫圆白）

【性】平。

【味】甘。

【归经】脾、胃。

【功效】补骨髓、润脏腑、益心力、壮筋骨。

【适宜】睡眠不佳、多梦易睡、耳目不聪、关节屈伸不利、胃脘疼痛、动脉硬化、胆结石、肥胖。

【禁忌】脾胃虚寒、泄泻者。

【特点】紫甘蓝含有较多的花青素苷，比普通甘蓝的营养性和抗氧化性更好。但由于经济价值较高，往往也会应用更多农药和保鲜剂。

2. 小白菜（别名：青菜、菘菜）

【性】平。

【味】甘。

【归经】肺。

【功效】清热解烦、利尿、解毒。

【适宜】慢性习惯性便秘、咽炎、腹胀、火大引起的牙龈肿胀。

【禁忌】脾胃虚弱、痛经者。

【特点】小白菜为含维生素和矿物质很丰富的蔬菜之一，为保证身体的生理需要提供物质条件，有助于增强机体免疫力；小白菜中含有大量胡萝卜素，比豆类、番茄、瓜类的胡萝卜素含量都多，并且还有丰富的维生素C，进入人体后，可促进皮肤细胞代谢，防止皮肤粗糙及色素沉着。

3. 花椰菜（别名：菜花、花菜）

【性】平。

【味】甘。

【归经】脾、肾、胃。

【功效】补肾填精、健脑壮骨、补脾和胃。

【适宜】癌症、肥胖、消化不良、食欲不振、大便干结。

【禁忌】凝血功能异常者。

【特点】花椰菜含维生素C较多，是大白菜的4倍、西红柿的8倍、芹菜的15倍，且富含硒和胡萝卜素，具有很强的抗氧化和美容保健功效；花椰菜内还含有多种能调控人体异常的雌激素水平的吲哚衍生物，能预防很多相关疾病。

4. 菠菜

【性】凉。

【味】甘。

【归经】胃、大肠。

【功效】利五脏、助消化、活血脉。

【适宜】皮肤粗糙、视疲劳、高血压、糖尿病、痔疮。

【禁忌】骨折、肾炎患者，脾胃虚弱者。

【特点】菠菜中所含的胡萝卜素，可在人体内转变成维生素A，维生素A能促进儿童生长发育、视力发育，也能缓解成年人视力疲劳和皮炎痤疮；菠菜草酸含量很高，非常不适合生食和榨汁，凉拌前也需要用沸水漂烫。

三、果菜和种菜的营养价值与食疗功效

（一）果菜和种菜的营养价值

果菜和种菜，是以果实及种子为主要食用部位的植物，包括常见的茄科、瓜科以及一些幼嫩的植物种子。大多数常见果菜类无毒，因为富含膳食纤维，所以肉质软嫩厚实，饱腹感效果很好；而大多数种子类虽然富含营养素，但也会含有一定抗性物质，所以并不适合鲜食或生食。果菜和种菜的营养价值很高，富含各种能维护健康、延缓衰老的营养成分，如蛋白质、必需脂肪酸、维生素和矿物质等。

茄科蔬菜原始种会含有苦味的生物碱毒素。目前人类所食用的番茄、茄子、辣椒是历经多代选育培植出的低毒素、高营养素品种。但土豆发芽时产生的茄碱（龙葵素）数量也能导致人体神经麻痹或死亡。

瓜类蔬菜是指葫芦科的黄瓜、冬瓜、苦瓜、角瓜、丝瓜、佛手瓜之类。绝大多数常见瓜类食材的种子无毒，且富含维生素E和矿物质，具备很好的美容保健功效。

豆类蔬菜是指豆科植物的可食性荚果，矿物质和微量元素钙、磷、铁都很丰富，维生素以B族维生素为最多。其中大豆含有比其他果蔬更丰富的蛋白质，是素食者不可忽视的较好的蛋白质来源。大豆所含油脂的不饱和脂肪酸高达85%，其中亚油酸50%以上。此外，含磷脂约1.64%，是天然优质食用油。豆制品含有安全性较高的类雌激素物质——异黄酮素。这种植物雌激素在安全剂量下，对人体有延缓衰老、滋养皮肤、促钙吸收和排毒活血等养生功效。但也有研究认为，乳腺疾病患者和男性，长期大量食用大豆会造成激素失调。豆类特有的寡糖形式被称为大豆低聚糖，能帮助肠道益生菌增殖，其副作用为产气和异味。豆类含有的植物固醇——皂苷类，有很好的抗氧化作用，还能调控胆固醇吸收利用，对于心脑血管慢性疾病有一定预防功效。但是大多数豆类和其他种子一样，都或多或少具有一些毒蛋白，包括红细胞凝集素、胰蛋白酶抑制剂、致甲状腺肿素、苷类、植酸、生物碱等，一定要煮熟将毒蛋白灭活方可食用。

（二）部分果菜和种菜的食疗功效

1. 西红柿（别名：番茄、洋茄）

【性】微寒。

【味】甘、酸。

【归经】肝、肺、胃。

【功效】清热解毒、凉血平肝、生津止渴。

【适宜】糖尿病、牙龈出血、癌症、高血压、心脏病、肾病、肝炎。

【禁忌】胃寒、痛经者。

【特点】西红柿含有番茄红素，具有独特的抗氧化能力，能清除自由基，保护细胞，使脱氧核糖核酸及基因免遭破坏，能阻止癌变进程。西红柿中的维生素C很丰富；经常发生牙龈出血或皮下出血的患者，吃西红柿有助于改善症状。

2. 辣椒

【性】热。

【味】辛。

【归经】心、脾。

【功效】温中散寒、开胃消食。

【适宜】寒性胃痛、食欲不振、痢疾、风湿性关节炎、外伤瘀肿、冻疮、贫血、坏血病、牙龈出血。

【禁忌】慢性胆囊炎、痔疮、咽炎、气管炎患者。

【特点】辣椒含有辣椒碱、高辣椒碱、辣红素、胡萝卜素、维生素C和柠檬酸等营养素成分，有温中、散寒、开胃、消食的作用；辣椒具有强烈的促进血液循环的作用，可以改善怕冷、血管性头痛等症状。

3. 大豆（别名：黄豆、黄大豆）

【性】平。

【味】甘。

【归经】脾、大肠。

【功效】健脾宽中、润燥消水、清热解毒、益气。

【适宜】青少年，糖尿病、高血压、冠心病、动脉硬化、高血脂、癌症、营养不良、气血不足、缺铁性贫血。

【禁忌】严重肝病、肾病、痛风、消化性溃疡患者。

【特点】大豆富含蛋白质，被誉为植物肉，含有多种人体必需氨基酸，可以提高人体免疫力；大豆中的卵磷脂可除掉附在血管壁上的胆固醇；大豆中含有一种抑制胰酶的物质，对糖尿病有治疗作用；大豆所含的皂苷有明显的降血脂作用；大豆异黄酮是一种结构与雌激素相似，具有雌激素活性的植物性雌激素，能够减轻女性更年期综合征症状、延迟女性细胞衰老、使皮肤保持弹性、养颜、减少骨丢失、促进骨生成、降血脂等。

4. 绿豆（别名：青小豆、植豆）

【性】凉。

【味】甘。

【归经】心、胃。

【功效】清热解毒、利尿消暑、止渴健胃。

【适宜】高血压、水肿、红眼病、食物中毒、药草中毒、金石中毒、农药中毒、煤气中毒、磷或锌等中毒急救、中暑。

【禁忌】体质虚寒者。

【特点】绿豆中的特殊多糖成分能增强血清脂蛋白酶的活性，使脂蛋白中甘油三酯水解，有利于降血脂，从而有助于缓解冠心病、心绞痛。据临床实验报道，绿豆的有效成分具有抗过敏作用，对葡萄球菌以及某些病毒也有抑制作用。

四、菌类和藻类的营养价值与食疗功效

（一）菌类和藻类的营养价值

蔬菜中所指的菌类是指能形成大型的肉质（或胶质）子实体或菌核类组织并能供人们食用或药用的菌类，主要包括蘑菇、银耳、灵芝之类。可食用的藻类则是一类构造比较原始的低等水生植物，常见的有海带、裙带菜、紫菜等。

菌类富含谷氨酸等呈鲜氨基酸，口感比肉还好，其细胞壁材质以几丁质为主，更像昆虫的外骨骼，而非植物。香菇、松茸等带有特殊香味的类型，可能存在降低人体胆固醇和抑制亚硝胺的好处，其维生素D的营养价值也很高，通常大于叶菜类。食用菌类不但风味鲜美，能烹调成多种多样菜肴，其所含特殊成分还具有一定的保健和药用作用。例如，经分离纯化的香菇多糖可通过提高宿主的免疫功能发挥抗癌作用；木耳多糖具备一定降血脂的作用。由于蘑菇种类太多，每年都有很多形状和无毒蘑菇类似的毒蘑菇被当地人误食，造成肠胃紊乱、神经抑制、溶血肾损、肝脏损害、呼吸衰竭、皮炎光敏等多种严重后果。

藻类可分为淡水类和海水类。由于淡水藻类往往富集毒素，很少被选作食材。常见的螺旋藻、发菜，属于淡水藻类。人类可食用的海藻种类繁多、营养丰富，它们大多富含多种维生素、矿物质（碘、钙、铁等）、叶绿素和多种多糖和膳食纤维，口感鲜咸滑润。市场上最容易买到的是绿藻（海白菜、青海苔）、红藻（紫菜）、褐藻（海带、裙带菜）等。除简单热加工做菜外，海藻能加工成独特滋味的零食和上等调料。

（二）部分菌类和藻类的食疗功效

1. 金针菇

【性】凉。

【味】甘。

【归经】脾、大肠。

【功效】抗疲劳、抗菌消炎，少儿益智。

【适宜】营养不良、糖尿病、肥胖、高血压、高血脂、癌症、习惯性便秘。

【禁忌】脾胃虚寒者。

【特点】金针菇含有人体必需氨基酸成分较全，其中赖氨酸和精氨酸含量尤其丰富，且含锌量比较高，对增强智力尤其是对儿童的身高和智力发育有良好的作用；金针菇中还含有一种叫朴菇素的物质，有增强机体对癌细胞的抗御能力；金针菇也适合高血压患者、肥胖者和中老年人食用，这主要是因为它是一种高钾低钠食物。

2. 香菇

【性】平。

【味】甘。

【归经】肝、胃。

【功效】扶正补虚、健脾开胃、祛风透疹、化痰理气、解毒。

【适宜】正气衰弱、神倦乏力、消化不良、贫血、佝偻病、高血压、高脂血症、慢性肝炎、小便不禁、荨麻疹。

【禁忌】脾胃寒湿气滞者。

【特点】香菇含有多种有效药用成分，尤其是香菇多糖（LNT），LNT具有一定的抗肿瘤作用。LNT对慢性粒细胞白血病、胃癌、鼻咽癌、直肠癌和乳腺癌等有抑制和防止术后微转移的作用，此作用是通过机体免疫力而对癌细胞表现间接毒性，尤其适用于病后机体康复。与其他抗肿瘤药物相比，LNT几乎无任何毒副作用，是已知最强免疫增强剂之一。香菇含钙、铁量较高，并且含有麦角甾醇，可作为补充维生素D的食材。

3. 银耳（别名：白木耳）

【性】平。

【味】甘、淡。

【归经】肺、胃。

【功效】滋阴润肺。

【适宜】营养不良、病产后体虚、高血压、血管硬化、眼底出血、肾性肾炎、肺热伤津、燥咳无痰、咳痰带血。

【禁忌】风寒咳嗽者。

【特点】银耳中的有效成分为酸性多糖类物质。银耳能提高肝脏解毒能力，能增强人体的免疫力；银耳对老年慢性支气管炎、肺源性心脏病有一定食疗功效；银耳富含维生素D，能防止钙的流失，对生长发育十分有益；银耳富含硒等微量元素，可以增强机体抗肿瘤的能力；银耳富有天然植物性胶质，加上它的滋阴作用，长期服用可以润肤，并有祛除脸部黄褐斑、雀斑的功效；银耳中的膳食纤维可助胃肠蠕动，减少脂肪吸收，也能帮助修复组织黏膜，辅助治疗各种炎症。

4. 海带（别名：昆布、江白菜）

【性】寒。

【味】咸。

【归经】肝、肺、肾、胃。

【功效】软坚化痰、祛湿止痒、清热行水。

【适宜】糖尿病、心血管病、铅中毒、缺钙、癌症、肥胖、甲状腺肿、噎膈、疝气、睾丸肿痛、带下、水肿、脚气。

【禁忌】孕产妇、胃寒者。

【特点】海带中含有大量的碘，是甲状腺功能低下者的最佳食物；海带中还含有大量的甘露醇，而甘露醇具有利尿消肿的作用，且甘露醇与碘、钾、烟酸等协同作用，对防治动脉硬化、高血压、慢性气管炎、慢性肝炎、贫血、水肿等疾病，都有较好的效果；海带胶质能减少放射性物质在人体内的积聚；海带含矿物质丰富，有护发作用。

│案例分析│　　**"健康菜汁"喝出的彩色皮肤**

1.橙色皮肤

2015年，一位61岁的患者，皮肤呈现黄橙色变色，追溯其饮食习惯才发现，他每天会喝大量的胡萝卜汁，而胡萝卜汁（橘子汁、橙子汁、木瓜汁、西红柿汁等都类似）含有高水平的β-胡萝卜素（自然界中维生素A的前体），大量摄入的时候可能出现胡萝卜素血症，表现之一就是皮肤呈现黄色，也会伴随一些自身氧化造成的早衰现象，一般停止饮用就会好转。

一般来说，除非每天都摄入2～3kg橘子或4～5kg胡萝卜，否则并不容易造成胡萝卜素血症。但加工成果汁，并长期大量饮用，就会导致富集的胡萝卜素进入人体，造成相应的病变。

2.青色皮肤

2017年，65岁的珍妮，在做完胃旁路手术后，尝试用鲜榨生菠菜汁"排毒"，喝了10天之后，就出现皮肤青黑、水肿的现象。经医生检测，她患了急性肾损伤，但在这之前她的肾功能一直还不错。

2013年的一项研究，回顾了1985～2010年间，在某著名诊所观察到的65例特别注重健康、喜好菜汁养生的肾病患者的临床症状。结果发现：他们的肾脏对草酸钙的负担很重，还伴随草酸对人体的物理磨损伤害。所以注重养生的人，一定要注意菜汁的选材、饮用频率和数量，也不要过度抵触熟食青菜的营养损耗。

3.红色皮肤

一名65岁的女性，在参观日光浴会客厅后，出现了严重的全身性光毒性反应，全身暴露在外的皮肤都变成了红色，并伴随着剧烈的瘙痒。原来，在此之前的1h，她曾摄入了大量的鲜榨生芹菜汁。

芹菜中含有的补骨脂素化合物，属于光敏物质，可能会加剧紫外线对人体的伤害，但其被熟制后的活性会大大降低。具备类似特性的还有柠檬、紫云英和灰菜等多种蔬果。芹菜中的呋喃香豆素还能加重某些人的过敏反应。假如日常食用某种蔬果后，伴随喉咙痛、嘴巴瘙痒、皮疹等症状，也需要及时就医检测过敏原。

第五节　野菜的营养价值和食疗功效

一、野菜的营养价值

野菜是指可以作为蔬菜或用来充饥的野生植物的统称。野菜富含胡萝卜素，以及维生素B$_2$、维生素C及叶酸等各类维生素，其矿物质含量一般都超过通常的蔬菜。例如，鸡眼草（掐不齐）的胡萝卜素含量远高于胡萝卜和南瓜，钙含量高于普通叶菜。大多数野菜的口感不如常见蔬菜甜润可口，有时带苦涩味，一般用其作为补充营养和更换口味的替换品。野菜有时也含有毒性物质，且浓度高于常见蔬菜，大多数野菜不适合生食，而应该漂烫过水或者熟制食用。

二、部分野菜的食疗功效

1. 马齿苋（别名：马苋、五行草）

【性】寒。

【味】酸。

【归经】心、肝、脾、大肠。

【功效】清热解毒、利水祛湿、散血消肿。

【适宜】热毒泻痢、痈肿疮疖、丹毒、瘰疬、目翳、崩漏、便血、痔血、赤白带下、热淋、阴肿、湿癣。

【禁忌】脾胃虚寒、肠滑腹泻、便溏者，孕妇。

【特点】马齿苋含有丰富的二羟乙胺、苹果酸、葡萄糖、钙、磷、铁以及丰富的维生素等营养物质。马齿苋的必需脂肪酸含量高于普通蔬菜，对于降低血液胆固醇浓度、改善血管壁弹性、防治心血管疾病有一定好处。

2. 鸡眼草（别名：掐不齐、牛黄草）

【性】寒。

【味】苦。

【归经】脾、肺。

【功效】清热解毒、健脾利湿、解暑截疟。

【适宜】感冒发热、暑湿吐泻、疟疾、痢疾、传染性肝炎、热淋。

【禁忌】脾胃虚寒、肠滑腹泻、便溏者，孕妇。

【特点】鸡眼草的胡萝卜素含量是常见植物中最高的，远超过胡萝卜，对于痤疮、湿疹等皮肤炎症和视力衰退均有很好的保健疗效；其含有的特殊药用成分具有清热解毒、健脾利湿的功效，对于感冒发热、暑湿吐泻、疟疾、痢疾、传染性肝炎、热淋、白浊等均有辅助治疗作用。

3. 蕨菜（别名：拳头菜、龙头菜）

【性】寒。

【味】甘。

【归经】大肠、膀胱。

【功效】清热、健胃、滑肠、降气、祛风、化痰。

【适宜】食膈、气膈、肠风热毒。

【禁忌】脾胃虚寒者。

【特点】蕨菜所含蕨菜素对细菌有一定的抑制作用，能扩张血管、降低血压，可用于发热不退、肠风热毒、湿疹、疮疡等病症，具有良好的清热解毒、杀菌消炎之功效。民间常用蕨菜治疗泄泻、痢疾及小便不通，有一定效果。

4. 蒲菜（别名：蒲笋、蒲儿根）

【性】凉。

【味】甘。

【归经】脾、肾、胃。

【功效】清热凉血、利水消肿。

【适宜】孕妇劳热、胎动下血、消渴、口疮、热痢、淋病、白带、水肿、瘰疬。

【禁忌】脾胃虚弱者。

【特点】蒲菜不仅是美味野菜，而且是食疗良药，适合一般人在夏季闷烦时食用。其味甘性凉，能清热利水、凉血，中医学认为，蒲菜主治五脏心下邪气、口中烂臭、小便短少赤黄、乳痈、便秘、胃脘灼痛等症，久食有轻身耐老、固齿明目聪耳之功；生吃有止消渴、补中气、和血脉之效。

第六节　水果的营养价值和食疗功效

水果是指多汁且主要味感为甜味或酸味的可食用的植物果实。水果和蔬菜的营养价值差异不显著，最本质的区别可能是水果需要经历熟成，才能呈现出最艳丽的颜色，散发出诱人的果香，这也意味着果实累积的营养素水平达到最高。吃下这种果实，对维护身体健康最有利。有些未成熟的果实还会用涩味的单宁和苦味的生物碱来保护自己，这些让人必须等待的策略让植物种子有时间生长成熟，有利于下一代的繁衍。

大多数水果的含糖量高，含有丰富的维生素、矿物质、膳食纤维和特殊活性成分，而蛋白质、脂肪的含量甚低。水果是人类维生素C、B族维生素和胡萝卜素的主要来源，也是平衡饮食中不可缺少的组成成分。水果类可按来源部位和口感特性等因素分类，大致包括中国产量较大的仁果类、核果类、瓜果类、浆果类，以及一些产地局限或者主要依靠进口的亚热带和热带水果等。

一、仁果的营养价值与食疗功效

（一）仁果的营养价值

仁果的苹果、山楂、枇杷和梨稍加储藏消耗掉一些苹果酸之后，都会比刚采收的时候更甜一点。仁果的香味源于酯类，抗氧化活性较好，色素包括花青素、类胡萝卜素，但通常含量不高。仁果类大都比较耐寒，秋冬季节也能买到。

（二）部分仁果的食疗功效

1. 苹果

【性】凉。

【味】甘、酸。

【归经】脾、肺。

【功效】生津润肺、除烦解暑、开胃醒酒、止泻。

【适宜】慢性胃炎、消化不良、慢性腹泻、神经性结肠炎、便秘、高血压、高血脂、肥胖、贫血。

【禁忌】糖尿病患者。

【特点】苹果中的胶质和微量元素铬能保持血糖的稳定，还能有效地降低胆固醇；苹果中含的多酚及黄酮类天然抗氧化物质，能增强人体机能、延缓衰老。但苹果的营养素含量相对中等，适合日常食用。

2. 梨

【性】凉。

【味】甘、酸。

【归经】肺、胃。

【功效】生津、润燥、清热、化痰、解酒。

【适宜】热病伤阴或阴虚所致的干咳、口渴、便秘、多痰，高血压、心脏病、肝炎、肝硬化、急慢性支气管炎、小儿百日咳。

【禁忌】泄泻患者，糖尿病患者，经期女性、产后女性、痛经女性。

【特点】梨性凉并能清热镇静，常食有助于血压恢复正常，改善头晕目眩等症状；梨所含的苷元及鞣酸等成分，能祛痰止咳，对咽喉有养护作用。

3. 山楂（别名：山里红、红果）

【性】温。

【味】甘、酸。

【归经】肝、脾、胃。

【功效】消食健胃、活血化瘀、驱虫。

【适宜】消化不良、心血管疾病、癌症、肠炎、经期延迟、产后瘀血。

【禁忌】脾胃虚弱者，糖尿病、习惯性流产患者。

【特点】消食之佳品。山楂所含的黄酮类、维生素C和胡萝卜素等抗氧化物，具有扩张血管、促进血液循环并减少自由基的生成的作用，能增强机体免疫力；山楂中有平喘化痰、抑制细菌、治疗腹痛腹泻的成分；山楂多糖能开胃消食，特别对消肉食积滞作用更好。

4. 枇杷（别名：腊兄、金丸）

【性】平。

【味】甘、酸。

【归经】肺、胃。

【功效】清肺镇咳、生津止渴。

【适宜】肺热咳嗽、久咳不愈、咽干口渴、胃气不足。

【禁忌】糖尿病患者。

【特点】枇杷中含有苦杏仁苷，且含量适宜，有润肺止咳、祛痰的作用，可用于治疗各种咳嗽；枇杷果实及叶有抑制流感病毒的作用，常吃可以预防四时感冒；枇杷叶可晾干制成茶叶，有泄热下气、和胃降逆之功效，为止呕之良品，可治疗各种呕吐、呃逆。

二、核果的营养价值与食疗功效

（一）核果的营养价值

核果包括杏、樱桃、桃子、李子等。这类果子所含挥发性萜烯类和酯类都丰富，有花果混合的香气。黄色、橙色、粉红色、深红色是由类胡萝卜素和花青素的含量和比例决定的。核果类的细胞壁以可溶性膳食纤维为主，因此软嫩不耐储运。外地核果所需的保鲜剂和抗菌剂量高于仁果，能增加破坏肠道微生物菌落平衡的风险。冷库储藏果也会变色变质，使营养骤降。大多数水果类的核果，其种子含有水平各异的氢氰酸，一定要确保不能直接食用。部分作为坚果选育的核果类种子，毒素含量较低，但果肉也较薄。

（二）部分核果的食疗功效

1. 李子（别名：嘉庆子）

【性】平。

【味】甘、酸。

【归经】肝、肾。

【功效】生津止渴、清肝除热、利水。

【适宜】发热、口渴、肝病腹水、肝硬化、头皮屑多、小便不利。

【禁忌】不可多食。

【特点】李子能促进胃酸和胃消化酶的分泌，有增加肠胃蠕动的作用，因而食李子能促进消化、增加食欲，为胃酸缺乏、食后饱胀、大便秘结者的食疗良品；李子核仁中含苦杏仁苷和大量的脂肪油，药理研究证实，它有显著的利水降压作用，并可加快肠道蠕动，促进干燥的大便排出，同时也具有止咳祛痰的作用；《本草纲目》记载，李花和于面脂中，有很好的美容作用，可以"去粉滓黑䵟""令人面泽"，对汗斑、脸生黑斑等有良效。

2. 桃子（别名：寿桃、桃）

【性】温。

【味】甘、酸。

【归经】胃、大肠。

【功效】养阴、生津、润燥、活血。

【适宜】口渴、便秘、痛经、虚劳喘咳、疝气疼痛、遗精、自汗、盗汗、低血糖、低血钾、缺铁性贫血、肺病、肝病。

【禁忌】糖尿病患者。

【特点】桃子的含铁量较高，是缺铁性贫血患者的理想辅助食物；桃子含钾多，含钠少，适合水肿患者食用；桃仁提取物有抗凝血、抑制咳嗽中枢、降血压等作用，但较少量就能导致人体中毒，不可盲目加入药膳中。

3. 樱桃

【性】温。

【味】甘。

【归经】肝、脾。

【功效】解表透疹、补中益气、健脾和胃、祛风除湿。

【适宜】消化不良、食欲不振、瘫痪、风湿腰痛、体质虚弱、贫血。

【禁忌】糖尿病患者、阴虚火旺者。

【特点】樱桃的含铁量特别高，既可防治缺铁性贫血，又可增强体质、健脑益智；樱桃营养丰富，可调中益气、健脾和胃、祛风湿，对食欲不振、消化不良、风湿身痛均有补益作用；樱桃核仁有毒，不可食用。

4. 大枣（别名：干枣、红枣）

【性】温。

【味】甘。

【归经】脾、胃。

【功效】补益脾胃、滋养阴血、养心安神。

【适宜】营养不良、心血管疾病。

【禁忌】糖尿病、急性肝炎患者，有龋齿者。

【特点】药理研究发现，大枣能促进白细胞的生成，降低血清胆固醇，提高血清白蛋白，保护肝脏；鲜枣中含有很丰富的维生素C、钙和铁，适合需要滋补身体的中老年人、更年期女性、青少年和儿童；大枣所含的芸香苷，是一种能使血管软化，从而使血压降低的物质，对高血压病有防治功效；大枣还可以抗过敏、除腥臭怪味、宁心安神、益智健脑、增强食欲。

三、瓜果的营养价值与食疗功效

（一）瓜果的营养价值

西瓜、甜瓜、哈密瓜等各种类型的瓜果，都具有生长迅速、细胞较大的特点。它们的口感不是很细腻致密，一口咬下去却有着香甜脆爽的特殊快感；其果肉颜色鲜艳，往往富含多种胡萝卜素，有促进血液循环和保护视力的好处。然而，在炎热的夏季，清凉的瓜类水果很容易被过量摄食而致病。其含水量多、钾含量高、糖类含量高、利于微生物增殖以及与气温温差大等特点，造成了多吃就会导致多尿脱水、肠胃紊乱等的不利后果。

（二）部分瓜果的食疗功效

1. 白兰瓜（别名：兰州蜜瓜、华莱士）

【性】寒。

【味】甘。

【归经】胃、膀胱。

【功效】清暑解热、解渴利尿、开胃健脾。

【适宜】湿热、中暑、风热犯肺。

【禁忌】糖尿病患者。

【特点】白兰瓜瓜肉翠绿，囊厚汁丰，脆而细嫩，含有较多的蔗糖、果糖、葡萄糖、多种维生素和矿物质，具有利小便、促代谢、祛暑疾、清烦热等功效。

2. 哈密瓜（别名：甜瓜、甘瓜）

【性】寒。

【味】甘。

【归经】心、胃。

【功效】清暑热、解烦渴、利小便。

【适宜】肾病、胃病、咳嗽痰喘、贫血、便秘。

【禁忌】糖尿病、脚气病、黄疸、腹胀、便溏患者。

【特点】哈密瓜味甘如蜜，奇香袭人，有"瓜中之王"美称；哈密瓜含有丰富的胡萝卜素、维生素、矿物质和多糖类，对人体造血功能有显著的促进作用，可以用来作为贫血的食疗之品；哈密瓜有清凉消暑、除烦热、生津止渴的作用，是夏季解暑的佳品。

3. 西瓜（别名：夏瓜、寒瓜）

【性】寒。

【味】甘。

【归经】心、胃、膀胱。

【功效】清热解暑、生津止渴、利尿除烦、美容、解酒。

【适宜】高血压、急慢性肾炎、胆囊炎、高热、口疮。

【禁忌】糖尿病患者、胃寒者、经期女性。

【特点】西瓜中含有大量的水分，在急性热病发热、口渴汗多、烦躁时，吃上一块又甜又沙、水分十足的西瓜，症状会马上改善；西瓜所含的糖和盐能利尿并消除肾脏炎症，蛋白酶能把不溶性蛋白质转化为可溶性蛋白质，增加肾炎患者的营养；吃西瓜后尿量会明显增加，这可以减少胆色素的含量，并可使大便通畅，对治疗黄疸有一定辅助作用；新鲜的西瓜汁和鲜嫩的西瓜皮有助于增加皮肤弹性。

4．香瓜

【性】寒。

【味】甘。

【归经】心、胃。

【功效】清暑热、解烦渴、利小便。

【适宜】急慢性炎症、肠胃溃疡、口臭燥渴。

【禁忌】脾胃虚寒、腹胀便溏者。

【特点】各种类型的香瓜均含有苹果酸、葡萄糖、氨基酸、甜菜茄、维生素C等丰富营养素，对感染性高热、口渴等具有很好的辅助疗效。

四、浆果的营养价值与食疗功效

（一）浆果的营养价值

浆果是指柔软多汁、果香四溢的水果，所含范畴较为广泛。不同季节的草莓、覆盆子、蓝莓、蔓越莓、葡萄、桑葚、猕猴桃和柿子，甚至柑果类，都可以归为浆果。大多数浆果的果肉质地软嫩细密、口感甜美水润，通常情况下很不耐储运。也就是说，没有较厚果皮保护的浆果，在运输储藏过程中需要更多的保鲜剂和抗菌剂。薄皮软质的浆果适合冷冻保存，但冰晶扎破的细胞壁会在化冻后，瘫软成果酱状。

（二）部分浆果的食疗功效

1．草莓

【性】凉。

【味】甘、酸。

【归经】脾、肺。

【功效】生津健脾、消暑利尿。

【适宜】风热咳嗽、口舌糜烂、咽喉肿毒、便秘、高血压、癌症。

【禁忌】无。

【特点】极易吸收之营养佳品。草莓中所含的胡萝卜素是合成维生素A的重要物质，具有明目养肝作用；草莓含有丰富的维生素C和B族维生素，除可以预防坏血病外，对防治动脉硬化、冠心病也有较好的疗效；草莓的鞣酸含量丰富，在体内可吸附和阻止致癌化学物质的吸收；草莓中含有的天冬氨酸，有助于清除体内的重金属离子；草莓中抗菌剂含量相对较多，有破坏肠胃菌落平衡的风险。

2．蓝莓（别名：笃斯越橘、都柿）

【性】凉。

【味】甘、酸。

【归经】心、大肠。

【功效】降低胆固醇、增强心脏功能、增强血管弹性。

【适宜】视力疲劳、心脑血管疾病。

【禁忌】腹泻者。

【特点】蓝莓的果胶含量很高，能有效降低胆固醇，防止动脉粥样硬化，促进心血管健康；蓝莓含较多的花色苷、维生素和矿物质，具有缓解视疲劳的功效，对一般的伤风感冒、咽喉疼痛以及腹泻也有一定改善作用。

3. 猕猴桃（别名：羊桃、奇异果）

【性】寒。

【味】甘、酸。

【归经】脾、胃。

【功效】清热生津、健脾止泻、止渴利尿。

【适宜】食欲不振、消化不良、反胃呕吐、烦热、黄疸、消渴、尿道结石、疝气、痔疮、高血压、冠心病。

【禁忌】泄泻、糖尿病患者。

【特点】有"维生素C之王"的美称。猕猴桃中富含的维生素C，能够有效抑制烧烤食物的硝化反应，保护人体组织；猕猴桃中含有的血清促进素具有稳定情绪、镇静心情的作用；另外，它所含的天然肌醇有助于脑部活动，因此能帮助忧郁之人走出情绪低谷。

4. 橙（别名：香橙、黄橙）

【性】凉。

【味】甘、酸。

【归经】肺。

【功效】生津止渴、开胃下气、解酒。

【适宜】食欲不振、胸腹胀满、便溏腹泻。

【禁忌】糖尿病、泄泻、贫血患者。

【特点】橙子含有大量维生素C和胡萝卜素，可以抑制致癌物质的形成，还能软化和保护血管，促进血液循环，降低胆固醇和血脂；橙子的类黄酮和柠檬素含量较高，可以促进胆固醇代谢；橙子发出的气味有利于缓解人们的心理压力。

五、亚热带和热带水果的营养价值与食疗功效

（一）亚热带和热带水果的营养价值

亚热带和热带地区的温度相对较高，适合植物生长。因此水果种类极多，常见的包括无花果、龙眼、石榴、香蕉、荔枝、榴梿、凤梨、波萝蜜、杧果、山竹、木瓜、阳桃、火龙果、西番莲、牛油果等，由于接收到更多来自阳光的能量，因此香气、色素和香甜滋味更加充足浓郁。其所含糖类、蛋白质、维生素等营养素也更加丰沛。很多居住在温带、寒带的人，对于过多糖类的需求性不大，若一味贪食甜美的热带水果，会造成体内B族维生素的消耗，引起口角炎、皮炎之类上火症状。榴梿是含有特异蛋白的怪味水果，含硫蛋白和特异蛋白比例较高，在人体逆境或不耐受时，就会引发水肿、皮疹等过敏反应。热带水果的蛋白酶活性可以用于软化肉类，常见的木瓜猪脚和菠萝烤肉就应用了这一策略来让肉类更加软弹适口。

（二）部分亚热带和热带水果的食疗功效

1．菠萝（别名：凤梨）

【性】平。

【味】甘、酸。

【归经】肾、胃。

【功效】解烦、健脾解渴、消肿祛湿、醒酒。

【适宜】肾炎、高血压、支气管炎、消化不良。

【禁忌】糖尿病、湿疹、发热患者。

【特点】菠萝含有一种叫"菠萝朊酶"的蛋白酶，能溶解阻塞于组织中的纤维蛋白和血凝块，改善局部的血液循环，消除炎症和水肿；菠萝中所含多糖、矿物质和酶有利尿作用，对肾炎、高血压病患者有益；菠萝性味甘平，有助于健胃消食、补脾止泻、清胃解渴。

2．火龙果（别名：红龙果、青龙果）

【性】凉。

【味】甘、酸。

【归经】胃、大肠。

【功效】排毒抗衰老。

【适宜】咳嗽、便秘。

【禁忌】糖尿病患者。

【特点】火龙果中富含一般蔬果中较少有的植物性白蛋白，这种有活性的白蛋白会自动与人体内的重金属离子结合，通过排泄系统排出体外，从而起解毒的作用。此外，白蛋白对胃壁还有保护作用。火龙果是一种低能量、高纤维的水果，水溶性膳食纤维含量非常丰富，因此具有减肥、降低胆固醇的作用；火龙果中花青素含量较高，花青素是一种效用明显的抗氧化剂，它具有抗氧化、抗自由基、抗衰老的作用，还具有抑制脑细胞变性、预防痴呆症的作用；火龙果果实和茎的汁对肿瘤的生长、病毒感染及免疫反应抑制等表现出了积极作用。

3．龙眼（别名：桂圆、龙目）

【性】温。

【味】甘。

【归经】心、脾。

【功效】开胃、养血益脾、补心安神、补虚长智。

【适宜】贫血、失眠、神经衰弱、气血不足、产后体虚、营养不良、记忆力下降。

【禁忌】阴虚火旺者，糖尿病、风寒感冒患者，月经多的女性。

【特点】龙眼特殊的多糖物质有补血安神、健脑益智、补养心脾的功效。研究发现，龙眼可能对子宫癌细胞有一定的抑制作用。

4．香蕉

【性】寒。

【味】甘。

【归经】肺、大肠。

【功效】清热、通便、解酒、降血压。

【适宜】口干烦渴、肺结核、便秘、痔疮、高血压、冠心病、动脉硬化、食管溃疡。

【禁忌】泄泻、慢性结肠炎、糖尿病患者。

【特点】香蕉属高热量水果，是部分地区的主食。香蕉中含血管紧张素转化酶抑制物质，可以抑制血压的升高；香蕉含有丰富的维生素和矿物质，尤其是镁元素含量较高，适合工作压力大、需要缓解心情、提升自信状态的人群。

第七节　坚果的营养价值与食疗功效

一、坚果的营养价值

坚果的果皮坚硬，内含1粒或者多粒种子。坚果是植物的精华部分，大多数坚果长出硬质厚皮的目的是保护自身丰富的油类物质和珍贵的维生素E。除外壳外，坚果还有一层略有苦涩味的红或褐色内表皮。其抗氧化性很强，所含的鞣酸和酚类化合物共同决定了苦涩味的程度和颜色。吃坚果时顺便把内表皮吃掉的好处大于坏处。坚果的矿物质含量很高，俗称为鲍鱼果的巴西栗由于含硒量极高，被世界卫生组织建议每日食用上限为14g，约2～4颗；扁桃仁、榛子等，每天食用30g左右就能起到平衡矿物质、补充必需脂肪酸和维生素的作用。最大的坚果是椰子，嫩椰肉软滑，汁水清甜；老椰肉弹韧，果浆浓郁；进一步成熟的椰子内容物会长成棉花糖口感、奶油风味的椰宝。苦杏仁、白果等含有毒生物活性成分，需加工处理才能少量食用，其毒性成分在浓度适宜的情况下，分别是宣肺平喘、降低血脂的药性成分。

二、部分坚果的食疗功效

1. 南瓜子（别名：白瓜子、南瓜仁）

【性】平。

【味】甘。

【归经】胃、大肠。

【功效】杀虫、保护前列腺。

【适宜】寄生虫病、产后手足浮肿、痔疮、前列腺病、糖尿病。

【禁忌】哺乳期妇女。

【特点】南瓜子具有很好的杀灭血吸虫幼虫的作用，也是有效的驱绦虫剂，且没有毒性和副作用；南瓜子富含必需脂肪酸，可有效地防治前列腺疾病，可消除前列腺炎初期的肿胀，同时还有预防前列腺癌的作用；南瓜子含有丰富的泛酸，这种物质可以缓解静止性心绞痛，并有降压的作用。

2. 黑芝麻（别名：胡麻、油麻）

【性】平。

【味】甘。

【归经】肝、肺、肾。

【功效】滋补肝肾、生津润肠、润肤护发、明目养血。

【适宜】眩晕眼花、视物不清、腰酸腿软、耳鸣耳聋、发枯发落、头发早白、产妇缺乳、糖尿病、痔疮。

【禁忌】阳痿、遗精、慢性肠炎患者。

【特点】黑芝麻的神奇功效，在于它含有的维生素E居植物性食物之首。维生素E能促进细胞分裂、延缓细胞衰老；黑芝麻的不饱和脂肪酸比例很高，故具有降血脂、抗衰老作用；黑芝麻富含生物素，有益肝、补肾、养血、润燥、乌发、美容作用，是极佳的保健美容食物。

3. 栗子（别名：板栗、毛栗）

【性】温。

【味】甘。

【归经】脾、肾、胃。

【功效】养胃健脾、补肾强筋、活血止血。

【适宜】脾胃虚弱、反胃、泄泻、体虚腰酸腿软、吐血、衄血、便血、金疮、折伤肿痛、瘰疬肿毒。

【禁忌】糖尿病患者。

【特点】栗子中所含的不饱和脂肪酸和维生素、矿物质，能防治高血压病、冠心病、动脉硬化、骨质疏松等疾病；栗子含有非常丰富的维生素B_2，常吃栗子对日久难愈的小儿口舌生疮和成人口腔溃疡有益；栗子是糖类含量较高的干果品种，能供给人体较多的能量，并能帮助脂肪代谢，具有益气健脾、厚补胃肠的作用。

4. 松子（别名：海松子、松子仁）

【性】温。

【味】甘。

【归经】肝、肺、大肠。

【功效】滋阴养液、补益气血、润燥滑肠。

【适宜】老年体质虚弱、大便干结、慢性支气管炎、久咳无痰、心脑血管疾病。

【禁忌】肾亏遗精、脾虚、痰湿较甚、舌苔厚腻者。

【特点】松子中富含不饱和脂肪酸，如亚油酸、亚麻酸等，能降低血脂，预防心血管疾病；松子中所含大量矿物质如钙、铁、钾等，能给机体组织提供丰富的营养，强壮筋骨，消除疲劳，对老年人保健有极大的益处；松子中维生素E高达30%，有很好的软化血管、延缓衰老的作用；松子中磷和锰含量丰富，对大脑和神经有补益作用，是学生和脑力劳动者的健脑佳品，对阿尔茨海默病也有很好的预防作用。

第八节　肉类的营养价值与食疗功效

肉类的来源是相对于植物与人类亲缘关系更近的各类动物。这些动物和植物相比，从细胞结构构成、器官组织富含的营养素比例和维生素、矿物质的类型，都更符合人体构成和调节的需求。但正由于类似性，肉类更需熟食，因为能侵入肉类的细菌病毒传染到人体的概率也远大于植物性食物。最近研究认为，由于动物细胞没有植物那种细胞壁结构，环境污染中的塑料微粒也更容易潜藏于动物体内。因此，肉虽好吃，也并不适合长期大量食用。

肉类，是指可以食用动物的皮下组织及肌肉；有时也包括动物的皮、内脏、骨骼等一切可食用的动物身体组织。肉类含蛋白质丰富，一般在10%～20%之间，瘦肉比肥肉含蛋白质多。动物肉类可以按颜色的深浅分为三大类：肉色泽鲜红或暗红，如猪肉、牛肉、羊肉等，称为深色肉或红肉；肉色嫩白，称为浅色肉或白肉，如鸡肉、鸭肉、鹅肉、兔肉及鱼肉等；水生贝壳类动物肉，如蛤肉、牡蛎与蟹肉等，几乎无色，称为无色肉。浅色肉和无色肉中的饱和脂肪酸和胆固醇含量明显低于红肉。而接近无色的肉食，其饱和脂肪酸含量较其他任何类肉食都要低，仅为乳酪和鸡蛋的一半，然而维生素和矿物质含量却非常高，所以大多数的浅色肉更有助于调控体重和增强体质。

一、皮的营养价值与食疗功效

动物的皮含有较高含量的胶原蛋白。由于哺乳动物的毛皮厚实坚韧，可以加工成高档服饰、配饰，因此除了猪蹄、猪肘、牛脸等小块和薄皮部位，其他多毛厚实的部位很难买到。一般来说，越大的畜类的皮肤细胞层数越多，但也和品种有关，而禽类的皮肤所含脂肪的比例更大，口感更软些。动物的皮可以通过熬煮，打开蛋白质的氨基酸链，使其软化成冻。这样口感更柔滑细腻，配合富含维生素C的食物同食，还能增加吸收率。

二、骨骼的营养价值与食疗功效

动物骨骼富含胶原蛋白、黏多糖和矿物质。其中钙、磷、镁等矿质成分构成的羟基磷灰石钙是其主要的无机成分。由于这种无机形态极难溶于水，因此骨汤是否补钙的争议由来已久。依据多方实验数据，加醋高压炖煮的骨汤含钙量仅为牛乳的20%左右；不加酸性物质炖煮的钙溶出量更少。但是能被牙齿啃掉吞食的骨和软骨的钙吸收率并不低，大约5g能下咽的骨渣就能满足成年人每日的钙需求量。白白的黏稠骨汤，除含有溶出的胶原蛋白和黏多糖外，还含有较多脂肪，不宜多喝。但经常用酸味的山楂、柠檬、可乐和醋之类，将骨头配合炖至酥烂后咀嚼下咽后稍微晒晒太阳，是比吃钙片还好的保健策略，有助于预防各种骨质疏松、皮肤脆弱和神经失调。

三、内脏的营养价值与食疗功效

（一）内脏的营养价值

内脏是动物体自主神经操控调节的特殊肉，也被称为下水或下货。心脏、胃肚和肺叶的脂肪含量低于皮肉；肝脏、肾脏、大肠和小肠的脂肪含量高于皮肉。但几乎全部内脏的矿物质钙、铁、锌、硒和维生素含量，尤其是B族维生素和脂溶性维生素的含量，都远高于皮肉。另外，多数动物内脏有怪异香味或特殊隐臭，这反而成为一些善于挑战自我、乐于拓展食源范畴的人士爱上动物内脏的主要原因。

（二）内脏的食疗功效

1. 牛肚

【性】温。

【味】甘。

【归经】脾、胃。

【功效】补中益气、健脾养胃。

【适宜】贫血、久病体虚、儿童。

【禁忌】湿疹、疮毒、瘙痒、肝肾炎患者。

【特点】牛肚即牛胃。牛为反刍动物，共有四个胃，前三个胃为食道变异，即瘤胃（草肚）、网胃（蜂巢胃、麻肚）、瓣胃（重瓣胃、百叶），最后一个才是真胃（皱胃）。

2. 兔肝

【性】寒。

【味】甘、苦、咸。

【归经】肝。

【功效】养血明目退翳。

【适宜】夜盲症、贫血症、体虚症。

【禁忌】高血脂症、疮毒、肝肾炎患者。

【特点】软嫩可口，膻味比羊肝清淡，适合作为儿童和老人养血明目的滋补食物。

3. 羊肾

【性】温。

【味】甘。

【归经】肝。

【功效】补肾益精、补肝清热。

【适宜】肾虚劳损，腰脊酸痛、消渴、脚气。

【禁忌】高脂血症、疮毒、肝肾炎患者及儿童。

【特点】羊肾有一定骚味和膻味，需仔细清洗和用调料修正滋味。羊肾虽然滋补，但频繁食用会导致人体摄入的矿物质超标，也会损害人体健康。

4. 猪心

【性】平。

【味】甘、咸。

【归经】肝。

【功效】安神定惊、益心补血。

【适宜】心神不宁、失眠乏力、多梦抑郁。

【禁忌】高脂血症、肝肾炎症患者。

【特点】猪心是一种营养十分丰富的食物。它含有蛋白质、脂肪、钙、磷、铁、维生素B_1、维生素B_2、维生素C以及烟酸等，这都有助于加强心肌营养、增强心肌收缩能力。

四、红肉的营养价值与食疗功效

（一）红肉的营养价值

红肉是指烹饪前呈现出红色的肉类，包括肉用的猪、牛、羊的骨骼肌等，其颜色来自含铁的蛋白质。精瘦的红肉，例如牛肉，常带有一丝金属味。由于红肉的来源是和人类亲缘关系较近的各类动物，因此对于人类营养结构的搭配极为重要。红肉富含人体所需的完全蛋白质，能提供所有的必需氨基酸，它也是铁和B族维生素的丰富来源。然而随着红肉在我们的饮食中所占的比例越来越高，导致的后果却是肥胖、心血管疾病和癌症的风险越来越高。因为红肉不仅含蛋白质，还含有脂肪。上等红肉的肌肉纤维之间沉积着大理石花纹样的脂肪，就像我们熟知的雪花牛排那样。脂肪含量越高，肉的风味和嫩度就越大，也就意味着热量越高。红肉富含饱和脂肪和胆固醇比例较大，阻塞心脑血管的风险也大。

（二）部分红肉的食疗功效

1. 牛肉

【性】平。

【味】甘。

【归经】脾、胃。

【功效】补脾胃、益气血、强筋骨、化痰息风。

【适宜】贫血、久病体虚、营养不良、筋骨酸软、术后、体力劳动者、运动员。

【禁忌】高血脂、湿疹、疮毒、瘙痒、肝肾炎患者。

【特点】牛肉补气，功同黄芪；牛肉中的肌氨酸含量比任何其他食物都高，对增长肌肉、增强力量特别有效。

2. 兔肉

【性】凉。

【味】甘。

【归经】脾、胃、大肠。

【功效】补中益气、凉血解毒、清热止渴。

【适宜】热气湿痹、热毒、高血压、冠心病、糖尿病。

【禁忌】脾胃虚寒者、孕妇、月经期女性。

【特点】兔肉中所含的脂肪和胆固醇，低于所有其他肉类，而且脂肪又多为不饱和脂肪酸，常吃兔肉，可强身健体，但不会发胖，是肥胖者理想的肉食。

3. 羊肉

【性】温。

【味】甘。

【归经】脾、肾。

【功效】益气补虚、温中暖下、补肾壮阳、生肌。

【适宜】胃寒反胃呕吐、气管炎咳嗽、身体虚弱、阳气不足、四肢不温、畏寒无力、腰酸阳痿、产后缺乳。

【禁忌】流行性感冒、急性肠炎、高血压患者。

【特点】市售羊肉往往为公羊肉，会比其他肉含有更多的肉碱和雄激素，能起到生热补虚的作用，对于腰膝酸软、性欲减退也有辅助治疗作用，但食用过量会增加血管脆性，增加耳目头痛和鼻腔出血的风险。

4．猪肉

【性】平。

【味】甘、咸。

【归经】脾、肾、胃。

【功效】补肾养血、滋阴润燥。

【适宜】阴虚不足、头晕贫血、燥咳无痰、大便干结、营养不良。

【禁忌】湿热偏重、痰湿偏盛、舌苔厚腻者。

【特点】猪肥肉饱和脂肪酸比例偏大，不可长期大量食用；猪瘦肉有利于改善阴虚、贫血等不良症状。

五、白肉的营养价值与食疗功效

（一）白肉的营养价值

白肉是指相对于红肉而言，颜色更浅的肉类，包括各种禽类、鱼类、甚至昆虫等。因为这些动物的肌肉纤维中白肌细胞不需要像红肌细胞那样丰富的血供，所以颜色更浅。大多数白肉比红肉更清淡适口，脂肪含量也低很多。一些白肉由于脂肪含量较低，口感会柴，不滋润。很多名厨会利用特定的带油部位搭配烹饪，例如北京烤鸭。鱼类鲜嫩可口，还含有DHA、EPA、牛磺酸等特殊滋养成分，有助于嫩肤补脑、明目抗衰。但鱼类皮肉和内脏被重金属污染的风险也不低，尤其是一些大型的肉食鱼类。

（二）部分白肉的食疗功效

1．鸡肉

【性】温。

【味】甘。

【归经】脾、胃。

【功效】益五脏、补虚损、健脾胃、强筋骨。

【适宜】身体虚弱、气血不足、营养不良。

【禁忌】感冒发热、内火偏旺、痰湿偏重、热毒疖肿者。

【特点】味鲜美，肉细嫩，易消化吸收。鸡肉比牛肉和猪肉的蛋白质含量高，但脂肪含量低，尤其是饱和脂肪酸比例更低。

2．鸭肉

【性】寒。

【味】甘、咸。

【归经】脾、肺、肾、胃。

【功效】滋阴、补虚、养胃、利水。

【适宜】营养不良、产后病后体虚、水肿、慢性肾炎浮肿、癌症、糖尿病、肺结核、肝硬化腹水。

【禁忌】体质虚寒者。

【特点】鸭肉中的脂肪酸熔点低，更易于消化。其所含B族维生素和维生素E较其他肉类多，能有效抵抗脚气病、神经炎和多种炎症。

3．鲤鱼

【性】平。

【味】甘。

【归经】脾、肺、肾。

【功效】补脾健胃、利水消肿、安胎通乳、解毒。

【适宜】各种水肿、浮肿、腹胀、少尿、黄疸、乳汁不通。

【禁忌】癌症、支气管哮喘、荨麻疹、湿疹患者。

【特点】鲤鱼肉嫩刺硬，有时略带土腥味，其脂肪多为不饱和脂肪酸，有助于预防动脉硬化和冠心病等心脑血管疾病，还能降低发胖风险。

4．带鱼（别名：刀鱼、裙带鱼）

【性】温。

【味】甘、咸。

【归经】肝、脾。

【功效】补脾益气、暖胃养肝、泽肤补气。

【适宜】久病体虚、血虚头晕、气短乏力、食少羸瘦、营养不良。

【禁忌】疥疮、湿疹、癌症、淋巴结核患者。

【特点】肉肥刺少，味道鲜美，带鱼全身的鳞和银白色油脂层中含有特殊防癌成分6—硫代鸟嘌呤，有一定预防白血病、胃癌、淋巴肿瘤等恶疾的功效。

六、无色肉的营养价值与食疗功效

（一）无色肉的营养价值

无色肉包括很多水产品中的贝类和虾蟹等硬壳动物，也可以涵盖鱿鱼、海兔等软体动物和海胆之类。这些动物的肉质弹嫩，不但富含蛋白质和不饱和脂肪酸，还含有远高于禽畜肉类的矿物质。往往具备很好的补充钙、铁、锌等矿物质的功效。虾蟹类食材的壳和卵往往具备蓝绿、红褐、土黄等多种颜色。颜色种类和其食用的食物色素息息相关。它们含有的虾青素和虾红素，是一类强效抗氧化剂，能起到增强人体免疫力的作用，还有助于抗衰老。

（二）部分无色肉的食疗功效

1．墨鱼（别名：花枝、乌贼）

【性】平。

【味】咸。

【归经】肝、肾。

【功效】养血、通经、催乳、补脾、益肾、滋阴。

【适宜】经血不调、水肿、湿痹、痔疮、脚气。

【禁忌】湿疹、荨麻疹、痛风、肾脏病、糖尿病患者。

【特点】墨鱼肉脆嫩，味鲜美。墨鱼肉、脊骨（中药名为海螵蛸）均可入药。李时珍称墨鱼为"血分药"，是治疗妇女贫血和血虚经闭的良药。

2．鲍鱼（别名：鳆鱼、鲍螺）

【性】平。

【味】甘、咸。

【归经】肝。

【功效】滋阴养血、清热柔肝、益精明目。

【适宜】癌症、高血压、高血脂、甲状腺功能亢进、久病体虚、阴精亏损、更年期妇女综合征、夜尿频、气虚哮喘、血压不稳。

【禁忌】胃弱者。

【特点】鲍鱼肉细致弹牙，含有较多的钙、铁、碘和维生素A等营养素；鲍鱼的肉中还含有一种被称为"鲍素"的成分，能够破坏癌细胞必需的代谢物质；鲍鱼具有调经、润燥利肠等滋阴补养功效，且平补不上火，没有牙痛、流鼻血等副作用。

3. 海参（别名：刺参）

【性】温。

【味】甘、咸。

【归经】心、脾、肺、肾。

【功效】滋阴补肾、壮阳益精、养心润燥、补血。

【适宜】癌症、高血压、冠心病、肝炎、肾炎、糖尿病、营养不良、血友病。

【禁忌】感冒、咳嗽、气喘、大便溏薄者。

【特点】海参蛋白质含量虽高，但其氨基酸模式和人体的差异较大，且含特异蛋白质，不适合孕期女性滋补身体，也不适合小儿食用；海参肠卵中微量元素钒的含量居各种食物之首，可以参与血液中铁的输送，增强造血功能，对再生障碍性贫血、糖尿病、胃溃疡等有一定辅助治疗作用。

4. 海蟹

【性】寒。

【味】咸。

【归经】肝、胃。

【功效】清热解毒、补骨填髓、养筋活血。

【适宜】淤血、黄疸、腰腿酸痛、风湿性关节炎。

【禁忌】脾胃虚寒、大便溏薄者。

【特点】蟹肉质细嫩洁白，富含蛋白质、脂肪及多种矿物质。烹制螃蟹时一定要彻底将其加热，否则易导致急性胃肠炎或食物中毒。

第九节　蛋类的营养价值与食疗功效

一、蛋类的营养价值

　　蛋是某些动物产下的卵，胚胎外包防水的壳。蛋类的营养丰富，含有丰富的蛋白质。蛋类的来源广泛、做法多样，且富含各种滋补人体的营养素。蛋的主要构造包括蛋清和蛋黄。蛋清也叫蛋白，其必需氨基酸组成与人体接近。

　　鸡蛋的蛋清是蛋白质生物学价值最高的食物，常被用作参考蛋白质，但是蛋清的其他营养素成分和蛋黄相比相差甚远：蛋清中含脂肪极少，矿物质和维生素的含量也较少。

　　蛋黄是蛋中营养素的精华所在：蛋黄中蛋白质主要是卵黄磷蛋白和卵黄球蛋白；98%的脂肪和胆固醇集中在蛋黄内，也是磷脂的良好食物来源。所以蛋黄有调节血胆固醇的作用，并能促进脂溶性维生素的吸收。蛋类的矿物质和维生素主要存在于蛋黄中，矿物质中以磷、钙、钾、钠含量较多，还含有丰富的铁、镁、锌、硒等矿物质；蛋黄中的维生素不但含量丰富，而且种类也较为齐全。

二、部分蛋类的食疗功效

1. 鸽蛋

【性】平。

【味】甘、咸。

【归经】心、肾。

【功效】补肾益气、解毒。

【适宜】肾虚气虚、腰膝酸软、疲乏无力、心悸、头晕。

【禁忌】过敏、肾病患者。

【特点】鸽蛋细嫩爽滑，含有比其他蛋类更丰富的铁元素，能促进血细胞生成、改善血液循环。

2. 鸡蛋

【性】平。

【味】甘。

【归经】脾、肾、胃、大肠。

【功效】益精补气、润肺利咽、滋阴润燥、养血。

【适宜】体质虚弱、营养不良、贫血，婴幼儿。

【禁忌】过敏、腹泻、肾病患者。

【特点】人们最常食用的滋补品。鸡蛋黄中的卵磷脂、甘油三酯、胆固醇和卵黄素，对神经系统和身体发育有很好的保健作用。

3. 鸭蛋

【性】凉。

【味】甘、咸。

【归经】脾、肺。

【功效】养阴清肺、补心止热、大补虚劳。

【适宜】肺热咳嗽、咽喉痛、泻痢。

【禁忌】癌症、高血压、动脉硬化、肝硬化患者。

【特点】鸭蛋营养价值与鸡蛋相当，但矿物质总量远胜鸡蛋，尤其铁、钙含量极为丰富，更能预防贫血、促进骨骼发育。但鸭属水禽，故鸭蛋一定要确保熟制后食用，避免水生细菌如沙门菌侵害人体。

第十节　乳类的营养价值与食疗功效

一、乳类的营养价值

乳类主要是由水、脂肪、蛋白质、乳糖、矿物质、维生素等组成的一种复杂乳胶体，水分含量占86%~90%，因此其营养素密度与其他食物比较相对较低。常见的有包装的鲜纯牛乳的营养素很丰富，除B族维生素和维生素C有损失外，营养价值与新鲜生牛奶差别不大。乳糖不耐受者的乳糖酶数量少，不能完全消化分解乳类，食用乳类会引起非感染性腹泻，这类人群需补充乳糖酶保健品和饮用低乳糖的乳制品。

乳制品是指使用牛乳或羊乳及其加工制品为主要原料，按照法律法规及标准规定所要求的条件，经加工制成的各种食物。乳制品种类丰富，可以分为纯乳、酸乳、乳粉、乳酪及其制品等。乳制品可以给人类提供丰富且易于吸收的钙，但含铁不足。各种甜滋滋的乳类饮料，并不是婴幼儿较好的选择。选择适当的乳制品对于婴幼儿的消化系统和智力的发育具有重要意义。

酸乳是乳经过乳酸菌发酵而形成的营养丰富且易消化吸收的乳制品，适合消化功能不良的婴幼儿、老年人食用，并能使乳糖不耐受症状减轻。酸乳富含益生菌，有辅助的降低胆固醇、抑制转化亚硝酸盐和抵抗致病菌的保健功效。市售酸乳的精制糖添加量较高，并不适合作为滋补身体的日常食物。

二、部分乳类与乳制品的食疗功效

1. 牛乳

【性】平。

【味】甘。

【归经】心、肺、胃。

【功效】补津液、补虚损、益肺胃、长筋骨、补气血。

【适宜】体质虚弱、气血不足、营养不良、糖尿病、高血压、冠心病、动脉硬化、高血脂、干燥综合征。

【禁忌】过敏、溃疡性结肠炎、胆囊炎、胰腺炎患者。

【特点】牛乳香润可口，是世界通用的保健食物之一。它富含维生素A、B族维生素和维生素E，能起到很好的养生驻颜功效；其矿物质含量也较丰富，钙含量虽然不高，但很容易吸收。

2. 羊乳

【性】平。

【味】温。

【归经】肝、胃、心、肾。

【功效】补虚养胃。

【适宜】体质虚弱、气血不足、营养不良、食管癌、糖尿病、高血压、冠心病、动脉硬化、高血脂、干燥综合征。

【禁忌】过敏、溃疡性结肠炎、胆囊炎、胰腺炎患者。

【特点】与牛乳相比，山羊乳脂肪及蛋白质较为丰富，绵羊乳脂肪与蛋白质含量更高，是养肺、润燥、止咳的上等保健饮品。

3. 酸乳

【性】平。

【味】甘、酸。

【归经】心、肺、胃。

【功效】生津止渴、补虚开胃、润肠通便、降血脂。

【适宜】气血不足、营养不良、肠燥便秘、高胆固醇、动脉硬化、冠心病、脂肪肝、皮肤干燥。

【禁忌】胃酸过多者。

【特点】酸乳酸甜可口，能促进食欲、增进乳制品的消化率，其中的乳酸菌还能辅助调节人体菌群、抑制肠道腐败菌、增强机体免疫力。目前市售的酸乳糖含量较高，不利于血糖调控，还会增加发胖风险。

第十一节　调料的营养价值与食疗功效

一、调料的营养价值

调料也称调味品，是指能增加菜肴的色、香、味，促进食欲，有益于人体健康的辅助食物。它的主要功能是增进菜品质量，满足消费者的感官需要，从而刺激食欲，增进人体健康。从广义上讲，调味品包括咸味剂、酸味剂、甜味剂、鲜味剂和辛香剂等，像食盐、酱油、醋、味精、糖（另述）、八角、茴香、花椒、芥末等都属此类。

可作为调料的植物，大多含有能调节人体状态的萜烯类、酚类、酮类、醛类和醇类，往往在低浓度时就能被人体神经感知和应对；在食物中添加这些植物也能抑制微生物增殖、延缓食物变质的时间。

二、部分调料的食疗功效

1. 胡椒（别名：古月、黑川）

【性】热。

【味】辛。

【归经】胃、大肠。

【功效】温中下气、消痰解毒。

【适宜】食欲不振、胃寒、慢性胃炎、感受风寒雨淋。

【禁忌】阴虚火旺者，干燥综合征、糖尿病患者。

【特点】胡椒的主要成分是胡椒碱，有防腐抑菌的作用，可改善女性白带异常及癫痫症；胡椒含有一定量的芳香油、粗蛋白、粗脂肪及可溶性氮，能去腥、解油腻、助消化；其气味能增进食欲；胡椒性温热，对胃寒所致的胃腹冷痛、肠鸣腹泻有很好的缓解作用，并可辅助治疗风寒感冒。

2. 食盐

【性】寒。

【味】咸。

【归经】肾、小肠、胃、大肠。

【功效】清热解毒、凉血润燥、滋肾通便、坚齿。

【适宜】中暑多汗烦渴、急性胃肠炎、咽喉肿痛、口腔发炎、齿龈出血、胃酸缺乏、大便干结、习惯性便秘。

【禁忌】水肿、高血压、心脏功能不全、肾病患者。

【特点】食盐调味能解腻提鲜，被誉为百味之王；食盐水有杀菌、保鲜防腐作用，洒在食物上可以短期保鲜，用来腌制食物还能防变质；用食盐调水能清除皮肤表面的角质和污垢，可以促进全身皮肤的新陈代谢，有助于防治某些皮肤病。

3. 红糖（别名：土红糖、赤砂糖）

【性】温。

【味】甘。

【归经】脾。

【功效】益气补血、健脾暖胃、缓中止痛、活血。

【适宜】产妇，经期、孕期、哺乳期女性，体虚、低血糖者。

【禁忌】糖尿病患者，痰湿、肥胖者。

【特点】红糖中所含有的葡萄糖、果糖等多种单糖和多糖类能量物质，可加速皮肤细胞的代谢，为细胞提供能量；红糖中含有的叶酸、微量物质等可加速血液循环。

4. 醋

【性】温。

【味】酸、苦。

【归经】肝、胃。

【功效】开胃养肝、强筋暖骨、醒酒消食、下气。

【适宜】慢性萎缩性胃炎、呼吸道感染、高血压、鱼蟹过敏、醉酒。

【禁忌】脾胃湿盛、泛酸水者。

【特点】醋有很好的抑菌和杀菌作用，能有效预防肠道疾病、流行性感冒和呼吸系统疾病；醋可以消除疲劳、促进睡眠；醋可促进唾液和胃液的分泌，帮助消化吸收，使食欲旺盛，消食化积；醋还有使骨肉酥烂的作用，辅助预防骨质疏松。

第 四 章

影响食物品质的因素

学习目标

　　1. 了解不同色香味的食物所含营养素的倾向性。

　　2. 熟悉加工、烹饪和污染对食物的影响。

第一节　色香味形情的影响

一、色泽的影响

　　自然界中成千上万种食物不但颜色各异，营养素也各不相同。虽说日常饮食不一定要完全根据色彩来吃，但是食物的色彩越丰富，基本上也就代表着营养素越丰富。天然动物性食物的颜色相对较为简单，各种相同部位的营养素差异也相对较小；天然植物性食物的颜色则千变万化，就算是相同部位，不同种类和不同颜色之间的营养素差异也很大。

　　由于植物生长或者加工储运等因素，食物的颜色也会发生变化，例如青苹果能在阳光照射下变得红润，红苹果也能因为储藏不当而褐变腐烂。食物的颜色不仅能客观反映其外观品质（比如新鲜度、成熟度、加工程度），也能影响人们对食物的选择。正因如此，很多原始食物会被食品加工厂商额外添加着色剂、香精和调味料，使之成为色彩亮丽、香味诱人和口感美好的加工食品。加工食品的色、香、味和其原始食物的营养素结构差异很大，需要冷静分析，而不能单纯依靠本能选择。

（一）深色食物

　　蓝光、紫光和黑暗都能够激活黑视蛋白感光系统，能唤醒大脑皮层使大脑更加冷静专注。但如果这些颜色出现在食物上，会有抑制食欲的作用，因为自然界中蓝色、紫色和黑色的食物相对很少，往往还和腐烂、有毒的信号相关。

1. 蓝紫色食物

　　常见的蓝紫色食物包括蓝莓、紫薯、葡萄、茄子、洋葱、紫甘蓝等。

　　能使蔬果呈现出蓝紫色的成分通常是花色素类物质。自然界中能显示蓝色的食物非常少，蓝莓也是近些年从山中引种栽培，才被大众所认可的。这些食物是抗衰老的好助手，大多数蓝色和紫色的蔬果含有独特的抗氧化剂，富含多种维生素，能够改善血液循环，具有较强的抗血管硬化的作用，可降低心脏病发作和血栓形成引起的脑中风的发病风险。

2. 黑色食物

　　常见的黑色食物包括黑米、黑豆、黑布林、黑芝麻、黑麦、黑枣、黑木耳等蔬果菌类，黑鱼、乌鸡等动物肉类。

　　大多数的植物黑色素属于花色素类，乌鸡的黑色素则是以吲哚环为主的含硫异聚物。这些凝重的颜色说明营养素的富集情况较好，往往富含更好的矿物质和活性成分。经常食用黑色食物可调节人体机能、调节内分泌系统、促进胃肠消化和增强造血功能。

（二）鲜艳食物

　　鲜艳的颜色能带给人食欲和好心情。例如，看到黄色就会有明亮与活力的感觉，可以引起人们喜悦的情绪，黄色也是最能调动食欲的颜色之一。黄色、橙色和红色，这些鲜艳的颜色都能让人感到轻松和快乐。各种颜色鲜艳的食物也确实是餐饮搭配中不可缺少的颜值担当和营养主力。

1. 黄橙色食物

　　常见的黄橙色蔬果主要有胡萝卜、红薯、玉米、南瓜、黄豆、橙子、哈密瓜、南瓜；呈现出黄色的动物性食物则为各种蛋黄。

一般能使食物呈现橙色或黄色的物质，是类胡萝卜素类营养素，它们大多可以在油脂存在的情况下，转化成维生素A，如β-胡萝卜素就特别有助于保护眼睛和皮肤黏膜；黄橙色的蔬果中往往也富含钾、叶酸和维生素C，这些营养素能发挥协同作用，有助于缓解疼痛和痉挛症状；黄橙色食物通常具有很好的抗氧化特性，有助于保护身体免受自由基的侵害，也有助于预防中风、癌症、黄斑变性、心脏病以及记忆力减退等问题。

2. 红色食物

常见的红色谷薯豆类包括花生衣、红豆、红高粱等；红色的水果蔬菜包括红心火龙果、西瓜、红枣、番茄、辣椒等；红色的动物性食物包括畜肉、煮熟的虾蟹等。

能使食物呈现红色的天然红色素，根据化学结构不同可分为花色素类、类胡萝卜素类、类黄酮类、醌类和卟啉类。各种红色食物所含有的红色素并不相同，既可能只含有一种红色素，也可能含有多种。比如，红豆、红高粱中的红色素是花色素类，番茄、辣椒中的是类胡萝卜素类，红枣中的是类黄酮类，火龙果中的是甜菜苷类，畜肉中的是卟啉类，熟的虾蟹中的则是类胡萝卜素类（虾红素）。红色水果和蔬菜通常含有的类胡萝卜素，以及类黄酮等有益化合物，有助于预防紫外线引起的皮肤老化；番茄中的番茄红素，有助于降低人体中自由基的水平，也有助于预防心脏病及前列腺问题；多数红色水果富含维生素C、钾、镁和膳食纤维，作用和橙黄色蔬果类似，也都有助于预防常见的视力衰退、皮肤感染和增强免疫。红色食物的优点除了促进人体巨噬细胞活力、增强免疫力、保护皮肤和预防贫血外，还很有助于改善心情，是改善焦虑情绪的天然药物。

（三）白色食物

白色的主食，如大米、白面、山药等，富含淀粉多糖，是人类世代培育出的能源性食物；白色的蔬果，包括冬瓜、甜瓜、竹笋、花菜、莴笋、荔枝、莲子、白果、梨等，往往富含多酚类抗氧化成分，且富含膳食纤维。因此不但清淡爽口，并且有滋补润燥的作用。白色的豆制品，如豆腐、豆浆等，其营养价值和白色的乳制品，如乳酪、鲜乳等非常相似。它们都既富含不饱和脂肪酸，又富含蛋白质、还富含矿物质，有助于滋养神经和强健骨骼。白色的禽肉、鱼肉具有蛋白质含量高、易吸收的特点，与畜肉的白色脂肪的营养价值截然不同。

（四）绿色食物

常见的绿色食物多为植物性的，如绿豆、青提、猕猴桃、青椒、黄瓜、莜麦菜等。能使食物呈现绿色的物质是叶绿素，它属于卟啉类色素。叶绿素主要有叶绿素a和叶绿素b两种。此外，被绿色掩盖的叶黄素也是绿色食物中的重要营养素，并被证明可以保护视力。除此之外，绿色食物中还包含丰富的β-胡萝卜素、维生素C、B族维生素等。并且绿色越浓的蔬菜，富含的抗氧化物效果越好。这些营养素不但能防止胎儿神经管畸形、有助于增强身体抵抗力和预防疾病，还能清理肠胃，防止便秘，减少直肠癌的发病率，还可以控制血糖。不仅如此，常吃绿色食物还可以舒缓精神压力、润滑肠道，有助于美容和保健。

（五）褐变食物

食物褐变是由于食物在加工、贮藏过程中受到外界因素的影响，其含有的色素的性质发生了改变。大部分褐变其实是说明食物中的营养素成分开始变质，如切开的苹果、马铃薯放置一段时间后颜色会变深，甚至发褐、发黑等，是酶促反应的结果。少数食物褐变能带来风味和口感的有益改变，如令人毫无食欲的白面团和鸭肉在进入烤箱后，变成了让人垂涎三尺的面包和烤鸭，这涉及焦糖化反应和美拉德反应。

二、形态的影响

食物的形态对于食物的口感和面对食物时的心理状态，均有调节作用，不仅仅是滋味这件事，还包括了饱腹感、食欲等内部感受与嚼劲、层次等舌尖感受。食物的入口体积、立体构造对于滋味的反馈和食物质地的调节影响最大。

（一）入口体积

食物的入口体积涉及皮肉层次、厚度比例等，对咀嚼反馈影响很大。例如滋味类似的大番茄和小番茄，由于体型不同，大番茄一口咬下，尝到的是汁的味道；小番茄一口一个，是爆浆的口感。体积较大的食物需要的咀嚼时间也长，有助于避免过度饮食。

（二）立体构造

不同立体构造的食物具备不同的体积和截面，导致咀嚼时食物和牙、舌的接触面的不同，能直接影响口感。比如牛肉粒偏向于咀嚼，而牛肉片偏向于撕扯。切丝和切块的土豆所含的营养素在烹饪加工过程中的变化速率也有差别。适当的立体构造能起到调控食欲、减少营养素氧化浪费和促进营养素吸收利用的作用。

三、滋味的影响

食物的滋味来自食物当中的呈味物质，是食物和膳食中的重要组成成分。呈味物质一般而言不是营养物质，在体内不提供能量，也不构成身体组织。味感是食物在人的口腔内对味觉器官感应系统的刺激而产生的一种感觉，这种刺激有时是单一性的，但多数情况下是复合性的。虽然从生理学的角度讲只有甜、酸、咸、苦的基本味感，但鲜、辣和金属味等对食欲和健康的影响也很大。

人的舌头在缺乏一些营养素或者异常环境中会变得迟钝。例如，游客匆匆而过的小吃街必须要有鲜明的滋味才能引来人流，其食品中糖和盐的含量就会比家庭食物高很多，人们食用后也势必增加心脑血管疾病的发生风险。

1. 甜味

常见的甜味剂按其来源可以分为两类，一类是天然甜味剂，如蔗糖、淀粉、糖浆、果糖、葡萄糖、麦芽糖、甘草甜素、甜菊苷；另一类则是合成甜味剂，如糖醇、糖精、甜蜜素等。和全世界一样，汉字也用"甜"来表达幸福和满足的感觉。甜味的来源主要是糖，但糖的含量和甜度没有直接联系，例如牛乳，虽然没有甜味但有乳糖。影响甜味的因素包括糖的种类和温度：各种天然糖类和代糖的甜度差异甚至能达到千倍之多；在低温的条件下，人对甜味的感受更加敏感。

2. 酸味

常见的酸味剂包括食醋、柠檬酸、苹果酸、酒食酸、乳酸、抗坏血酸、葡萄糖酸、磷酸、琥珀酸等。酸味物质往往有促食欲和抗氧化的作用。很多水果具有酸味，而蔬菜几乎都没有酸味，这是因为蔬菜是很多植物的根茎叶等重要生理结构，并不想让动物摄食，而水果则是引诱哺乳动物和鸟类摄食的结构。水果通过香气和风味，吸引动物吞食果实、排出果核，以利于种族繁衍。水果所含的果酸既能保护营养素，又能在果实尚未成熟时降低动物取食的欲望；随着果实的成熟，部分果酸转变为糖类，此时就是营养最丰富、美味的时刻了。

3. 咸味

常见的咸味剂，除氯化钠外，也包括氯化钾、氯化镁、硫化镁。这些盐类与ATP的生成和利用、肌肉运动、心血管功能、能量代谢都有密切的关系。所以盐摄入不足，能量代谢自然会出现紊乱。盐的摄入量，特别是钠的摄入量和血压呈正相关。低钠饮食中会用一些氯化钾、氯化镁代替盐当中部分氯化钠，其中氯化钠是最纯正的咸味剂，而氯化镁和氯化钾会有金属的苦味。所以常见的低钠盐中，氯化钾和氯化镁的成分一般不超过40%。

4. 苦味

常见的苦味物质，包括咖啡碱和可可碱、橙皮苷和柚皮苷、苦杏仁、啤酒花等。一些盐类也能呈现出苦味，例如氯化镁就是一种相当苦的盐。另外，蛋白质和一些水解产物有时也有苦味，例如有一些干酪会很苦。通常情况下，苦味是有毒的标志。出于原始本能，婴儿吃到苦味食物会果断吐出，一些健康成年人会在安全的前提下逐步尝试苦味食物，这也是进化拓展食物领域的必然进程。

5. 鲜味

日常生活中提供鲜味的物质有很多，比如肉类当中的鲜味主要来自谷氨酸，味精的主要成分也类似，所以味精往往有肉类的鲜味；加工食品往往都比较鲜美，这主要是由于其中含有5′-肌苷酸和5′-鸟苷酸；竹笋的鲜味来自L-天冬氨酸；贝类以及各种发酵制品的鲜味来自琥珀酸。常见的呈鲜物质除鲜味氨基酸之外，还有鲜味核苷酸，这二者共同使用时会增强鲜味。久炖的动物或菌类汤类，会因可溶解出很多呈鲜氨基酸而滋味鲜美，但这并不是汤类更有营养的证据，因为融入汤中的氨基酸总量和主料相比实在是微不足道。

6. 辣味

通常的辣味物质主要分为两大类：一类来自芥末、萝卜，叫作硫氰酸盐类似物，这类物质的特点是一旦进入口中会往上窜到鼻腔当中；第二类是酰胺类化合物，来自辣椒、黑胡椒、花椒、姜，其特点是不会飘入鼻腔，受体具有高度的专一性。辣不是一种味道，是尖刺的痛感和特殊的灼烧感的综合。

辣椒当中的活性成分是辣椒素，这种刺激性的植物化学物质被咀嚼时会带来疼痛感，显然是用于驱逐带牙动物的，而鸟类可以吞下整个果实，把果实散播到各地。但人似乎对辣味有更大的耐受力，这可能和辣味能刺激血液循环、促进人体代谢有关。

7. 金属味

各种类似旧硬币的味道，被称为金属味。金属味的来源大多是各种动物肉和海鲜，有时也来源于农产品。某些味觉特别灵敏的人，能够从肉当中感受到类似铁腥味的味感，这是肉当中的二价铁开始氧化的特征味。海鲜富含多种无机盐和丰富的铁，因此口感咸鲜浓郁，具有复杂的口感特征。然而，绝大多数食物中金属物质是很难吃出味道的。人们口腔偶尔出现的轻微金属味是多种机理的联动，不必担忧。服用某些药物如四环素、阿莫西林、感冒药，怀孕和人体缺锌都能让口腔中出现金属味。严重的金属味可能是一些严重疾病导致的味觉障碍，一定要及时就医。

四、气味的影响

食物中易挥发的呈香物质微粒悬浮于空气中，经过鼻腔刺激嗅觉细胞，然后传送至大脑的中枢神经，即产生嗅觉。带有香味的食物是因为其含有发香官能团。一般来说，肉类的香气能够增强食欲；果菜的香气能够平稳情绪；花的香气能够改善心情；香料的香气能够调节人的状态。食物的香气能增加人们的愉悦感和增加食欲，也能间接增加人们对食物营养成分的消化和吸收。

工业社会之前的食物相对简单，人们闻到苹果甘甜的气味，就能意识到成熟的苹果具备更充足的营养素，而不是青涩的幼果。当今社会的各种香精会混淆我们的嗅觉，如果汁软糖并不具备苹果所蕴含的维生素C、膳食纤维、苹果酸等营养素。

五、情感的影响

食物除了能给人体提供营养素，带来感官感受之外，还承担着重要的情感传承作用，能给人带来复杂的心灵感受。例如，很多人记忆中妈妈烹饪的美味菜肴，往往用的是最简单的食材，从色香味角度衡量，可能并不出众，但被至亲以最普通的烹饪方式滋养而成的身心记忆，才是让人感受到温暖幸福的关键。

有些人会尝试通过不停进食，让肠胃饱满的疼痛感来缓解不良情绪的困扰，这种表现背后潜藏着生理需要和心理需要的混乱感，这种混乱感可能会造成暴食后呕吐等身心疾病的严重后果。如果出现相关症状和心理欲望，将注意力转移到食物之外的解压策略，如唱歌、绘画、写字等，更有助于平衡身心，有助于从行为中获得成就感，从而缓解不良情绪。

| 拓展阅读 | **网红食物与健康美容**

网红食物往往具备鲜艳的颜色，香甜、麻辣、鲜香的口感，酥脆、软糯或层次多变的质地，浓郁、醇厚的气味。虽然大部分网红食物的营养素不均衡，但也不能用垃圾食品来简单绑架它们。以紫薯拉丝三明治和肉松蛋黄酥为例，二者的糖含量很高，营养素也很丰富，但前者缺乏$n-3$系列脂肪酸，而后者膳食纤维严重不足。所以它们都需要搭配低糖的蔬菜坚果、菌菇海鲜之类配合食用，才更有助于健康和美容。

第二节　加工程度的影响

依据加工程度和商品性质等差异，可将可食物质分成食物和食品两大类。食物是指能够满足身体正常生理活动所需的物质，既包括可以直接食用的果蔬，也包括一些简单加工的食物，也被称为原始食物；食品是指供给人类食用或饮用的成品，被称为加工食品。

常见的加工食品既可按照加工程度分为普通加工食品和超加工食品，也可按照营养素强化与否分成普通加工食品和营养强化食品。相对于普通加工食品而言，超加工食品中的维生素被严重破坏，脂肪、糖类和盐等改善口感的营养素与添加剂的含量较高，容易造成人体营养状态失衡；营养强化食品是针对人群的营养强化手段，可能有助于人群预防各种营养素缺乏症，也有时噱头大于实际价值。

一、原始食物

（一）原始食物的特点

原始食物可以理解为完整食物，或者泛指未经加工或精制程度不高，能较完整保留自身营养素（尤其是维生素、矿物质等微量营养素）的天然食物。更精确的完整食物定义是指能在一餐中吃进去基本涵盖该食物所有组织部位的食物。比如说，人们日常所吃的动物肉，应该包含精肉、肉皮、软骨以及骨髓、内脏、血液等一切可食部位，这样氨基酸组成和矿物质结构才更符合人体需要。利用各种完整食物拼凑起健康美容状态所需的营养结构，比各类方便食品配合保健品容易得多。以苹果为例，苹果中的维生素C和纤维素可以提取出来做成保健品，被加工出的每一种苹果食品都有利于美容和健康，但也打破了苹果营养素的均衡性，而完整苹果富含膳食纤维、维生素、矿物质和糖类，比果汁诱发糖尿病的风险小得多。

完整食物有利于保存多种多样的天然营养素，同时也可能存留损害人体健康的抗营养素，如蔬菜中的草酸、坚果中的植酸等。所以适当选择、按需进食，才是最重要的。例如：对于糖尿病患者而言，蜂蜜对其危害风险远大于火腿；对于偏食的人而言，长期大量嗜食某种原始食物也会有危害，例如长期吃菠菜会导致人体缺钙。

（二）原始食物的优选——超级食物

超级食物原本是指具有丰富的营养，并对人体有明显保健的原始食物。它们所含的维生素、矿物质、膳食纤维、花青素、多酚等营养物质都高于同类食物。这些食物被普遍认为具有预防甚至治愈多种疾病的作用。但研究同样证实，超级食物虽然具备药食同源的特性，也不可过量食用，否则会对健康产生不利影响。因为人们长期食用固定的一种或几种超级食物时，不但会导致其中潜在的抗营养素的蓄积，还会错过很多其他同样有益有价值的食物。其实换种思维方式就能感受到，超级食物实际上是指更符合自身营养素需求和能量需求的食物，且超级食品并不神秘。对于预防骨质疏松的人群而言，脆骨、虾皮、黄瓜、杏仁、芝麻等就是超级食物；对于需要提升免疫力的人而言，草莓、树莓、黑莓、紫甘蓝、芦笋、鳄梨等就是超级食物。

二、普通加工食品

（一）普通加工食品的特点

在当前社会的理念中，加工食品是指直接摆在货架上销售的、经过加工的、可以直接食用的食品。但实际上，任何改变食品的质量或保质期以有利于食品可食用、改善其营养、使食品吃起来更安全的策略都是加工。加工食品意味着拥有以下一项或几项优点，包括更长的保质期、更容易储运、美味可口、方便食用、更加安全等。加工食品包括煎、炒、烹、炸等处理过的原始食品，如家常菜等；经过加热、糖、盐、油等等特殊处理后，性状被改变的食品，比如豆腐、乳酪、面包等；对食品进行巴氏消毒、烘干、冷冻等处理后，并不会明显改变性状的食品，比如牛乳、肉类、海鲜等。

加工食品的优点是快速、简单、美味，但通常不是最简单的健康选择，反而需要格外注意食用数量和食材搭配。它们通过开发人们喜爱的甜蜜、酥脆、麻辣、鲜香等各种美妙口感，以及易储藏、好加工、低价格、高热量的商品特性，来麻痹人体对于营养素的全面需求。食品厂商设计食品的优先目的是口味和保质期，而并非构成人体器官组织和抗氧化稳定内环境的美容健康需求。为实现延长储运时间，食品必须去除易被氧化的营养素、易导致食品口感和性状恶化的成分，或者增加一些非常强抗氧化的苯甲酸、苯甲酸钠、山梨酸等来保护食品本身以及糖类、盐、饱和脂肪酸添加剂之类。但食品中原本易被氧化的营养素，正是吃进人体后可以预防人体衰老的人体抗氧化剂，比如B族维生素和维生素C等，而那些不易被氧化的、能保护食品的添加物质虽然能延长保质期，但不一定有利于保护人体组织，因为它们抢夺电子的能力相当强，有时会增加人体被氧化的风险，同时也增加了代谢障碍、肥胖等慢性疾病和湿疹、痤疮等损容性疾病的发生风险。

（二）普通加工食品的优选

现代社会分工明确，很多人工作忙碌，若能了解安全程度高、更有益于健康和美容的食品，会起到节约时间、使身心享受和健康美容的各种效果。例如，沙丁鱼罐头的内容物，在高温高压环境下，被加工至骨酥肉烂，只要蔬果搭配得当，补钙效果比排骨要好；番茄被高温压榨，细胞壁软化破坏，尽管能释放出糖类，但茄红素的溶出率比西红柿炒鸡蛋要高很多，假如不考虑微量的调料和添加剂，短时间内早餐加点番茄酱，可以起到保护心脑血管的作用。在了解普通加工食品的营养素构成后，大可不必视其为洪水猛兽，只要针对普通加工食品中最缺乏的营养素类型，进行调节和补充，就能最大程度预防慢性疾病和调节身心状态。除烹饪食品外，对食品进行干制、冷冻、发酵处理是延长其保质期、改善风味和口感、提升便利性的较好方式。

1. 干制食品

干制食品是指在自然条件或人工条件下，使水分降低到足以防止腐败变质的水平后的食品。常见的干制食品包括饼干、葡萄干、柿饼、干辣椒、萝卜干、蘑菇干、肉干等。自然干制食品干燥缓慢，难以制成品质优良的产品，并且会受到气候条件的限制，食品常会因阴雨季节无法晒干而腐败变质，也容易遭受灰尘、杂质、昆虫等污染和鸟类、啮齿类动物等的侵害，既不卫生，又有损耗。人工干制食品可以克服自然干制食品的缺点，不受气候条件的限制，干燥迅速、效率高。以蔬菜干为例，市售的蔬菜干有四种：油炸蔬菜片、糖制蔬菜干、传统风干蔬菜干和冻干蔬菜片。

（1）油炸蔬菜片　通常名字中都会带有"脆"字，因为加工方式采用油炸，所以含油量比较高，口感也特备酥脆、美味。油炸蔬菜片常采用的加工方式为90～110℃的低温油炸，所以炸出的蔬菜颜色比较好，不会炸煳炸黄，且能抑制产生过氧化物和致癌物质。但即便如此，油炸蔬菜片也属于油炸食品，脂肪含量可达10%～40%，还含有糖和盐，若长期大量食用，很容易引起能量过剩，增加心脑血管疾病和肥胖的发生风险；同时在煎炸过程中，维生素C几乎损失殆尽，营养远不如新鲜蔬菜。

（2）糖制蔬菜干　这类蔬菜干是在油炸的基础上，用糖来浸渍，通过隔绝氧气来让蔬菜保持脆感，并延长保质期。这种口感甜美的蔬菜干含糖量高、含油量高，且为延长保质期多用饱和油脂加工。这种蔬菜干能增加糖尿病、心脑血管疾病和痤疮、湿疹的发生风险，要尽可能少吃。

（3）传统风干蔬菜干　这类蔬菜干利用设备采用对流式干制设备或者热辐射设备干制。其特点为色泽差、不脆，一般都用于搭配泡面、粉丝等，进行水发复原，保证了一定量的营养，但数量往往不足，口感也不算好。

（4）冻干蔬菜片　此类蔬菜片是采用冷冻干燥的方式加工而成的。最大限度地保留了蔬菜的色、香、味和营养，尤其是维生素C，保留率可以达到90%以上。冻干蔬菜片的口感没有油炸蔬菜片香脆，还容易吸潮。冻干的加工成本比较高，因此这类蔬菜片价格较高。

2. 冷冻食品

冷冻食品分为冷却食品和冻结食品。冷冻食品易保存，广泛用于禽畜肉、水产类、乳类、蛋类、蔬菜和水果等易腐食品的生产、运输和贮藏，具有营养、方便、卫生、经济的优点。对于家庭而言，在冰箱里冷冻或冷藏海鲜、肉类及蔬菜，能给生活带来很多便利。由于动植物的细胞结构特点和营养素组成差异很大，不同食品的冷冻保质期和冷冻效果差异很大。例如苹果，在地窖当中就可以保鲜3个月，在特殊环境的冷库中则能保鲜1年以上。虽然冷冻可以增加食品的储运期限，但是冷冻会让食品细胞中的水结冰，这些冰晶刺破细胞壁会导致食品结构和口感的改变。禽畜肉类和鱼类比植物类食品更适合冷冻，因为如果这些冰晶刺破细胞壁，植物类食品会变得软塌流汁，很快变质。适合冷冻的植物性食材，大多数具备富含糖、酶促褐变反应轻、细胞壁破坏软塌流汁之后口感依然很好的特点。通常来说浆果类比其他类别水果更适合冷冻，例如化冻的草莓和蓝莓之类的浆果，可以直接当成果酱加入酸乳和面包当中。

3. 发酵食品

发酵食品是指人们利用有益微生物加工制造的一类食品，具有独特的风味。常见的发酵食品有馒头、面包、酸乳、啤酒、酱油、臭豆腐等。因为发酵后的酵母还具有很强的抗氧化能力，所以常吃发酵食品的好处就是预防衰老，并且提高人体免疫力。例如，牛乳经过发酵变成酸乳的过程中，会增殖很多有益于人体的益生菌，还能改善乳糖不耐受人群的消化问题。

三、超加工食品

（一）超加工食品的特点

超加工食品是指在普通加工食品的基础上"再"进行加工的食品，比如香肠、肉丸等加工肉类或者其他使用诸如亚硝酸盐等非盐类防腐剂的"重构"食品。超级加工食品也可简单理解为工业制作的、至少包含5种及以上配料的食品。这一类食品一般提供的营养都比较差，并且维生素和纤维素含量比较少，其中的饱和脂肪酸、调料和人工添加剂含量远超天然食物，所以有时也被称为垃圾食品。

（二）超加工食品的陷阱

超加工食品是商品化程度最高的食品类型，其利润往往较高，食品厂商会提示消费者其营养优势，而避谈潜在风险。学会分析食品成分表和营养标签、识别潜在的营养陷阱、用多种来源的食品来调控营养素的综合平衡，对于维护人体健康状态尤为重要。

（1）全麦或杂粮　食品选用全麦和杂粮仅能体现这种产品里含有不同种类的全谷物成分，但其中依然可能存在大量精制糖、脂肪、盐等容易超标的营养素。并且全谷物成分的口感粗糙，为了保证适口感，厂商往往会添加更多的调味物质。

（2）天然食品、绿色食品、有机食品　声称是天然食品、绿色食品、有机食品的各类加工食品并非真的完全是纯天然食品，只表明厂商曾经用了一些描述中的食品（苹果、谷物等）作为部分成分的来源。例如，有机山楂卷，其中的山楂可能是有机食品，但麦芽糖成分同样不利于人体保持正常血糖水平。

（3）零添加糖　零添加糖的食品并非一定不含糖，也可能添加一些含糖的物质。例如某种零添加糖的红豆奶茶，其中的红豆酱却含有很多的糖，这实际上和额外添加糖并无区别。

（4）低卡/低热量　理论上来说，低卡/低热量食品的热量必须比同一品牌的原始食物的热量少三分之一。但是，一个品牌的低卡食品的热量可能和另一个品牌的原始食品是一样的。

（5）低脂与零反式脂肪酸　低脂的标签，暗示了这种食品有助于减肥和调控体脂率。但实际上，为了保证口感和风味，低脂的食品需要添加更多的糖，才能改善低脂的不良口感。另外，每100g食品里的反式脂肪酸低于0.3g是可以依规定写成不含有的，就算标注成零反式脂肪酸，其实依然是有可能含有的，所以更要熟悉各种油脂的加工特性。

（6）营养素添加　营养素添加包括额外添加钙、铁、维生素等，表面上看是对人体健康有利的，实际上还需要考虑食品中其他组分对人体的影响。例如，额外添加维生素D的甜牛乳，其中的维生素D对人体的好处并不能抵消高糖的潜在隐患。

（三）超加工食品的隐患

超加工食品成为超市货架上主流货物的原因很多，能量高、方便、美味、耐储都是其优点。各大食品公司的研发专家会用千百次的实验和分析，来设计出具有各种酸甜、鲜香、酥脆口感的食品，甚至连食品被嚼碎的清脆声音以及食品分子在空气中对鼻感受器的诱惑都在考虑因素之内。这些油、盐、糖的完美组合，刺激人的大脑，让人回味无穷，以至于令人忘记它们的热量有多高、维生素有多缺乏。若经常食用超加工食品，且不注意新鲜食材和营养素补充剂的搭配，就会发生很多慢性疾病和损容性现象。

（1）肥胖风险　由于超加工食品口感更好，能量高，因此非常容易摄入过量。被精心设计出的风味、口感，甚至色泽，都能激发出食欲，诱导人们进食更多，也就增加了肥胖的风险。

（2）精力衰退　虽然一顿快餐或者零食之后，能让你感到满足，但它们往往缺乏人体的必需营养素，不足以维持人体所需能量和健康。若吃方便面不额外加鸡蛋和蔬菜，蛋白质和维生素摄入量就会减少，就会使大脑出现长期的疲劳感。

（3）肠道菌群失调　很多超加工食品的膳食纤维很少，会影响肠道内益生菌增殖，反而促进细菌增殖。肠道菌群失调的后果包括很多肠胃和皮肤炎症，也会导致神经递质失常而增加抑郁风险。很多肠道菌群失调引发炎症的初期症状并不明显，可能就是轻微的腹泻、胀气等，但若不加以防范，也会改变肠道通透性或发生各种溃疡。

（4）大脑结构改变　超加工食品中含有大量的饱和脂肪和反式脂肪，可能会取代大脑中原有健康脂肪，从而干扰正常的信号传导过程。研究发现，吃超加工食品较多的人群，其大脑中沉积的β-淀粉样蛋白更多，会对大脑造成不可逆转的伤害。

（5）心血管疾病　油脂积存于血管或其他器官中，形成老化现象，加速人的老化速度，引起动脉硬化，易导致中风、脑出血、心脏病等多种相关疾病。巴黎大学的一项研究表明，在5年内追踪了近10.5万成年人，根据他们的饮食习惯，每年进行评估，发现每多消耗10%的超加工食品，就会多12%的机会患上心血管疾病。

（6）肾脏损害　经常吃方便面会因摄入食盐过多而导致钠超标，增加高血压和肾病的发生风险。

（7）骨损害　食品添加剂中的磷酸盐会增加磷的摄入量，钙磷比例失调会使体内的钙无法充分吸收，因此增加骨折、牙齿脱落和骨骼变形的隐患。

四、营养强化食品

（一）营养强化食品的特点

营养强化食品是指根据各类人群的特殊需要，按照科学配方，把缺乏的营养素加到食品中去，以提高食品的营养价值。营养强化食品从食用角度可分为三类：强化主食，如大米、面粉等；强化副食，如鱼、肉、香肠及酱类；强化公共系统的必需食品，如饮用水和食用盐等。

（二）营养强化食品类型

1. 强化主食

（1）强化大米　大米是中国居民的主食。鉴于其加工后的营养损失，以及蛋白质中缺乏赖氨酸与甲硫氨酸等，进行营养强化十分必要。强化的物质主要有维生素B_1、维生素B_2、维生素B_6、维生素B_{12}和多种氨基酸（甲硫氨酸、苏氨酸、色氨酸、赖氨酸）。

（2）强化面粉　通常在面粉中强化维生素B_1、维生素B_2、烟酸、钙、铁等，还可增补赖氨酸和甲硫氨酸或干酵母、脱脂奶粉、大豆粉和谷物胚芽等天然食物。

2. 强化副食

（1）强化食盐和酱油　食盐是人们每天的必需品，也是主要的调味品。缺乏碘会发生甲状腺肿大等疾病，在食盐中强化碘是防治此类疾病最好的方法。酱油也是日常生活中常用的调味品，特别是在中国及东南亚国家和地区，对其强化主要添加维生素B_1、维生素B_2、铁和钙等。

（2）强化酱类　酱类是可代替食盐的主要调味品。在酱类中强化的营养素主要有钙、磷、维生素A、维生素B_1、维生素B_2、蛋白质等。高蛋白质花生酱是采用添加大豆粕的方法，提高了其中的蛋白质含量。

（3）强化果蔬制品　果蔬制品在加工过程中会损耗大量维生素，所以强化果蔬制品会重点添加维生素C和多种B族维生素。

（4）强化饮料　强化矿物质、维生素和牛磺酸的饮料，有助于运动后补充体液，也有一定防止肌肉疲劳、心动过速或低血压等异常状态的作用。

（5）强化乳与乳制品　乳制品可强化维生素A、维生素C、维生素D、维生素E和矿物质钙、铁、锌等营养素。婴儿配方乳粉和乳基断乳食品除强化各种维生素和矿物质外，还可强化多不饱和脂肪酸和牛磺酸等有益营养素。

3. 强化公共系统的必需食品

有一些普遍存在或地区性存在的营养缺乏问题，为了保证人们均能获得某种营养素的有效补充，规定在公共系统中强化该种营养素。如饮用水中强化氟，以保护牙齿；食盐中强化碘以防止甲状腺肿大。另外，婴幼儿、孕妇和乳母、老人以及特殊工种等人群，都有特殊的营养需求，可根据其各自的需求特性来选择营养强化食品。

（三）营养强化食品的优选

营养强化食品的类型多样，强化的营养素也功能各异，过量食用可能造成健康隐患。

1. 正确选择营养强化食品

选择真正需要的营养强化食品，可以按照体质和营养素状况，以及医学指标，在医生和专业营养师的建议下，选购合法的营养强化食品，而并非轻信广告。多种类型的营养强化食品，价格差异很大，可依据自身的经济状况选用，不必一味追求高价产品。

2. 了解强化营养素的含量

所选择的营养强化食品中营养素的含量，以及食品能提供的数量，二者的总量需要和人体所需营养素总量相符或适宜。多种营养强化食品和保健食品同时食用时，其中的脂溶性维生素和矿物质最容易超标，中毒风险也更大。

| 拓展阅读 |　　**酵素**

酵素是以新鲜的蔬菜、水果、糙米、药食同源植物等为原料，经过榨汁或萃取等一系列工艺后，再添加酵母菌、乳酸菌等发酵菌株进行发酵的产物。酵素中含有丰富的糖类、有机酸、矿物质、维生素、酚类、萜类等营养成分，也会含有酶类等生物活性物质。所以酵素有一定促进食欲、促进肠道益生菌增殖的作用，包括降低肠道内细菌数量、促进排便等。但依据实际调查情况，酵素不能促进减肥，且自制酵素存在含糖多、细菌多、霉菌多等多种健康隐患。

第三节　烹饪的影响

一、烹饪目的与方式

烹饪的目的在于促进营养素的分解与利用，增进食物的色、香、味，消毒和灭菌，增进食欲和保证食用安全。虽说食物在烹饪过程中不可避免地要损失和破坏部分营养素，但合理的策略可以减少营养素的损失和破坏。除少数水果和少数低草酸的蔬菜适合生食外，大多数烹饪的主要方式是加热。加热之时热源将能量传递给食物分子，食物分子之间发生移动和碰撞，从而相互作用，改变原有的化学状态，形成新的结构与风味，加热还能起到杀虫灭菌的作用。常见的热加工方式包括直接接触加热和不直接接触加热两大类，前者包含烧、烤等方式，后者还可细分成水加热、油加热和不直接接触热源的烟熏、热辐射加热等方式（表4-1）。

表4-1　常见热加工方式、加工特点与风险

热加工方式	常见方法	加工特点与风险
直接接触加热	烧、烤、高温焊枪烧制	温度高（可达1600℃）、加工速度快、反应剧烈并形成酥脆的异香表皮。短时间加工能形成外焦里嫩的口感，有时内部还未熟或带血；加工时间稍长就会导致食物碳化，生成丙烯酰胺、杂环胺、多环芳烃等化学毒素，并丧失营养价值
水加热	水煮、水蒸气蒸制、真空低温慢煮、高压锅加工、烩、涮、炖、焖	一般情况下，水加工能将温度控制在100℃上下；真空低温慢煮和高压锅则分别可以将温度控制在100℃以下及120℃左右。富含胶原蛋白的猪蹄、牛蹄筋等食材更适合通过炖煮而软化。久炖破坏最严重的营养素是维生素类，不适合蔬果加工
油加热	煎、炒、烹、炸	加热温度约175~225℃，也可高达600℃，加工速度快、反应剧烈，能让食物表面迅速脱水变脆，急火爆炒能让蔬果类的维生素不至于破坏殆尽。加工过后的油脂饱和程度增加，造成人体健康隐患的风险也增加；若加工时间较长，也会导致食物分子变性，甚至生成有毒物质和丧失营养价值
热辐射加热	微波炉加热、红外辐射加热、烟熏等	微波炉加工时，不含油脂的食物温度在100℃左右，而含油脂食物温度可达到200℃以上。很多塑料微波炉餐具不可加工含油脂食物，否则塑料熔化后会将有毒成分融进食物
其他物质传热	利用盐粒、砂粒等固体物质导热	粒状物作为传热介质时，食物容易受热不均，需不断地翻拌，才能使食物受热均匀

　　由热加工特点与风险可知，通过烹饪制成佳肴的关键因素包括食物本身的材质与厚度、加工的温度和时间，以及烹饪用具的材质和特性。常见的家用烹饪用具的材质有陶瓷、玻璃、金属。一般来说金属的导热速度最快，陶瓷与玻璃的导热速度与它们的厚度有很大关系。大多数烹饪用具需要具备良好的导热性能，并且需要避免和食物发生化学反应，但两者之间有一些矛盾。化学稳定性最强的陶瓷，导热性能相当不好，只适用于缓慢加热的慢炖之类，但保温效果却很好。铜作为最佳导热材料之一，却很容易与食物发生化学反应，它能稳定发泡蛋白并为蔬菜增色，但高频率的使用铜餐具会造成健康隐患。目前来说，不锈钢、铸铁材质是炊具的主流。聚四氟乙烯涂层的不粘锅也是当今比较常见的炊具类型，但必须谨慎使用，因为在高温和空烧至240~300℃时，该材质就会分解冒烟，而这种烟雾是有毒的。另外，不粘锅也属于易耗品，一旦表面涂层剥落混入食物中，即使人体吸收量很少也会增加生病及损容的概率。

二、食物在烹饪过程中发生的相关反应

　　食物在烹饪的过程中发生了很多关于温度、颜色、质地和交互性的变化，这些变化对食物的颜色、口感和营养性都有影响。在所有的烹饪加工中，最有代表性的两个变化，一个是导致食物变色变味的褐变反应，另一个是和蛋白质各种理化反应相关的风味与口感变化。

（一）褐变反应

褐变反应是指食物在加工过程中或长期贮存于湿热环境下，经过一系列反应生成褐色聚合物的现象。褐变反应根据发生机制分为两种类型：酶促褐变主要发生于新鲜植物性食物中，比如苹果、梨；非酶促褐变也叫非酶褐变，包括焦糖化褐变、美拉德反应（也叫羰氨反应）和抗坏血酸氧化褐变。各种食物褐变反应的类型、机理和相应食物的营养变化与应对策略可参见表4-2。

表4-2　食物褐变反应的类型、机理和相应食物的营养变化与应对策略

褐变反应的类型	机理	相应食物的营养变化	应对策略
酶促褐变	在有氧的条件下，多酚酶催化酚类物质形成醌及其聚合物的反应过程，是一种氧化反应	在大多数情况下，会导致食物的风味、品质和营养性的下降，还会加速果蔬腐烂	大多数褐变反应的产物可能会伤害人体，可能包含较多数量的自由基、亚硝胺、丙烯酰胺、多环芳烃和杂环胺等，增加破坏人体细胞组织和DNA结构的风险。但也有研究认为，某些褐变反应的产物能够激发人体免疫功能，增强人体排毒作用。因此，降低这类物的食用频率和食用褐变反应程度低的食品，是应对褐变食物的理性态度
焦糖化褐变	是糖类食材在高温下产生脱水裂解等现象，致使食物产生黑褐色色素的反应	轻度利用时，能增加食物的风味、色泽与口感，如焦糖布丁和红烧肉的糖色，但增加反应程度会导致食物变苦、变硬和丧失营养价值	
美拉德反应	是指氨基化合物和羰基化合物在加热时形成褐色物质的反应，能伴随焦糖化反应同时发生	轻度利用时，能增加食物的风味、色泽与口感，如烤面包的酥皮，但增加反应程度会导致食物变苦、变硬和丧失营养价值；加工程度越高，有毒成分丙烯酰胺越多	
抗坏血酸氧化褐变	抗坏血酸发生自动氧化，释放CO_2，使果蔬的色泽变暗	在大多数情况下，会导致食物的风味、品质和营养价值的下降；少数情况如冻梨，具备独特的风味口感，但需要迅速食用	

（二）蛋白质相关反应

1. 变性

蛋白质是烹饪中非常容易被酸、碱、热等因素改变性质的生理活性物质。蛋白质在变性之后会发生颜色、质地、口味和营养上的变化。常见的生鸡蛋像浓稠的液体一样，而熟鸡蛋的口感变得弹润细滑，抗性蛋白也更少，更有助于人体吸收利用其中的营养成分；用火烤制的熟鸡蛋会发生一些缩合和碳化反应，产生一些有毒物质和破坏一些营养成分；变质的臭鸡蛋则是被细菌的消化酶分解破坏了蛋白质结构，同时分解出一些恶臭的氨类和含硫化合物。

　　在常见烹饪方式中，和蛋白质变性相关的因素包括：高温熟制、低温保鲜的温度；搅拌肉馅更弹滑的机械力；X射线、紫外线等；点豆腐的卤水、嫩肉的蛋白酶以及酒精、细菌等。适当程度的蛋白质变性有助于消除食物分子中抗性蛋白的活性，如富含蛋白质的豆类含有红细胞凝集素和一些毒苷类成分，熟制后食用才能安全利用其中的氨基酸构建人体；不良的蛋白质变性则会破坏食物的质地与口感，影响食物的营养价值。

2. 水解

　　蛋白质是氨基酸的聚合物，在水中加热时会发生水解。随着时间的增加，蛋白质在热条件下逐步水解。就像在炖鱼时，鱼肉逐渐软嫩，汤汁却越来越鲜滑浓稠，同时香气飘散在厨房中，这就是鱼肉中的蛋白质逐步水解成多肽、寡肽，甚至是氨基酸的过程。常见的嫩肉粉、鲜木瓜、鲜菠萝中含有蛋白酶，有助于加速水解进程。大部分的蛋白质水解是有助于人体利用食物中氨基酸的；少量过度的蛋白质水解则会破坏食物的质地与口感，还会影响食物的营养价值，例如烤肉店用嫩肉粉加工过的肉类，虽然更易咀嚼，却不好吃了。

3. 交联

　　胶原蛋白是一类具备亲水基团的特殊蛋白质，主要存在于骨骼与皮肤中。它具有极好的亲水性，和大量水分子交联后体积会增加，使得食物汤汁逐渐变得浓稠，而温度冷却时，就会形成诸如皮冻、鸡冻等鲜美凝胶。若采取食品工业技术促使面粉中蛋白质中的巯基发生交联，就会形成双硫键，使之成为适合做面包的高筋面粉。大部分的蛋白质交联是发生在水解之后的，有助于人体利用食物中的氨基酸。

4.发酵

　　蛋白质能被微生物分解，并产生独特风味。常见的酸乳、酱油、腐乳等，都经历了这种被微生物分解代谢的过程，所以能散发出比炖煮更为鲜醇的气味。有些微生物在代谢时会伴随产生B族维生素，对人体有益。

5. 乳化

　　蛋白质同时具备亲水和亲油两种基团，是天然的两性分子，能帮助油脂和水形成乳液状态，有利于调和汤汁的质地和口感。

（三）油脂相关反应

1. 氧化反应

　　常见的食物油脂是指甘油三酯，也就是由3个脂肪酸分子与甘油的3个羟基结合而成的结构。而每一条单独的脂肪酸链结构又分成三类：饱和脂肪酸、单不饱和脂肪酸、多不饱和脂肪酸。通常来说，无论什么油，都含有这三类脂肪酸，但比例差异很大。简单来说，不饱和脂肪酸的比例越高的油脂，如亚麻籽油、橄榄油、大豆油等常见植物油，对于高温的耐受力较越差，体现在烹饪中的特点，就是烟点更低，相对不适合炒菜或油炸，而更适合凉拌或低温烹饪。假如在烟点以上强行烹饪，油脂就更容易发生氧化，不但会破坏食物中的营养素，而且会分解出丙烯醛、多环芳烃等有毒物质。

2. 聚合反应

　　鱼油、大豆油等不饱和油脂中含有的双键结构，还能在光热等条件下发生聚合反应。尤其是在剧烈油炸之后，油脂变得黏稠，甚至产生黏腻乌黑的胶状物质，这都是聚合反应的结果。几乎所有的油脂聚合反应都会破坏食物的营养价值，但炸虾、炸昆虫等富含几丁质的食物，能增加人体对钙和几丁质的摄取量。

（四）糖类相关反应

糖类类型较多，按人体消化利用的程度大致分为容易消化的糖类，和几乎不能被消化利用的膳食纤维两大类。前者包括小分子的单糖和双糖、大分子的糖原和淀粉，后者包括低聚糖和大分子的各种膳食纤维。它们的来源各异，功能差异也很大。

1．小分子糖类发生的主要反应

小分子糖类在加热时容易发生增加黏度的聚合反应。糖葫芦和拔丝地瓜等的糖衣都和这种反应相关。伴随着聚合反应，也会发生糖分子间继续脱水缩合的焦糖化反应，在存在蛋白质时还会出现产生肉类焦香的美拉德反应。这些反应的程度较低时，能产生太妃糖或炭火烤肉等多种类型的香气和滑润饱满的柔和褐色，还能提升食物的口感。但增加反应程度会导致食物变苦、变硬和营养价值下降。

2．淀粉发生的主要反应

淀粉可以在糖化酶的作用下，分解成麦芽糖，常见的高粱糖和糖稀就是利用这一机理加工而成的。淀粉在酵母菌的作用下，可以用来酿酒、酿醋。淀粉在熟制的过程中，主要发生的化学变化，包括糊化与老化。糊化是指淀粉在高温下溶胀、分裂形成均匀糊状溶液的现象，可以理解成水分子和淀粉发生交联作用。硬硬的粉丝能煮软就是利用了淀粉的糊化作用。淀粉老化是糊化的逆过程，即已经溶解膨胀的淀粉分子重新排列组合后，口感变差，消化吸收率也随之降低的现象。淀粉老化的过程是不可逆的，不可能通过糊化再恢复到老化前的状态。从冰箱取出的隔夜饭变得干硬难咽，就是一种淀粉老化的现象。但也有一些减肥人士利用冷冻淀粉类主食，促使其淀粉变性和老化，以便于在提升饱腹感的同时尽可能少摄入热量。

3．低聚糖发生的主要反应

大多数植物性低聚糖具备一定甜味，热量较低，能促进人体肠道益生菌增殖，但在普通烹饪时应用程度不高，原因在于大多数低聚糖甜度不高，能促进肠道细菌产气，引发腹胀、腹痛的风险增加。昆虫和甲壳类海鲜所含的主要低聚糖叫几丁质，也叫甲壳素，具有吸附一些重金属的作用。但烹饪过程中，能融进汤汁的几丁质实在有限。有些人在吃油炸虾蟹时，带壳一起吃掉，这种策略有用，但引发肥胖的风险不小。

4．大分子膳食纤维发生的主要反应

水溶性膳食纤维在熟制过程中遇水能发生水解反应，还可能会伴随酸解、酯交换等反应，引发的直接现象就是食物的黏度增加。西红柿炒鸡蛋浓稠的汤汁就少不了水溶性膳食纤维的贡献。伴随着温度增加，更多番茄红素从细胞中溶出，对人心脑血管都有好处。而不溶性的粗纤维在大多数烹饪方式下，只能发生溶胀的物理变化。吃金针菇和芹菜时，一定要细嚼慢咽，否则很难被人体充分利用。

（五）水相关反应

1．水解

除肉干、豆腐干、果菜干等干制食物之外，大多数食材具备70%以上的水分含量。水能溶解和稀释多种物质与营养素，对于烹饪米粥、汤汁和肉冻等软嫩食物来说非常重要。不额

外添加水的热加工能导致水分蒸发、食物的口感逐渐弹韧或坚固；添加水分后的食物成分会发生混合或交联，使口感浓缩在汤汁中。普通的冷冻手段能使食物细胞中出现冰晶，而超低温速冻则能降低冰晶数量。但解冻时，冰晶就会刺破细胞影响食物的口感。所以相对肉类海鲜来说，有细胞壁的植物类不适合冷冻，否则化冻软塌会影响口感。东北冻梨则利用了这一特性，在其融化后咬上一小口，就能吸食到清香爽口的梨汁。

2. 水分与微生物增殖

除发酵外的大多数微生物增殖现象，都是对食物和营养不利的。为了实现延长食物储存期的目的，科学家做了大量研究后发现：食品的稳定性和安全性与食品中水的含量并不是直接相关，而是食品中所含的成分和水的"状态"，或者说与食品中水的"可利用性"有关。食品中水分活度越低，越不容易被微生物侵染。水分活度是指食品中水的蒸气压与同温度下纯水的饱和蒸气压的比值。例如，牛乳和蜂蜜都是液体，但将二者同时暴露在空气中，牛乳会很快腐坏，蜂蜜则能长时间不会变质。因为食品中的水与其非水组分结合的强度是不同的，被成分强烈结合的那一部分水是不易被微生物所利用的。常见的延长食品保存期的方法都和调节水分活度相关，如干制、加糖和加盐等。

（六）矿物质相关反应

各类矿物质在烹饪过程中的最主要的反应应该是氧化反应。它们会从容易被人体吸收利用的还原态，被氧气和光热氧化成相对不易被吸收利用的氧化态，有时也会形成螯合物。新鲜的动物血肉富含营养价值较高的二价铁（Fe^{2+}），在烹饪后，部分二价铁就会被氧化成三价（Fe^{3+}）或形成螯合物。很多金属离子都可以跟铁一样，能够在烹饪过程中被部分氧化或形成螯合物。也正是因为矿物质具有这种性质，才能降低像镉、镍等重金属离子对人体的毒性。

（七）维生素相关反应

各类维生素在烹饪过程中，可能出现的各种水解、光解、热解、酶解等反应，都可以归纳成维生素总量越来越少。在大多数情况下，水溶性维生素的稳定程度更低，接触到70℃温度时，就开始损耗。在黄色、红色等蔬果富含的B族维生素中，很多成员见光会分解，需要尽快食用；食物中所含的维生素C氧化酶为了保存其他营养素，还会主动衰减。脂溶性维生素的稳定性稍好，大多数在180℃左右才丧失营养价值，但和油脂的新鲜程度关系很大，在有自由基存在时，就很容易被氧化。选用新鲜的油脂和富含脂溶性维生素的食材，才能起到调控自由基，保护人体组织的作用。

第四节　食品污染的影响与食品安全

一、食品污染

食品污染是指食品在种植或饲养、生长、收割或宰杀、加工、储存、运输、销售到食用前的各个环节中，由于环境或人为因素的作用，使食品受到有毒有害物质的侵袭而造成污染，使食品的营养价值和卫生质量降低的过程。食品污染既可导致急性食源性疾病，又可导致慢性食源性疾病。最常见的食品污染按污染源性质可以分为生物性污染和化学性污染。

1. 生物性污染

生物性污染包括微生物、寄生虫和昆虫的污染以及有毒生物组织污染。主要以微生物污染为主，危害较大，主要为细菌和细菌毒素、霉菌和霉菌毒素的污染。

2. 化学性污染

化学性污染来源比较复杂，而且种类繁多。主要来源包括：①来自生产、生活和环境中的污染物，如农药、有害金属、多环芳烃化合物、N-亚硝基化合物、二噁英等；②从生产、加工、运输、储存和销售工具、容器、包装材料及涂料等溶入食品中的原料材质及助剂等物质；③在食品加工、储存中产生的物质，如酒类中有害的醇类、醛类等；④非法滥用的食品添加剂等。

二、食物中毒

广义上来说，食物中毒是一类重要的食源性疾病，是指摄入了含有毒素或被污染的食物，或者把有毒有害物质当作食物摄入后出现的非传染性的急性或亚急性疾病。食物中毒是非常普遍的，发病率也较高。对人体健康的危害有多方面的表现。一次大量摄入受污染的食品，可引起急性中毒，即特指的食物中毒，如细菌性食物中毒、农药食物中毒和霉菌毒素中毒等。长期（一般指半年至一年以上）少量摄入含污染物的食品，可引起慢性中毒。造成慢性中毒的原因较难追查，而影响又更广泛，所以应格外重视。

常见的能导致食物中毒的毒素包括生物性毒素和化学性毒素两大类。前者主要包括细菌、真菌、病毒和寄生虫；后者包括各种动植物毒素，以及在养殖、加工过程中产生的毒素，包装物所潜藏的毒素等。常见导致食物中毒的原因和防控要点可参见表4-3。

表4-3　导致食物中毒的常见原因和防控要点

致病原因	常见类型	产生的人体损害	风险来源	防控要点
细菌	芽孢杆菌、大肠杆菌、沙门菌、变形杆菌、葡萄球菌、副溶血性弧菌、肉毒杆菌、痢疾杆菌	呕吐、腹泻、伤寒、脑炎、霍乱、肠胃炎和炭疽病；皮肤损害	肉、蛋、乳类等富含蛋白质的食物	趁新鲜时食用；储存条件安全卫生；食用前加热熟制
真菌	黄曲霉菌、黄绿毒霉菌、橘青霉菌、节菱孢霉菌、赤霉菌、杂色曲霉菌	阻碍和干扰神经传递、激素调节、免疫功能等，增加肝肾损伤、生殖障碍和致癌致畸的风险；皮肤损害	水果、蔬菜、谷物等富含多糖的食物；部分大型真菌自身	大部分食物需趁新鲜时食用；储存条件安全与卫生；食用前加热熟制；蘑菇等大型真菌需辨别类型；木耳与银耳干制更安全

续表

致病原因	常见类型	产生的人体损害	风险来源	防控要点
病毒	甲型肝炎病毒、诺如病毒、轮状病毒	以人体为宿主，利用人体营养增殖，造成人体疾病损害；皮肤损害	肉、蛋、乳类等富含蛋白质的食物；野生动物；毛蚶等	抵制食用野生动物；趁新鲜时食用；储存条件安全与卫生；食用前加热熟制
寄生虫	囊虫、绦虫、旋毛虫、蛔虫、姜片虫、弓形虫、阿米巴原虫等	以人体为宿主，利用人体营养增殖，造成人体疾病损害	肉、蛋、乳类等富含蛋白质的食物；野生动物；福寿螺等	抵制食用野生动物；趁新鲜时食用；储存条件安全与卫生；食用前加热熟制
动物类毒素	生物碱、抗性蛋白、过量维生素A、一些不良激素和毒物等	毒害人体神经和器官组织，引发急性或慢性的病理损害；皮肤损害	河豚及有毒贝类、毒化藻类、富含组胺的鱼类、部分鱼的肝胆、动物甲状腺、抗生素等	了解食物的抗营养素情况；选择尽可能低毒的食物；注意食材的加工和搭配
植物类毒素	生物碱、抗性蛋白、凝集素、黄酮类、秋水仙碱、皂苷等	毒害人体神经和器官组织，引发急性或慢性的病理损害；皮肤损害	发芽马铃薯、核果类种子、未加工的木薯、豆类、鲜黄花菜、白果	了解食物的抗营养素情况；选择低毒食物；注意食材的加工和搭配
过度加工产生的毒素	醛类、酮类、过氧化物、多环芳烃、苯并芘、杂环胺、反式脂肪酸等	毒害人体神经和器官组织，引发急性或慢性的病理损害；皮肤损害	剧烈条件如煎烤炸的动物类和富含淀粉的食物；熏烤的食物	少吃过度加工的香酥食物；去除烤煳部位
非法添加物的毒素	瘦肉精、抗生素、过量的亚硝酸盐、抗菌剂等	毒害人体神经和器官组织，引发急性或慢性的病理损害；皮肤损害	动植物养殖过程中的非法添加物；食物加工时的非法添加物	选择合法来源的食物；选购有机食材或绿色食材；少吃来源不明的食物
不当包装和餐具所含的毒素	铅、汞、砷、双酚A、邻苯二甲酸酯、甲醛、苯、多氯联苯（其中二噁英毒性最高）、抗菌剂以及某些细菌和霉菌	毒害人体神经和器官组织，引发急性或慢性的病理损害；皮肤损害；肠胃菌落失调	水晶玻璃和彩色陶瓷的重金属；塑料餐具的塑化剂；可降解餐具的非法添加物；不合格餐具所含的氯化物；竹木餐具的微生物和抗菌剂等	选择高硼玻璃、304或306不锈钢、白瓷等安全餐具

三、食品安全

（一）食品安全的定义

食品安全是指食品（食物）的种植、养殖、加工、包装、储藏、运输、销售等环节均符合国家强制标准和要求，不存在可能损害或威胁人体健康的有毒有害物质而导致消费者病亡或者危及消费者及其后代的隐患。但是，自然界和实验室中，都不存在百分之百适合人类食用的绝对无害食物。因此，对于食物来说，没有绝对的安全，食品安全只是一个理想化的概念。尽可能多了解食物特性和自身需求，在具备预警能力的前提下，对食物按需调控，才是食品安全的更高级内涵。

（二）有效不等于安全

营养学实验室也无法准确测量出不同的人分别吃多少芹菜后，会和吃500g猪肉后增重一样。食品真相需要通过分析大量人群的观测数据总结和归纳，才能得到更准确的结论。因此，我们将食品真相看成吃进某种食物后，能够观测到对人体有影响的，并且能通过各种现代理化生物方式进行科学分析的大概率事件。

对于矿物质、食药材、药物等能有效调节身体偏颇状态的物质而言，一定要谨记适时、适当、适量的三大原则。符合短期安全剂量的是药材、药物之类，其用途在于迅速调整身体异常的偏颇状态。例如，对于某些初期白血病患者而言，在药物调配时应用痕量砒霜，能通过激活特定酶来干扰潜伏病毒的活性，进而增大患者痊愈的概率。大多本地常见的日常食物，如白菜、萝卜、苹果、猪肉等，才符合当地人的长期安全剂量，即使长期食用也能够保持较为平衡的身体状态。

（三）强化食品安全的策略

1. 卫生条件

（1）个人卫生　良好的洗手习惯，是降低细菌感染风险的最好习惯。经常洗手，特别是在接触肉类、新鲜农产品后，要避免交叉污染。做饭前要把手洗干净，每次做饭间歇的时候都要重新洗手；做饭时，从做一种食品转而做另外一种食品时要洗手。

（2）器具卫生　所有能接触食物的器具，都有可能造成交叉污染。因此，使用过的器具每次都需要用热水和餐具洗涤剂清洗，并用湿洗碗巾和消毒剂擦拭干净。最常见的易被忽视的存在污染隐患的器具包括清洁海绵、食品袋、水槽和砧板等。

2. 食物处理

（1）加热灭菌　某些食物如蛋类、肉类、鱼类，甚至饼干、面团，都需要达到特定温度才能杀灭细菌。食品特别是禽畜肉类和牛乳等，必须彻底煮熟才能食用。所谓彻底煮熟是指使食物的所有部位的温度至少达到70℃。

（2）适当储存　烹饪后的食物冷却至室温后容易滋生细菌。若食用在常温下已存放四五个小时的食物，就会增加食物中毒的风险，且存放时间越长，危险性越大。如果需要存放四五个小时以上，应在高温（≥60℃）或低温（≤10℃）的条件下保存。存放过的熟食必须重新加热（≥70℃）后才能食用。

（3）合理丢弃　烹饪或食用超过有效期的食物是危险的，因为超过有效期的食物可能藏有超过人体应对能力的微生物。此外，所有引起疾病的细菌都无法通过感官检测到，因此最好将任何超过其有效期的食物丢弃，而不能仅仅依赖于味道和气味判断是否可食用。

（4）预防污染　不要让未煮过的食品与煮熟的食品互相接触，两者直接接触可能会造成污染。例如，用同一把刀先后切生肉和熟肉，可能造成污染。不要让昆虫、鼠和其他动物接触食品。饮食用水应纯洁干净，如果对水质有所怀疑，最好先把水烧开，然后再饮用，或制成冰块。

3. 餐具材质

餐具材质的种类众多，其化学性质差异也很大。对于餐具来说，要注意其适合的温度范围、食物材质甚至食物酸碱性。

（1）纸盒　大多数纸质餐盒为一次性应用。其特点为价格低廉。其风险在于：所喷涂的颜色图案若采用工业油墨，就会有重金属成分渗入食物；所应用的防水材料若为工业石蜡，则会有多环芳烃和稠环芳烃两种致癌物混入汤汁；所应用的性状改良物质，可能含有各种塑料和塑化剂之类成分，也会影响人体内分泌功能和性腺发育。

（2）竹木　竹木餐具的特点是材质木质敦厚、遇冰不寒、遇热不烫，并且价格低廉。大多数一次性筷子都是竹木材质的。由于竹木来源于植物的木质部，细胞壁结构容易藏污纳垢，常成为霉菌和细菌的藏身之处，因此要定期更换。一些高档竹木加工品的工艺复杂，漆面材质的好坏对人体健康也有影响。

（3）小麦、玉米淀粉、竹纤维等天然材质　小麦、玉米淀粉、竹纤维等天然材质是相应材质经过加工处理后，和黏合剂、塑化剂等复合材料在高温作用下模压成型的，具备可降解的特点，因此被称为环保餐具。但是将其不能等同于安全餐具。个别不合格产品有可能残留较多工业甲醛、工业重金属和塑化剂，增加人类患病的风险。这种餐具可以装坚果，但不适合装热油炒菜，尤其不适合给婴幼儿作辅食碗。

（4）塑料

① 塑化剂风险。塑料制品在加工过程中会添加多种塑化剂。塑化剂是各类型高分子聚合物工业使用的，为改善产品性能，而广泛使用的高分子助剂，也叫增塑剂。适当的塑化剂能让树脂文具结实耐用，也能让塑料玩偶光滑安全。然而塑化剂是一类不适合人类食用的反营养素物质。例如医药注射器、储物袋、农田用地膜、食品包装和电缆等塑料中的塑化剂PAEs（邻苯二甲酸酯）就有扰乱内分泌、增加器官组织癌变风险的隐患。它可经呼吸道、消化道，甚至皮肤进入人体，作用于染色体，干扰细胞分化和修复；能增加哮喘、内脏毒性、神经炎和肿瘤的发生风险；能增加孕妇流产或胎儿畸形风险；在人体慢性累积后，会危害生殖功能，还会增加儿童早熟的风险。

② 塑料的类型。塑料餐具的底部会有三个由弯箭头构成的三角形标识，标识内的数字是塑料类型的标记，是帮助回收分类的标志。市面上最常见的塑料类型有01～07，共七种类型。

a. 01 代表PET（聚对苯二甲酸乙二酯）。PET是盛装矿泉水、饮料的常见材质。临近或超过保质期的、经过阳光暴晒的，或者在车后备厢经过高温烘制的矿泉水、饮料，都可能被溶出的塑化剂污染。

b. 02 代表HDPE（高密度聚乙烯）。HDPE适合做沐浴露、洗发水等清洁类化妆品的容器。该材质通常较为粗糙，不好清洗，不适合做饮用水容器。

c. 03 代表PVC（聚氯乙烯）。PVC曾经是世界上产量最大的塑料品种。该材质对光和热的稳定性都不好，在阳光下照射一段时间就可能变黄变脆，因此需要加入大量的塑化剂来完善其形态和功能。PVC在50℃时就有可能释放出对人体有害的氯化氢气体。PVC也是二噁英的主要来源，在燃烧和填埋时都会产生二噁英。目前PVC很少用于食品包装。

d. 04 代表 LDPE（低密度聚乙烯）。常见的保鲜膜是由这种材质制作的，它能够承受110℃以下的温度。若食物含有高温的油，这种材质也会溶出有害物质。因此将较热食物打包或放进微波炉加热时，应该用玻璃或陶瓷餐具，并将保鲜膜取下。

e. 05 代表 PP（聚丙烯）。聚丙烯能耐130℃高温，熔点167℃，透明性较差，是塑料中最适合做餐具的材质。常见的微波炉餐盒均是用该材质制作的。但切记不要用这种餐具在微波炉里加热含油食物。

f. 06 代表 PS（聚苯乙烯）。这种材质耐热又耐寒，是制造碗装方便面及发泡快餐盒的常见材质。这种餐盒不耐酸碱，不适合装醋熘白菜之类的酸味食物。刚出锅的红烧肉也不能装进这种容器中打包。

g. 07 代表 PC（双酚A聚碳酸酯）。PC是由双酚A转化而成的相对安全的透明材料，常用来制作奶瓶、太空杯等。劣质的PC材质在加工过程中，双酚A没被转化完全，有诱发性早熟、内分泌混乱和肿瘤的发生风险。目前我国对双酚A的使用量有标准规定，只要选择合格厂商的产品，总体风险不大。

（5）陶瓷　陶瓷是由一种特殊的陶土经过加工和煅烧制得的。适合做餐具的主要有白瓷和骨瓷两大类。白瓷泛指主要材质为高岭土的传统工艺产品，有时也可带花纹图案；骨瓷中则添加大量动物骨粉，起源于英国。大多数食物接触面为白色的陶瓷安全性较高，但也取决于陶瓷上釉质成分。一些透明釉质在高温时会释放重金属铅，选购时要注意品牌和工艺。所有陶瓷上的彩釉是用铅、汞、铬等重金属颜料实现的精美图案，就算是釉下彩，也有可能因时间流逝、自然磨损、果汁酒醋等因素而腐蚀掉表层，从而溶出重金属，毒害人体。陶瓷虽美，但易碎且能形成锋利刃口，不适合粗心的人和儿童、老人使用。

（6）搪瓷　搪瓷是通过熔融将无机玻璃质材料与金属牢固结合在一起的复合材质。外层釉质能保护金属，避免生锈。搪瓷除了不易碎成裂片外，风险和陶瓷类似。绝大多数合法厂商的搪瓷制品较为安全。

（7）仿瓷　仿瓷餐具成分为密胺树脂，这种材质轻便结实、着色稳定性好、耐酸碱、耐腐蚀、不怕摔。很多小作坊生产的仿瓷餐具偷工减料，用外观性质类似的模塑材料代替高价的树脂材料，这就大大增加了人们摄入塑化剂的风险。品质较差的仿瓷餐具接触酸味物质有可能分解出三聚氰胺和甲醛。虽说质量合格的仿瓷餐具在150℃以下不会析出甲醛成分，可是热气腾腾的肥嫩羊汤、热油加工的水煮鱼之类，还是另寻容器为好。

（8）硅胶　硅胶的主要成分是二氧化硅，其化学性质稳定，并且具备弹性，适合制作婴儿奶嘴、蛋糕模具之类的柔软器具。绝大多数的硅胶产品不需要额外添加塑化剂来改善性能，相对来说，安全性比塑料高得多。硅胶材质易吸附灰尘杂质，需注意定期清洗更换。

（9）不锈钢　不锈钢不锈的奥秘在于铬和镍的比例。铬能使钢材表面形成坚固稳定的氧化薄膜，而镍进一步提升了不锈钢耐酸、碱、盐的稳定性。常见以13-0、18-0、18-8、18-10等，说明餐具中铬和镍所占的比例。常用的食品级304不锈钢就是18-8，而医用级316不锈钢对应的是18-10。合格的食品级不锈钢制品性质稳定，安全性高。个别的不锈钢制品有溶出重金属的风险。不锈钢餐具导热性强，选购双层真空结构或带塑料隔热层的更为安全。

（10）玻璃 玻璃器皿可按加工工艺分成无铅玻璃和含铅玻璃两大类。二者不难区分：无铅玻璃的光折射性不如含铅玻璃，因此较为暗淡；含铅玻璃在光线下流光溢彩，极为华丽。含铅玻璃含有四分之一氧化铅成分，工艺复杂，成本较高。很多价格昂贵的人造水晶工艺品都是含铅玻璃。若用其盛装山楂茶、橙汁等酸味或含酒精饮料，就能导致铅溶出，长期累积，会导致人类皮肉、血液和神经内脏等器官组织代谢合成受阻而诱发病变，也和儿童多动症、学习能力差，成年人健忘、脱发有一定关系。

（11）铝 铝制餐具密封性好、不易变形、重量轻、不怕摔、清洁便利且易于回收，被广泛应用于食品保鲜、家庭烹饪和餐饮机构。铝制餐具本身毒害风险不大，但铝化学性质活泼，会生成不溶于水的氧化铝。酸、碱、盐能和氧化铝反应，导致较多量的铝离子进入体内，拮抗钙和磷等矿物质的正常功能。其后果是影响人体骨质和牙齿的质量、削弱消化酶的活性和阻碍脑神经传递引发健忘痴呆等。大概率而言，铝餐具的卫生和安全性还是比塑料产品高一些。

（12）黄铜 保养得当的黄铜锅金闪闪、紫铜碗碟红彤彤，让人赏心悦目的同时，也能溶出微量铜离子。这些矿物质对于体内一些蛋白质是必需品，对于发色也有维护作用。过量的铜会导致体内矿物质拮抗，影响钙、铁、锌、硒的功能和转运。但偶尔使用几次洁净的铜制餐具引发中毒的可能性不大。需要警惕的是，铜的氧化产物铜绿毒性很大，它能引发肌痛腹泻、头晕、休克和肝肾坏死的严重后果。黄铜的抗氧化性高于紫铜，但是也能被氧化成有毒的铜绿。

第五章

皮肤调理的饮食策略

学习目标

1. 掌握不同肤质的饮食策略。
2. 掌握皮肤过敏的饮食策略。
3. 熟悉调节肤色的饮食策略。
4. 掌握延缓衰老的饮食对策。

第一节　调理肤质

一、肤质与肤质的辨别

（一）肤质

肤质是指人类皮肤的多样状态，以及所形成的特征。按皮肤的水油平衡状态，可将皮肤简单分成四种类型：中性肤质、干性肤质、油性肤质和混合性肤质。除此之外，可按皮肤耐受程度分成耐受性皮肤和敏感性肤质。

（二）辨别肤质

1. 水油趋势

通过回答以下问题，可以较为精准地分析出皮肤的含水状况和出油程度。以下问题分值分别为：A——1分，B——2分，C——3分，D——4分，E——2.5分。

① 洗完脸后的2~3h，不在脸上涂任何保湿/防晒产品、化妆水、粉底或任何产品，这时在明亮的光线下照镜子，你的前额和脸颊部位：

A. 非常粗糙、出现皮屑，或者如布满灰尘般的晦暗

B. 仍有紧绷感

C. 能够回复正常的润泽感而且在镜子中看不到反光

D. 能看到反光

② 在自己以往的照片中，你的脸是否显得光亮？

A. 从不，或你从未意识到有这种情况

B. 有时会

C. 经常会

D. 历来如此

③ 上妆或使用粉底，但是不涂干的粉（如质地干燥的粉饼或散粉），2~3h后，你的妆容看起来：

A. 出现皮屑，有的粉底在皱纹里结成小块

B. 光滑

C. 出现闪亮

D. 出现条纹并且闪亮

E. 我从不用粉底

④ 身处干燥的环境中，如果不用保湿产品或防晒产品，你的面部皮肤：

A. 感觉很干或锐痛

B. 感觉紧绷

C. 感觉正常

D. 看起来有光亮，或从不觉得此时需要用保湿产品

E. 不知道

⑤ 照一照有放大作用的化妆镜，从你的脸上能看到多少大头针尖大小的毛孔？

A．一个都没有

B．T区（前额和鼻子）有一些

C．很多

D．非常多

E．不知道（注意：反复检查后仍不能判断状况时才选E）

⑥如果让你描述自己的面部皮肤特征，你会选择：

A．干性

B．中性（正常）

C．混合性

D．油性

⑦当你使用泡沫丰富的皂类洁面产品洗脸后，你感觉：

A．干燥或有刺痛的感觉

B．有些干燥但是没有刺痛感

C．没有异常

D．皮肤出油

E．我从不使用皂类或其他泡沫类的洁面产品（如果这是因为它们会使你的皮肤感觉干和不舒服，请选A）

⑧如果不使用保湿产品，你的脸部觉得干吗？

A．总是如此

B．有时

C．很少

D．从不

⑨你脸上有阻塞的毛孔（包括"黑头"和"白头"）吗？

A．从来没有

B．很少有

C．有时有

D．总是出现

⑩T区（前额和鼻子一带）出油吗？

A．从没有油光

B．有时会有出油现象

C．经常有出油现象

D．总是油油的

⑪脸上涂过保湿产品后2～3h，你的两颊部位：

A．非常粗糙、脱皮或者如布满灰尘般晦暗

B．干燥光滑

C．有轻微的油光

D．有油光、滑腻，或者从不觉得有必要，事实上也不怎么使用保湿产品

如果你的得分为34～44分，则属于非常油的皮肤；如果你的得分为27～33分，则属于轻

微的油性皮肤；如果你的得分为17～26分，则属于轻微的干性皮肤；如果你的得分为11～16分，则属于非常干的皮肤。

综上，如果得分为27～44分，则属于偏油性皮肤（简称"油"型）；如果得分为11～26分，则属于偏干性皮肤（简称"干"型）。

2. 敏感程度

通过回答这部分的问题，可以准确分析出你的皮肤趋向于发生各种敏感症状的程度，所有的痤疮/痘痘、红肿、潮红、发痒都属于皮肤的敏感症状。以下问题分值：A——1分，B——2分，C——3分，D——4分，E——2.5分。

① 脸上会出现红色突起吗?

A．从不

B．很少

C．至少一个月出现一次

D．至少每周出现一次

② 护肤产品（包括洁面、保湿、化妆水、彩妆等）会引发潮红、痒或是刺痛吗?

A．从不

B．很少

C．经常

D．总是如此

E．我从不使用以上产品

③ 曾被诊断为痤疮或红斑痤疮（皮肤的慢性充血性疾病，通常累及面部的中1/3，特点为患部持续性红斑，常伴毛细血管扩张以及水肿、丘疹和脓疱的急性发作）吗?

A．没有

B．没去看过，但朋友或熟人说我有

C．是的

D．是的，而且症状严重

E．不确定

④ 如果你佩戴的首饰不是14K金以上的，皮肤发红的概率:

A．从不

B．很少

C．经常

D．总是如此

E．不确定

⑤ 防晒产品令你的皮肤发痒、灼热、发痘或发红吗?

A．从不

B．很少

C．经常

D．总是如此

E．我从不使用防晒产品

⑥ 曾被诊断为局部性皮炎、湿疹或接触性皮炎吗？

A．没有

B．朋友或熟人说我有

C．是的

D．是的，而且症状严重

E．不确定

⑦ 你佩戴戒指部位的皮肤发红的概率：

A．从不

B．很少

C．经常

D．总是发红

E．我不戴戒指

⑧ 芳香泡沫沐浴乳、按摩油或是身体润肤霜会令你的皮肤发痘、发痒或感觉干燥吗？

A．从不

B．很少

C．经常

D．总是

E．我从不使用这类产品（如果你不使用是因为会引起以上的症状，请选D）

⑨ 有使用酒店里提供的香皂洗脸或洗澡的经历，却没什么问题：

A．是的

B．大部分时候没什么

C．不行，我会发痘或发红发痒

D．我可不敢用，以前用过，总是不舒服

E．我总是用自己带的这些东西，所以不确定

⑩ 你的直系亲属中有人被诊断为局部性皮炎、湿疹、气喘和/或过敏吗？

A．没有

B．据我所知有一个

C．好几个

D．数位家庭成员有局部性皮炎、湿疹、气喘和/或过敏

E．不确定

⑪ 使用含香料的洗涤剂清洗，以及经过防静电处理和烘干的床单时：

A．皮肤反应良好

B．感觉皮肤有点干

C．皮肤发痒

D．皮肤发痒发红

E．不确定，因为我从不用这些东西

⑫ 中等强度的运动后、感到有压力或出现生气等其他强烈情绪时，面部皮肤发红的概率：

A．从不

B．有时

C．经常

D．总是如此

⑬喝过酒精饮料后，脸变红的情况：

A．从不

B．有时

C．经常

D．总是这样，我不喝酒就是因为这个

E．我从不喝酒

⑭吃辣的食物会导致皮肤发红的情况：

A．从不

B．有时

C．经常

D．总是这样

E．我从不吃辣（如果不吃辣是因为怕皮肤发红，请选D）

⑮脸和鼻子的部位有多少能用肉眼看到的皮下破裂毛细血管（呈红色或蓝色），或者你曾经为此做过治疗：

A．没有

B．有少量（全脸，包括鼻子有1～3处）

C．有一些（全脸，包括鼻子有4～6处）

D．很多（全脸，包括鼻子有7处或以上）

⑯从照片上看，你的脸看上去发红吗？

A．从不，或没注意有这样的问题

B．有时

C．经常

D．总是这样

⑰人们会问你是不是被晒伤了之类的话，但其实你并没有：

A．从不

B．有时

C．总是这样

D．我总被晒伤

⑱你会因为涂了彩妆、防晒霜或其他护肤品而发生皮肤发红、发痒或面部肿胀吗？

A．从不

B．有时

C．经常

D．总是这样

E．我从不用这些东西（如果不用是因为曾经发生过以上症状，请选D）

注意：如果你曾被皮肤科医生确诊为痤疮、红斑痤疮、接触性皮炎或湿疹，请在总分上加5分；如果是其他科的医生（如内科医生）认为你患了上述病症，总分加2分。

如果你的得分为34～72分，则属于非常敏感的皮肤；如果你的得分为30～33分，则属于略为敏感皮肤；如果你的得分为25～29分，则属于比较有耐受性的皮肤；如果你的得分为17～24分，则属于耐受性很强的皮肤。

综上，如果得分为30～72分，则属于敏感性皮肤（简称"敏"型）；如果得分为17～29分，则属于耐受性皮肤（简称"耐"型）。

二、各类肤质与饮食调理策略

肤质绝大部分是由基因决定的，但并不是完全由基因决定的。也就是说，肤质并非一成不变，年龄变化、饮食习惯、生活环境、生活方式和护肤方式都会影响一个人的肤质。护肤流程不当、生活环境污染、生活习惯不好、饮食习惯不良都可能损害皮肤。对于所有肤质而言，清洁、保湿和防晒的三大步骤都是必要的。常见肤质的饮食调理策略如下。

1. 中性皮肤

中性皮肤是皮肤的最理想状态，白皙细腻，不干也不油，但它会受季节变化影响，夏季偏油，冬季偏干，应根据季节来选择是控油还是保湿。超过12岁的人群里很少有中性皮肤的。

中性皮肤饮食调理策略包括：饮食规律、均衡；荤素搭配；控制高糖、高脂的超加工食物的摄入。

2. 干性皮肤

干性皮肤是指干燥的皮肤或缺少皮脂的皮肤。这种类型的皮肤经常会变得紧绷、发痒、发红、起皮屑。干性皮肤角质层较薄，皮肤通常细腻白皙没有油腻感。但是干性皮肤的人皮肤容易干燥起屑，而且也较容易长斑、长皱纹。吃不健康的脂肪、吸烟、喝酒和咖啡会加重皮肤干燥的程度。

干性皮肤饮食调理策略包括：食用富含维生素、花青素和类胡萝卜素物质的鲜艳果蔬；食用适量的坚果和鱼，因其含有让身体分泌正确激素和皮膜修复的必需脂肪酸，还富含促进修复组织、强化年轻态、增强血管微循环的维生素E；食用适量的动物内脏，因其含有比其他部位更丰富的维生素A、硒和铁，能够缓解眼部和皮肤干燥。

3. 油性皮肤

油性皮肤是指皮脂腺过度活跃的皮肤。这种皮肤会产生多余的油脂，与死皮细胞结合在一起，堵塞和扩大毛孔，造成斑点和"亮泽"。油性皮肤和干性皮肤相反，其角质层厚，皮肤通常颜色较深、毛孔粗大出油多，还容易长痘。但是油性皮肤的人对外界的抵抗力较强，而且老得慢。

油性皮肤饮食调理策略包括：提升植物性食物的进食比例，因为其所富含的B族维生素、叶绿素、膳食纤维、槲皮素等，能降低皮脂腺活性；增加富含维生素A的食物的摄入，因为其能修复皮脂腺结构，降低阻塞发炎的风险；拒绝高糖、高脂（尤其是人造油脂食物，要完全戒除）食物；按需补给钙、锌等矿物质，有利于预防皮肤感染。

4. 混合性皮肤

混合性皮肤兼有油性皮肤与干性皮肤的共同特性。其常见的表现为额部、鼻部、口周、下颌部位油脂分泌旺盛，皮肤油腻、纹理粗、毛孔粗大。混合性皮肤一般需要分区护理，T区控油，U区保湿，或者选择适用性比较广的产品。

一般而言，混合性皮肤的饮食调理策略和油性皮肤的类似。

5. 敏感性皮肤

敏感性皮肤是一种高度不耐受的皮肤状态，易受到各种因素的激惹而产生刺痛、烧灼、紧绷、瘙痒等主观症状的多因子综合征。严格来说敏感性皮肤并不算一种肤质，而是一种累及皮肤屏障、神经血管功能、免疫炎症的复杂过程，是在多种因素作用下，皮肤屏障功能受损，导致感觉神经传入信号增加，皮肤对外界刺激的反应性增强，进而引起皮肤的免疫炎症反应，导致皮肤出现灼热、刺痛、瘙痒等不舒服的症状。最常见的特征是面部红血丝，经常出现皮肤潮红、脓疱、肿块、红肿、毛细血管脆性增加等。

敏感性皮肤的发生原因非常复杂，是内因和外因共同作用的结果。内因包括遗传、年龄、性别、激素水平、精神压力等；外因包括季节交替、温度变化、日晒等物理因素，也包括使用不当的化妆品、清洁用品、消毒产品以及空气污染因素，还包括一些患者长期大量使用外用糖皮质激素，或者外用刺激性药物，甚至做一些美容激光治疗术。敏感性皮肤也常继发于某些皮肤病，比如说特异性皮炎、玫瑰痤疮、痤疮、接触性皮炎、湿疹等。

敏感性皮肤的饮食调理策略包括：逐渐接触过敏原，尝试慢慢脱敏或完全远离过敏原；食用富含B族维生素、花青素等生物活性物质的食物可加速皮肤恢复的速度；摄入足够的锌、钙、铁和n-3系列的必需脂肪酸有助于抗炎；遵医嘱内服和外用益生菌也有辅助疗效。

═══　第二节　预防皮肤过敏　═══

一、皮肤过敏症

皮肤过敏症是指当皮肤受到各种刺激，如紫外线、化学制剂、花粉、污染物等刺激，导致皮肤出现过敏症状的不良反应。皮肤过敏症也是一种超敏反应，是发病部位皮肤的不耐受反应或变态反应。其常见症状包括：发干、瘙痒、脱皮、红斑、水疱、鳞屑以及变色等。

总体而言，干性皮肤的皮脂膜保护能力不足，故多发刺痛、发痒、红肿等皮肤过敏症状；油性皮肤的皮脂腺发达，易被微生物侵染，也易造成油性缺水症状，故更多发痤疮和毛囊炎；睡眠不足、季节交替或生理期前等特殊时期，人体激素的分泌会突发变化，也会更容易受到刺激物的干扰，产生压力性皮肤过敏的现象；敏感性肤质更易多发皮肤过敏症，需遵医嘱合理养护皮肤。

二、过敏肤质与过敏原检测

（一）过敏肤质

过敏肤质是指特别容易出现皮肤过敏症状的皮肤类型。过敏肤质和遗传基因的关系很大，但与饮食混乱、压力过大等造成的免疫机能失调等也有较大的相关性。

（二）过敏原与检测方法

1. 过敏原

过敏原是皮肤过敏症的病因。过敏原的种类非常复杂，有植物性的、动物性的、微生物性的，也有化学性的，通常可分为四大类，即吸入性过敏原、食源性过敏原、注射性过敏原、接触性过敏原。

① 常见吸入性过敏原：花粉、柳絮、粉尘、螨虫、动物皮屑、油烟、油漆、汽车尾气、煤气、香烟等。

② 常见食源性过敏原：牛乳、鸡蛋、牛羊肉、海鲜（鱼、虾、蟹等）、动物脂肪、酒精、辣椒、葱、香菜、大蒜、西蓝花、杧果、花生、榛子以及一些药物等。

③ 常见注射性过敏原：青霉素、链霉素、各种血清药物等。

④ 常见接触性过敏原：冷空气、热空气、紫外线、辐射、化妆品、洗发水、洗洁精、染发剂、肥皂、化纤用品、塑料、金属饰品、细菌、霉菌、病毒、寄生虫等。

2. 过敏原检测方法

绝大多数皮肤过敏症的发生与发展都与过敏原有关，而多数皮肤过敏性疾病的患者通常只是做缓解症状的治疗。如果不能找到引发过敏症状的真正原因，也就做不到针对性的预防和治疗。因而经常皮肤过敏的患者，一定要去医院的相关实验室做过敏原筛查检测，以便从根本上解决问题。常见的过敏原检测方法如下。

（1）点刺试验　皮肤点刺试验是先将少量高度纯化的致敏原液体滴于患者前臂，再用点刺针轻轻刺入皮肤表层的试验方法。如患者对该过敏原过敏，则会于15min内在点刺部位出现类似蚊虫叮咬的红肿块，也可能伴随痒的反应，或者颜色质地上有其他改变。点刺试验所需的试验液数量仅为传统皮内试验的万分之一，故有着安全性高、灵敏度高、准确度高等诸多优点；并且因为皮损较小，所以患者遭受的痛苦也小。

（2）斑贴试验　斑贴试验是指将可疑致敏物质敷贴于患者皮肤上，通过皮肤或黏膜进入机体后由抗原呈递细胞将抗原呈递给T淋巴细胞，使特异性T淋巴细胞活化，诱发炎症反应。临床上常用这种方法检测潜在的过敏原或刺激物，多用于临床诊断变态反应性疾病，如接触性皮炎、湿疹等，操作简单、检查较安全，不良反应极少，且试验结果准确可靠。

（3）总IgE检测　总IgE检测需验血。人体血清中的免疫球蛋白IgE是一种的抗体，若总IgE增高，又没有寄生虫感染时，表明患者正处于过敏状态。故临床上常应用验血的手段，检测总IgE作为判定机体过敏的标志。

三、食源性皮肤过敏症

食源性皮肤过敏症属于食物过敏（食物变态反应）的范畴，是指某些人在进食食物性过敏原后，引起包含皮肤在内的某些器官或组织的强烈反应，以致出现各种皮肤损害、功能障碍或组织损伤。它是免疫系统对某一特定食物产生的一种不正常的、过度的免疫反应。免疫系统会针对此种食物释放某些特异型免疫球蛋白，进而释放出许多不利的化学物质，从而造成针对包含皮肤在内的多种器官或组织出现过敏症状，包括皮肤、消化道、呼吸道及心血管系统等不适，严重者甚至可能引起过敏性休克甚至死亡。最常见的八大食物过敏原包括花生、坚果、小麦、鸡蛋、贝类、鱼类、牛乳和大豆。

以往人们发生食源性皮肤过敏症的概率比较低，可能和生活水平低、食物相对单一有关。现代生活的发展使食物品种大为丰富，人们有机会接触到以往难以见到的食品；由于目前广泛使用化肥、杀虫剂和除草剂，以及灌溉水源和作物生长环境污染，畜禽使用的混合饲料含较多的致敏物质等因素，也增加了人们发生食源性皮肤过敏症的机会。

患有食源性皮肤过敏症的个体，在进食导致皮肤过敏症的食物后，体内会产生IgE抗体；过量的IgE能和含过敏递质的特殊肥大细胞反应，释放出组胺等物质，进而导致皮肤和其他器官组织的不良症状（红肿、痒痛等）。

四、皮肤过敏症的饮食建议

诸多类型的皮肤过敏症都涉及复杂的环境与人体机能的相互作用。所以多数情况下尚无有效的根治办法，只能在生活中加以注意和尽量防止。目前而言，比较可取的方法主要包括避免接触过敏成分、加工处理改良食物、相似营养食品替换、循序渐进试吃脱敏疗法、预防光敏成分、均衡饮食和避免刺激等。

1. 避免接触过敏成分

避免接触过敏成分即完全不摄入含致敏物质的食物或远离过敏原，这是预防过敏最有效的方法。也就是说在经过临床诊断或根据病史已经明确判断出过敏原后，应当完全避免再次摄入此种过敏原食物。比如对牛乳过敏的人，就应该避免食用含牛乳的一切食物，如添加了牛乳成分的冰激凌、蛋糕等，也要避免所有可疑食物，如乳制品和谷物（它们都是最常见的过敏原），特别是小麦。

2. 加工处理改良食物

通过对食物进行深加工，可以去除、破坏或者减少食物中过敏原的含量，比如可以通过加热的方法破坏生食物中的过敏原，也可以通过添加某种成分改善食物的理化性质、物质成分，从而达到去除过敏原的目的。在这方面，大家最容易理解、也最常见的就是酸乳。在牛乳中加入乳酸菌，分解了其中的乳糖，从而使其对乳糖过敏的人不再是禁忌。

3. 相似营养食品替换

简单地说就是不吃含有过敏原的食物，而用不含过敏原的食物代替。比如说对牛乳过敏的人可以用羊乳、豆浆代替等。

4. 循序渐进脱敏疗法

脱敏疗法主要用于过敏原对某些易感人群来说是营养价值高、想经常食用或需要经常食用的食品。在这种情况下，可以采用脱敏疗法。具体步骤是：将含有过敏原的食物稀释1000至10000倍，然后吃掉其中一份，即食用含有过敏原食物的千分之一或万分之一，如果没有症状发生，则可以逐日或者逐周增加食用量；经过一两个月的适应之后，大部分食物都能被人们所耐受，且不发生过敏症。但和基因、疾病、有严重后果或强烈不适等相关的皮肤过敏症切勿轻易尝试此法，需遵医嘱。

5. 预防光敏成分

许多植物都具有光敏性物质，如日常食用的油菜、莴笋、小白菜、菠菜、芹菜、芥菜、苋菜、马齿苋等。特别是在5~8月份，阳光强烈，若此时过多食用这些蔬菜之后又未"躲开太阳照射，一些人的皮肤上就会出现红斑、丘疹、瘀点、水疱，严重者还可能出现皮肤溃疡，并伴有头痛、恶心、呕吐、腹泻等症状。

6. 均衡饮食和避免刺激

均衡饮食意味着充足、适当的营养素；避免刺激是说少食用油腻、甜食及刺激性食物，戒烟、酒等。日常生活中多吃富含维生素、钙、镁、铁的食物可以增强机体免疫能力；在不过敏的前提下，具有特殊气味的西蓝花、洋葱和大蒜等含有硫化物，具备一定抗炎效果。另外，增加适当的运动和保持乐观的心情，对过敏体质的改善都非常有帮助。

| 案例分析 |　　**清凉饮料喝出来的皮肤过敏症**

炎炎夏日时，人们都喜爱饮用解暑除烦的清凉饮料。很多爱美女士还会特意添加一些富含天然植物成分，试图达到补充维生素、矿物质、类黄酮的目的，以期待得到滋补、美白、抗衰老等美容功效。然而，在不了解自身体质的前提下，多种水果、草药、蔬菜中的特殊成分都有可能导致皮肤过敏症的发生。

目前，清凉饮料中最易诱发皮肤过敏症的组分包括：富含维生素的柠檬、富含胡萝卜素的杧果肉、富含薄荷醇的薄荷草等。其相应的皮肤过敏症状分别为：伴随瘙痒的红疹等；面部红肿、口周发痒等；皮肤红肿、瘙痒甚至疼痛等。

═══ 第三节　调节肤色 ═══

一、肤色与美白

肤色，是指人类皮肤的颜色。肤色在不同地区及人群有不同的分布。人类皮肤颜色与黑色素在皮肤中的含量及分布状态（颗粒状或分散状）有关，也与微血管中的血液、血红素和胡萝卜素等色素、皮肤的粗糙程度和湿润程度有关。黑色素是机体相应细胞合成的一种蛋白质衍生物，本身对人体有重要的保护作用，如增强皮肤抗性、抵御紫外线侵害等。黑色素代谢与遗传及环境、酪氨酸本身和酪氨酸酶活性、自身营养状况与压力均有相关性。黑色素代谢失常可造成黄褐斑、太田痣，色素沉着等皮肤病。黑色素进入皮肤和毛发细胞就能加深人体的肤色和发色。维生素C、维生素E等抗氧化物质能通过抑制酪氨酸酶的活性减缓黑色素生成的进程。

如果想让皮肤变白，就需要减少黑色素在皮肤中的沉积。对于维持白皙肤色来说，最重要的策略是躲避阳光中的紫外线；一些医美的手段可以加快黑色素代谢速率，效果也很显著，如强脉冲光、果酸治疗以及皮秒激光治疗等；还可以通过饮食中的特殊营养素阻断黑色素的形成。常见的美白策略如下：

1. 摄入维生素C

食物中的维生素C可以和黑色素反应，将其还原成"多巴"，抑制了黑色素的形成，也就达到了美白效果；对于嫩肤淡斑也有一定功效，原因在于维生素C也可促进铁等矿物质和胶原蛋白的吸收利用。但摄入维生素C过量（每日1000mg以上，长期；或每日3000~5000mg，短期）会增加结石的发生风险。以美白为目的补充维生素C，可以将每日补充量稳定在300~1000mg。这个剂量对于无肾病、无其他代谢障碍且正确饮水的健康人群来说，短期（1周以内）安全性很高；按300~500mg的日补充剂量时，连续服用的安全程度更高。建议在均衡饮食、食用足量各类水果蔬菜的基础上，每服用一个月后用3~7天逐渐减少摄入量至零后，停用1~2周，再继续服用一个月，以尽量避免维生素C代谢异常带来的停药反应；在注意防晒的前提下，一般2个疗程后出现美白效果。常见维生素C来源如下：

（1）富含维生素C的水果和蔬菜　富含维生素C的水果有刺梨、鲜枣、猕猴桃、梨、苹果、香蕉、桃子、樱桃、草莓、荔枝、柑橘等；富含维生素C的蔬菜有辣椒、苦瓜、番茄、菜花、绿色叶菜、白菜、西芹、莴笋、南瓜等。

（2）维生素C补充剂　可将适宜数量的维生素C平均分成3~5份，每3~4h服用一次，饭后食用效果更佳，且更有利于保护肾脏。因为维生素C是一种水溶性维生素，所以少量多次摄入可以使其吸收效果更好。

（3）维生素C泡腾片　由于维生素C不耐高温，因此服用维C泡腾片时，不能用过热的水溶解，而是应用温开水或凉开水溶解，否则会令药性丧失。

2. 服用美白丸

美白丸是指具备或声称具有抑制黑色素生成、防止色斑和雀斑生成或淡斑美白的口服保健品。其成分的数量和种类各异，质量也参差不齐，存在一些致病损容的风险。常见美白丸的成分如下：

（1）天然抗氧化物　如维生素C、维生素PP（烟酸或烟酰胺）、维生素E、β-胡萝卜素、虾青素等及其衍生物。它们的抗氧化能力有限，美白能力和天然食物中的相差无几，在长期或过量补充高纯度营养素的情况下，造成副作用的风险大于天然食物。

（2）L-半胱氨酸和谷胱甘肽　L-半胱氨酸的主要作用是能够合成谷胱甘肽。长期服用L-半胱氨酸和谷胱甘肽对于美白功效甚微，因为这两种物质进入人体后都会被分解代谢。

（3）氨甲环酸　氨甲环酸是一种蛋白酶抑制剂，本来是一种止血消炎的药物，临床用于白血病、紫癜以及手术中和手术后的异常出血，在不同制剂中的别名包括传明酸、凝血酸、妥塞敏等。研究人员发现它有一定抑制黑斑部位表皮细胞功能的作用，有助于抑制由于紫外线照射而形成黑色素。但氨甲环酸的不良反应明显，包括恶心、呕吐、起疹子、头痛、血栓和月经失调等。所以对于有血栓形成倾向的患者（如急性心肌梗死）、肾病患者、敏感体质人群和同时用药的多种人群，在选择相应保健品和美容产品时，都应该格外慎重。

（4）乙烯雌酚　乙烯雌酚能通过激素调节加速黑色素分解，但其副作用是可大大增加月经失调和癌症的发生风险，需严格遵医嘱使用。

（5）生物类黄酮　生物类黄酮有促进血液循环和新陈代谢的作用，能加速黑色素分解，让皮肤状态看起来水嫩年轻，过量可能诱发激素失调。

二、肤色与疾病

肤色因人种、年龄、日晒程度以及部位的不同而有所区别，主要由三种色调构成：黑色的深浅由皮肤中黑色素颗粒的多少而定，黄色的浓淡取决于角质层的厚薄，红色的隐现与皮肤中毛细血管分布的疏密及其血流量的大小有关。如果一个人皮肤的颜色与其平时的肤色有较大的差别，并排除了正常的外来因素的影响，就要考虑疾病发生的可能性。常见异常肤色和相应的饮食策略如下：

1. 肤色苍白

肤色苍白，往往和皮肤的毛细血管痉挛或血液充盈不足有关。常见原因为寒冷、惊恐、虚脱等异常状态，也会受到心脑血管疾病、贫血或内脏出血等疾病影响。

有助于改善苍白肤色的食物包括：促进血液循环的辣椒、洋葱、生姜等；富含花青素、维生素的彩色蔬果；富含钙、铁、锌等矿质元素的动物内脏等。

2. 肤色变深

在身体的裸露部分，以及乳头、腋窝、生殖器官、关节、肛门周围等处，正常时皮肤的颜色就比其他部位深。色素沉着是指在皮肤表层出现黑色素或其他色素的沉积。如果突发并非日晒等正常因素造成的色素沉着，就应考虑是否是疾病所致。肤色变深的相关疾病症状可见于肾上腺皮质功能不全、肝硬化、肝癌晚期、肢端肥大症、黑热病、疟疾，以及服用某些药物如砷剂、抗癌药等。若仅在口唇、口腔黏膜和指、趾端的掌面出现黑色小斑点状的色素沉着，则常为胃肠息肉病的继发症状。

有助于缓解肤色变深的食物包括多种富含维生素、矿物质、必需脂肪酸和优质蛋白质的超级食物，如蓝莓、开心果和动物肝脏等。

3. 面部色斑

妇女在妊娠3~4个月以后，脸上可出现对称性黄褐色或淡黑色斑，大小不等，多分布在两颊、前额、口唇周围，也可见于鼻梁或下巴等处，这种色斑称为妊娠斑。绝大多数没有病理性意义，仅有少数与全身性疾病有关，常见的有慢性肝病或女性生殖系统疾病如子宫肿瘤、卵巢肿瘤、月经不调或闭经等。

有助于改善面部色斑的食物和能缓解肤色变深的食物类似，尤其是富含硒的坚果和富含维生素E的新鲜食物。

4. 肤色变红

当皮肤毛细血管扩张、充血、血流加速以及血液中红细胞数目增多以后，可使皮肤呈红色，一般出现于大叶性肺炎、肺结核、猩红热等发热性疾病，以及阿托品中毒和一氧化碳中毒等。皮肤持久性发红则往往是库欣综合征造成的。库欣综合征是一种内分泌性疾病，其主要表现为满月脸、多血质外貌、向心性肥胖、痤疮、紫纹、高血压、继发性糖尿病和骨质疏松等。系统性红斑狼疮的患者可在其两颊和鼻梁部位的皮肤上见到蝶形红斑，为鲜红色或紫红色，边缘可清楚亦可模糊，但表面光滑。

缓解肤色变红需要限制精致糖的摄入；在营养素均衡合理的基础上，遵医嘱用药见效更快。

5. 肤色变黄

黄疸时，皮肤、黏膜可呈黄色。黄疸时皮肤的颜色可因血液中胆红素增加的程度和性质不同而出现差别，如有柠檬色、橘黄色、黄绿色、暗黄色，但尤以巩膜处发黄最为明显。早期病情轻微时，仅出现巩膜以及软腭黏膜变黄，随病情发展，可见皮肤变黄，一般见于胆道阻塞、肝细胞受损如病毒性肝炎、肝硬化以及溶血性贫血患者。另外，过多食用胡萝卜、南瓜、橘子汁等蔬菜或果汁可使血液中胡萝卜素的含量增加，致使皮肤变黄，但一般仅出现在手掌、足底的皮肤；长时间服用黄颜色的药物，如阿的平、呋喃类药物等也可使肤色变黄；有多发性神经纤维痛的患者，皮肤上常有大块棕黄色色素斑。

缓解肝脏受损所致的肤色变黄，需注意摄入抗氧化效果好的超级食物；神经性病变患者需注意摄取富含优质蛋白质和必需脂肪酸的食物。

6. 肤色青紫

发绀是肤色青紫的主要原因，是指血液中还原血红蛋白增多，导致皮肤和黏膜呈青紫色改变的一种临床表现。全身皮肤、黏膜均可出现发绀，但在皮肤较薄、色素较少和毛细血管丰富的部位，如口唇、鼻尖、舌、颊部等处较明显。发绀往往是由炎症疾病引发的，需尽早就医。呼吸系统疾病引起的发绀称为肺性发绀，常见于呼吸阻塞、严重肺炎、肺充血、肺水肿、胸腔积液、自发性气胸等；心血管疾病引起的发绀常见于法洛四联症等发绀性先天性心脏病。

发生发绀需及时就医，也可参考改善苍白肤色的饮食策略。

═══ 第四节 延缓衰老 ═══

一、衰老概述

衰老是身体各部分器官系统的功能逐渐衰退的过程，最终结果是死亡。衰老的标志包括骨骼变形、肌肉松弛、皮肤皱纹、色斑暗沉、血流变慢、激素失调、毛发褪色和精力变差等，也并发白内障和脑萎缩等各种机能退化的相关疾病。不同年龄易发的损容性疾病见表5-1.

衰老是一个复杂的进程，目前科学界认为，衰老的主要原因是自由基夺走人体结构的电子和紫外线损害。

表5-1 不同年龄易发的损容性疾病

年龄/发	常见损容疾病
20+	皮肤痤疮、湿疹、敏感等
30+	皮肤细纹、色斑、晦暗以及黑眼圈等
40+	皮肤皱纹、色斑，骨磨损，眼袋下垂等
50+	激素失调、骨质疏松、皮肤皱纹、面部下垂、斑点疣痣等

（一）自由基氧化学说

由于衰老的机理较为复杂，目前科学界还没有完美的解释理论。自由基氧化学说是一种关于衰老的有参考价值的假说：该假说认为细胞氧化是衰老的主要原因。细胞氧化是指在自由基作用下，体细胞失去电子的过程。

1. 自由基

自由基是一种含有未配对电子的高活性基团。正常情况下，自由基是帮助人体实现物质和能量代谢传递的要素之一，但过量和一些不良的自由基也是能够夺走人体细胞所含电子的一类异常活跃基团。人体的细胞和组织被夺走电子后，会产生结构上的不足，有可能导致生理、免疫和精神上的功能障碍。尤其是在疾病和逆境期，人体功能变差，很多自由基失去稳定条件，就会变成不利因素，甚至造成恶性循环——它们会从附近的各种分子上夺取电子，让自己处于稳定的状态，被夺取电子的分子成为一个新的自由基，又会产生持续夺取的连锁反应。其后果是食物中的营养素被破坏、人体细胞的结构受损、细胞功能紊乱、遗传信息错乱等。

常见的不良自由基包括不新鲜油脂当中的过氧化脂质、食物为灭菌而存在的超氧化物自由基和过氧化氢、自然界当中偶尔存在的单线态氧以及不新鲜食材当中含有的羟基自由基等。痤疮发病期间如果不戒除辛辣刺激食物，自由基就会优先攻击痤疮的发炎部位，造成更严重的红肿瘙痒现象。变质的油脂、烟酒，甚至过量的营养素，比如大量长期摄入胡萝卜素、维生素A和硒等，都有可能给身体带来不可忽视的自由基伤害；毒素污染、压力恶习和体内炎症等，也都是自由基伤害细胞的帮凶。

2. 抗氧化剂

抗氧化剂是指能有效抑制自由基夺取电子，结束氧化反应进程的物质。其作用机理可以是直接作用在自由基，或是间接消耗掉容易生成自由基的物质，阻止自由基进一步反应。抗氧化剂是有助于保护组织、细胞和人体其他结构，避免其电子被自由基夺走的复合营养素，有助于使皮肤细嫩、坚固骨质、完善内脏和心脑血管的功能等。人体的抗氧化物质有自身合成的，也有由食物供给的。B族维生素、维生素C和维生素E是大众熟悉的抗氧化营养素，常和辅酶Q10、胡萝卜素等协同合作，有助于稳定过量自由基。目前受到关注的抗氧化剂还有谷胱甘肽、硫辛酸、类黄酮、多酚类物质、类雌激素物质等生物活性物质。

但是，抗氧化剂并非万能良药：大多数抗氧化物质自身是电子不稳定的基团，当其过量也会成为导致混乱的自由基。假如盲目补充单一或过量的抗氧化剂，反而可能产生自身氧化，进而增加疾病的发生风险，和癌症形成也有一定关系。多项研究证明，长期大量补充β-胡萝卜素的人群，罹患癌症的风险也相应增加。

（二）紫外线损害

随着大气臭氧层的破坏加重，由紫外线引发的皮炎发病率逐年上升。虽说适量的紫外线照射是有益的，能帮助花生四烯酸转化成维生素D，从而促进人体钙质吸收，还有一定消炎抗菌的功效，但紫外线导致的光老化也的确是皮肤外源性衰老的重要原因。

1. 光老化

光老化是阳光中紫外线照射造成的皮肤松弛、色斑、皱纹、皮革样或红血丝状改变等病变。紫外线不但能损伤皮肤内胶原蛋白结构，还能破坏胶原酶的功能，从而产生皱纹。食用某些含有光敏物质的不熟或半熟的嫩芽嫩叶或沾染它们的汁液，能加重一些过敏者的日光性皮炎症状，包括红肿、痒痛、起疹子等。这些植物包括香菜、芹菜、香椿、菠菜、小白菜、灰菜、苋菜、荠菜、马齿苋等；部分感光果蔬，如无花果、柠檬等，也都含有能加重日光性皮炎的呋喃香豆素，这种物质对人体本身没有伤害，但它在人体中能加重紫外线A（UVA）

对人体的伤害，增加皮肤被晒伤的风险。

2. 紫外线的类型

紫外线是指阳光中波长为100~400nm的光线，可以分为UVA（长波，波长320~400nm）、UVB（中波，波长280~320nm）、UVC（短波，波长100~280nm）。其中，UVA的致癌性最强，其晒红及晒伤作用是UVB的1000倍。三种紫外线对人体皮肤的影响见表5-2。

表5-2　不同波长紫外线对人体皮肤的影响

紫外线波段	能量与穿透性特征	对人体皮肤的影响
UVA	能量最低、穿透性最强：直射时能够到达皮肤真皮层，能够穿透夏装、普通雨伞与窗帘	UVA能够直达皮肤真皮层，皮肤接受少量UVA就有助于人体合成维生素D和增强皮肤抗性； UVA稍多就能造成黑色素分泌增加，造成皮肤颜色变深、色斑、晒斑等后果； 长期的伤害就是胶原蛋白和弹性蛋白的受损，加速皮肤衰老，甚至损伤DNA、造成皮肤癌
UVB	能量中等、穿透性中等：直射时主要到达皮肤表层，很难穿透普通布料，有时连普通玻璃也无法穿透	UVB比UVA携带的能量更大，更容易造成皮肤晒伤，产生红斑、水肿、脱皮、灼痛等后果； 在无防护情况下，UVB导致胶原蛋白和弹性蛋白的受损，加速皮肤衰老、损伤DNA、造成皮肤癌的风险高于UVA
UVC	能量最强、穿透性最差：大部分在大气层的臭氧层中被吸收消耗掉	正常情况下，在臭氧层保护下，UVC很少能到达地球；因大气臭氧层的破坏，UVC也可能伤害人体健康，造成胶原蛋白和弹性蛋白受损，加速皮肤衰老、造成皮肤癌的风险最高

二、延缓衰老的常见策略

对于人群中的大多数个体来说，及早抗衰的效果要比祛皱治病容易得多。提高自身免疫力也是抵抗感染、延缓衰老的重要环节。

1. 选控食物和按需供给

在目前科技水平的认知领域，加速衰老的因素和高血糖、高血脂、高血压、高自由基、高同型半胱氨酸以及失调的激素等多种人体风险性指标息息相关。虽说基因和种族在其中扮演着重要角色，但饮食不当会加速损伤。常见的饮料、蛋挞、方便面油包和麦淇淋蛋糕等富含精制糖和反式脂肪酸的食物，都有可能加速人体衰老；常见的蔬果、粮谷以及扁桃仁、花生等无毒的种子，则富含多种类型的抗氧化剂，也具有很好的抗衰老功效。

随着人们生活水平的提高，物质极大丰富，工作、社会交往频繁，一些人外出就餐机会增多，这样极易造成饮食的不合理。如暴饮暴食、食无定时、挑食偏食，日久就会造成营养过剩，或营养素的不均衡，从而出现高血脂、高血压、糖尿病、肥胖等多种饮食不合理造成的老化和疾病。因此，我们必须在琳琅满目的美味食物中做出取舍。

2．防晒保护与护肤美容

阳光中的紫外线是多种皮肤老化现象的凶手。在玻璃窗附近办公和阴雨天户外活动的人也需要注意防晒。护肤美容包括日常护肤和医疗美容两大领域：前者涵盖清洁、滋润、防晒等要素，不但需要持之以恒，还要避免过度；后者则涉及一些能量较大的仪器和效力较强的药物，作用于皮肤深层的组织，刺激和启动人体再生修复的能力，同样也要注意过犹不及。

3．增强运动与按时作息

体育运动不但能促进人体对锌、钙等矿物质的吸收利用，并且能促进循环代谢，还能调控神经信号，增强睡眠质量。规律作息能最大程度发挥生物钟的作用，让人体有足够的时间修复组织、分泌激素和强化免疫，进而有利于预防疾病和延缓衰老。

以面部衰老为例，各层次的衰老特征和延缓衰老策略见表5-3。

表5-3　人体面部各层次衰老症状和延缓衰老策略

面部层次	衰老特征	延缓衰老饮食调理策略	辅助策略
表皮	胶原纤维断裂导致的皮肤皱纹、粗糙、弹性变差、毛孔粗大、色斑、暗沉等	① 食用富含维生素C和富含维生素E的食物能增加胶原蛋白的利用率； ② 食用富含n-3脂肪酸的食物能完善细胞膜健康度；食用富含透明质酸的食物能增加皮肤含水量； ③ 食用维生素A对于上皮细胞的保护作用特别大	① 防晒是抗衰老第一要务； ② 运动可以通过强化心肺功能、完善肌肉、增强骨质来延缓衰老； ③ 饮食过饱会增加代谢负担和肥胖风险，因此要注意细嚼慢咽和饮食有度； ④ 超加工食品的营养素不均衡，要注意摄入数量和合理搭配
浅层脂肪	脂肪下沉导致的皮肤松弛下垂、额纹泪沟、面部变形等	① 深色蔬果抗氧化性更强，对于人体细胞的保护作用更好； ② 食用富含n-3脂肪酸的食物能完善细胞膜健康度	
肌肉和筋膜	肌肉张力降低导致的面部皮肤松弛、法令纹加重、皱纹加深等	① 食用富含维生素C和富含维生素E的食物能增加胶原蛋白的利用率； ② 食用富含n-3脂肪酸的食材能完善细胞膜健康度； ③ 深色蔬果抗氧化性更强，对人体细胞的保护作用更好	
深层脂肪	脂肪流失导致的皮肤干瘪、面部变形等	① 食用富含n-3脂肪酸的食物能完善细胞膜健康度； ② 深色蔬果抗氧化性更强，对人体细胞的保护作用更好	
骨质	骨质间隙增大和骨质萎缩造成的颌骨变形、鼻部萎缩、嘴唇凹陷等	① 食用富含维生素C和富含维生素E的食物能增加胶原蛋白的利用率； ② 食用富含钙、铁、锌、镁等矿物质的食物对骨质有保护作用	

| 案例分析 |　　　　越吃越黑的保健品

　　42岁的王女士在与朋友聊天中了解到，葡萄籽胶囊具有大量的维生素，可以帮助美白皮肤。但是她在服用一段时间相关保健品以后，肤色没有变白反而比平时更暗淡无光。实际上，葡萄籽中的维生素C、维生素E和多种等活性抗氧化物质，是有助于通过抑制酪氨酸酶的活性来减缓黑色素生成进程的。但是王女士自己认为服用了减缓黑色素生成的保健品后，不用特别注意防晒遮阳，就忽视了皮肤的日常防护；保健品当中的葡萄籽精华的质量和含量也不一定达标，这就导致紫外线的伤害抵消了保健品的作用。

第 六 章

改善营养状态的药膳食谱

学习目标

1. 熟悉药食同源的理念，了解药膳的功能与禁忌。

2. 熟悉多种预防和调理慢性疾病的饮食策略与推荐药膳食谱。

第一节 药膳

一、药膳概述

中医理念认为食物可以成为调节身体状态的药物，也有类似于药材的四气和五味，虽说其药效低于药材，但增加食用频率和数量可以相应补足疗效，且其安全性也比药材高一些。药食同源的食物名单可参见附录四。

（一）药膳定义

药膳是指在药食同源理念的基础上，将食物辅以对症的食药材，通过烹饪加工，使之成为调节偏颇体质、改善相应症状、维护健康美态的美食。药膳不但注重食物性味和作用，还讲究食材搭配，天人相应：既需依照"寒者热之，热者寒之，虚者补之，实者泻之"的营养学核心理念，也要配合食物的四气、五味、归经、阴阳属性等理论经验。

（二）药膳类型

药膳依用途大致可分成温补、清补、平补、专病四大类：温补补虚；清补滋润；平补指阴阳并补或气血双补；专病药膳的调制需要因人、因时、因地制宜的调整和变化，以适应不同体质、不同状态、不同环境下的不同人群所需。现代药膳讲究以经验辅以现代科技的手段提纯或浓缩，在注重效果的前提下，强调安全性和便利性。尤其是预防慢性病、损容性疾病、追求调节外观和精神状态的美容药膳，更是不但要具备化未病于无形的功效，还需要有方便易得、美味、高颜值等附加属性。现代药膳的常见类型可参见表6-1。

表6-1 现代药膳的常见类型

按形态分类	常见类型
流体类	果蔬汁、花草茶、滋补汤类、药酒类等
半流体类	膏类、粥类、谷物糊、豆花等
固体类	主食、药糖、菜肴等

（三）药膳禁忌

药膳禁忌主要包括制膳禁忌和食膳禁忌。

1. 制膳禁忌

药膳的加工禁忌被称为制膳禁忌。最需要的注意事项包括加工器具禁忌和配伍禁忌。

（1）加工器具禁忌　就加工器具而言，很多古书提及禁铁器、铝器、铅器，而重视铜器、瓷器的倾向性。这应该和铅、铝易氧化生毒，铁器容易腐锈，催化药物变质等机理有关系。现代食物加工器具以状态稳定的钢材为主，对于活性成分的保护作用比以往条件好很多。

（2）配伍禁忌　食物之间的配伍禁忌也叫食物相克。食物相克是指两种以上食物同时服用后，会引发食物成分之间的反应，导致对人体不利的现象，也叫食物相反，其理论基础多为食物四气五味以及对应的五行属性。在药膳的调配时，应尽可能用功效类似的安全食物，如必需使用一种或几种相关药材，也一定要在国家认证的执业医师的指导下方可进行。

2. 食膳禁忌

食膳禁忌包括了人体特殊时期的食膳禁忌和发物禁忌。

（1）人体特殊时期的食膳禁忌　人体特殊时期的食膳禁忌主要是指女性在妊娠期、哺乳期以及人在特殊疾病期的饮食禁忌。女性孕期应慎食薏米、红花、附子，禁用巴豆、牵牛等增加流产风险的药材。人在疾病期间，也应该注意有所吃，有所不吃：肾病患者应少吃食盐及酸辣、刺激食物；有皮肤渗出性疾病的患者不应喝酒；脾胃虚弱有消化障碍的人，应该少吃油炸黏腻、寒冷坚硬、不易消化的食物。否则都不利于人体细胞组织的修复，都会损害人体功能的重建。

（2）发物禁忌　发物就是指依照中医理论，在疾病和恢复期阻碍机体恢复或影响伤口愈合的禁忌食物。中医理论认为在人体恢复的特殊时期，应该抵制的特殊食材是发物。一般来说，能引起口干牙痛、头晕便秘或者其他机体异常反应的鸡肉、羊肉、螃蟹等，都可以被称为发物。然而，依据临床医学的长期观测结果来看，严格执行发物禁忌的肿瘤治愈患者，其复发率远高于不严格执行饮食禁忌的患者。现代医学理论认为，人在疾病或逆境期，是非常需要优质蛋白质来参与代谢，用于替换和完善身体的细胞、器官和组织的。因此近代中医对发物的理解也倾向于过敏原。也就是说，对于痤疮患者而言，以往吃海鲜都不过敏者，每天吃海鲜，引发痤疮加重的并不是大概率事件；以往吃羊肉就会体热的人，在痤疮发病期就算只吃几串羊肉串，使痤疮加重的风险也很大。辣椒烟酒之类，是增加身体负担、造成身体氧化的嗜好物质，在痤疮发病期间食用，肯定是弊大于利的。

所以说针对不同体质、不同状态的人群，其食用"发物"后的人体的反应是不一样的。总体而言，在不过敏的前提下，手术失血的虚弱患者食用鱼肉远比面条更加滋补。为保证安全，在尝试各种"发物"时，也可循序渐进逐渐加量。

二、食养药膳与食疗药膳

药膳可按调理人体状态的强弱和其适宜食用频率的高低，大致分为食养药膳和食疗药膳两大部分。关于食疗、食养、现代营养学与现代医学，四者的调养策略和理论缺陷可参见表6-2。

表6-2　食养、食疗、现代营养学与现代医学的调养策略与理论缺陷

调养理念	调养目的	调养原则	常用策略	禁忌事项	理论缺陷
食养	预防疾病、滋补身体	预防为主、辨证用膳	食性理论	制膳禁忌、食膳禁忌	由于认知限制，不一定有真实疗效
食疗	通过食药材调整人体偏颇状态	天人相应、阴阳脏腑平衡	以食为药，以药作食	制膳禁忌、食膳禁忌	常通过表象推测原因，缺乏科学性
现代营养学	预防慢性疾病和损容性疾病，使人体不断趋近健康状态	使人体保持健康美态、延缓衰老、预防疾病	注重人群和食材搭配、均衡营养素	不足、过量、拮抗（食材成分间不利的作用）	不同生长环境的食材，营养素差异很大

续表

调养理念	调养目的	调养原则	常用策略	禁忌事项	理论缺陷
现代医学	治病	现代医学药学理念	服用、注射药物	拮抗（药物间异常反应和酒药间异常反应等）	头痛医头、脚痛治脚

1. 食养药膳

食养是指通过食物调养身体状态的方式。食养药膳主要包括两大类：强化身体状态的滋补药膳和随四季变化而调节饮食的季节性药膳。

滋补药膳常搭配能够修复人体细胞组织、完善人体结构和增强人体抗逆能力的功能性食物。常见的滋补药膳包括补充蛋白质的食物、补充不饱和脂肪酸的食物以及补充矿物质和维生素的食物；对于久病初愈和虚弱的人，有时也用一些容易吸收的糖类物质来增强其细胞活性和红细胞携带氧气的能力。

滋补药膳和日常食物一样，要通过正常的规律来进食才能达到最好的疗效，因此进食滋补药膳和普通膳食一样要饮食有节，并应随外界变化而调整。

在正常的食养中需要注意饮食有节。饮食有节主要强调饮食要有限度，保持不饱不饥。进食过少，则脾胃气血生化乏源，人体生命活动缺乏物质基础，日久会导致营养不良以及相应病变的发生；进食过多，则损伤脾胃，导致疾病的产生，主要包括两层含义，一是指进食的量，二是指进食的时间。中医认为，脾胃消化饮食的功能是有一定节律的，保证食物的消化、吸收有节奏地进行，脾胃协调配合，肠胃虚实交替、有张有弛，食物则可有条不紊地被消化、吸收和利用。若不分时间随意进食，零食不离口，就会使肠胃长时间得不到休息，从而增加脾胃病变的风险。中国传统的进食频率是一日三餐，即早、中、晚三餐，每餐之间间隔4～6h。

应对季节变化的食养药膳及策略可参见表6-3。

表6-3　四季变化对人体的影响和食养药膳及策略

四季变化	对人体的影响	食养药膳	策略
春	春季渐暖，人体新陈代谢加快，易引发困倦和疲劳	早春：小葱豆豉汤、生姜大枣水、姜撞奶。 晚春：赤豆鲤鱼、萝卜白菜汁、桂枝炖鲜藕	早春：促进血液循环、增强人体抗性。 晚春：温和滋补同时注重，完善身体功能，降低夏季身体机能衰退的风险
夏	暑邪是一种热伤害，会让人体表出汗； 最燥热之时，身体和冷饮温差最大	酸梅汤、山楂水、荷叶莲子粥	既要补充体液，又要调节电解质平衡，益气生津，预防体虚者积食伤脾

续表

四季变化	对人体的影响	食养药膳	策略
秋	早晚温差开始变大，皮肤和呼吸系统失水均增加，更易引发咽干咽痛、皮肤干燥甚至脱屑	雪梨汁、胡萝卜炖牛肉、萝卜炖土豆	注重补充富含蛋白质和不饱和脂肪酸的食物，为越冬御寒早做储备；注重滋阴凉血，保护上皮组织
冬	冬季寒冷，人们保暖的途径却日益增加，会导致上火； 冬季并非生发运转的季节，若过度应用清凉之物压制火气，有把火气压制在体内诱发恶疾的风险	糖葫芦、芹菜叶羊肉饺子、打边炉	冬季长肉是人体重要的自保策略，只要别过度肥胖就好；强化各种营养素；增强运动和提升人体抗逆境很重要

2. 食疗药膳

食疗是指在专业药剂师或中医师指导下，合理食用辅助治疗食物的方式。药膳疗法虽然不能代替药物疗法，但在养生、保健、治未病、抗衰老的领域中却有着重要的作用，若能坚持按需调理，会让许多慢性疾病被扼杀在萌芽之中。

需要注意的是，个别古人为实现快速达到美容效果的目标，食疗方剂中可能含有朱砂、雄黄、夏枯草等有毒成分，这就需要养生与美容从业者提高知识储备量，一定要学习最基本的营养素和化学知识，才能分清利弊。

在进行食疗时，应注意辨证施治。

辨证施治是指应用药膳调理和应用药物治疗一样，都要在正确辨证的中医理念基础上根据病情的寒热虚实，结合患者的体质进判断和选食配膳。否则，不仅于病无益，反而会加重病情。例如形体肥胖之人多痰湿，不宜过食肥甘厚味，宜多食清肺化痰的食品；形体消瘦之人多阴虚血亏津少，不宜过食辛燥火热之品，宜多食滋阴生津的食品。还要根据"天人相应"的整体观念，分析不同季节、气候、人体生理病理的差异，以及其对饮食养生的影响。中医主要病证类型和调理策略可参见表6-4。以痤疮为例，其辨证论治与调理策略可参见表6-5。

表6-4　中医主要病证类型和调理策略

中医主要病证类型	相应症状	调理策略
虚证	神疲气短、倦怠懒言、舌质淡、脉虚无力等	虚者补之
实证	形体壮实、脘腹胀满、大便秘结、舌质红、苔厚苍老、脉实有力等	实者泻之
寒证	怕冷喜暖、手足不温、舌质淡苔白、脉迟等	热者寒之
热证	口渴喜冷、身热出汗、舌质红苔黄、脉数等	寒者热之

表6-5　常见痤疮的病证类型与调理策略

常见痤疮的病证类型	主要症状	药物和药膳调理策略	辅助调理策略
肺经风热证	颜面部或胸背部见红粟状疹，针头至芝麻大小，或有痒痛，或顶有黑头，可挤出黄、黑角质栓或白色粉渣； 伴有口渴喜饮、小便短赤、大便干结、舌质红、苔薄黄等	治则：疏风清热。 ①药物：枇杷清肺饮加减。 ②药膳：枇杷薏仁粥	①饮食要清淡；宜食应季新鲜蔬菜、水果；忌食辛辣刺激之品及肥甘厚味，忌饮酒。多饮水，防止大便干燥。 ②禁止用手挤压粉刺，以免炎症扩散。 ③不可乱用化妆品。 ④注意面部清洁，用温水洁面，可经常使用硫黄皂，以减少油脂附着面部及堵塞毛孔。 ⑤保证充足的睡眠；保持愉悦的心情，尽力排解紧张、忧虑等不良情绪
湿热蕴结证	面颊部、颏部、胸背部等部位油滑光亮，炎性丘疹密集，伴有脓疱、渗出，触之疼痛；伴有口臭、腹胀、小便黄、大便秘结、舌质红、苔黄腻等	治则：清热利湿。 ①药物：茵陈蒿汤加减。 ②药膳：凉拌鲜马齿苋	
痰瘀凝结证	面颈部皮疹反复发作、经久不消，渐成黄豆或蚕豆大小的结节或囊肿，且肿硬疼痛或有波动感、便溏舌质淡等； 伴有懒散、乏力、口臭、腹胀、小便黄、大便秘结、苔黄腻等	治则：活血化瘀。 ①药物：化瘀散结丸加减。 ②药膳：黑豆益母草粥	
肝郁气滞证	面颈部散在黑头及白头粉刺、结节、瘢痕，结节暗红、触之疼痛； 伴有易怒、失眠、胁肋胀痛、舌质暗、苔薄黄等	治则：疏肝解郁。 ①药物：丹栀逍遥丸加减。 ②药膳：佛手豆浆	

| 拓展阅读 |　　**中医养生歌诀**

中药养生自古传，枸杞补身还童年。五味提神又保肝，健脾益气用淮山。
当归补血又通脉，人参扶元把气转。白术利湿脾胃健，八仙长寿熟地填。
返老还童黄精见，首乌黑发年轻现。滋补肝肾用川断，灵芝能把寿命延。
泽泻会把血脂调，鹿茸又把精血添。红枣美容又益气，蜂蜜润肺气还原。
甘草调药毒气减，菊花明目治头眼。红花丹参瘀血散，三七活血能扩冠。
　　女贞能把真阴还，麦冬生津除虚烦。山楂降脂血压减，毛冬利脑溶血栓。
　　头痛天麻制蜜丸，杜仲强腰筋骨健。阿胶止血补血源，有刺五加扶正坚。
　　青木香把血压降，茯苓利水助睡眠。

第二节　调理皮炎的药膳食谱

一、皮炎的定义与调理策略

（一）皮炎的定义

皮炎是指由各种内、外部感染性因素或非感染性因素导致的皮肤炎症性疾患的一个泛称，并非一种独立疾病，常表现为红、肿、热、痛和功能障碍。其病因和临床表现复杂多样，可按其反应的原因可分为感染性和非感染性两大类，二者也可并发，导致皮损加重，以及反复发作。

皮炎和湿疹实际上是一类皮肤病，能够找到明确原因的皮肤炎症，被称为皮炎，如接触了油漆，产生了皮肤过敏的现象，就称为接触性皮炎；病因不明的则可被统称为湿疹，相当于一种临时概念，一旦明确了病因，就应诊断为某皮炎。大多数的皮炎和湿疹均属于皮肤的超敏反应。

（二）调理策略

首先要注意避免各种可疑致病因素，患病期间避免食用辛辣食物及饮酒，避免过度烫洗、搔抓等刺激。感染性炎症需积极控制感染，按需应用抗感染药物。

人体缺乏任何一种营养素都可能会导致皮肤病。例如：蛋白质缺乏或脂肪酸失衡就会出现湿疹；缺乏磷脂和水分的皮肤容易干燥脱皮；缺乏维生素B_2的皮肤易患脂溢性皮炎；缺乏必需脂肪酸、维生素或矿物质的人体多发过敏反应。几乎所有的抗氧化营养素都对改善炎症有所帮助。但是，如果刺激发炎的病因依然存在，仅仅减轻炎症的症状则没有太大意义。

二、常见皮炎类型与调理

（一）寻常型痤疮

1. 症状与病因

寻常型痤疮是毛囊、皮脂腺结构的慢性炎症性皮肤病。本病多发于青年男女，有自限性，多数患者至成年时会自愈。临床症状为黑头、粉刺、丘疹、脓疱、结节、囊肿等损害，常伴有油脂溢出现象。主要发生在皮脂旺盛的部位，在面部最常发生于两颊、胸部及肩胛骨间，而鼻部、前额部及颏部较少见。

痤疮的发生是多因素综合作用的结果，主要与皮脂产生增多、毛囊口上皮角化亢进及毛囊内痤疮丙酸杆菌增殖有关，也有一定的遗传因素。生活方式很大程度上决定了痤疮的消长，包括不良的生活习惯和行为方式，例如，清洁不当或过度进食煎炸油腻的食品等都可导致痤疮症状加重。

2. 饮食调理策略

应对痤疮的饮食调理策略是通过改变饮食习惯，来平衡激素和保持毛囊皮脂腺口的畅通，从而促进皮脂样物质的排出，进而减轻毛囊皮脂腺炎症；也需配合药物和其他治疗方法来控制病情。

（1）增加维生素的摄入　长期进食缺乏维生素A的食物，会导致皮肤正常角化代谢异常，使皮肤变得粗糙，出现鸡皮样丘疹。正常毛囊口角化过度，使毛囊皮脂腺口变小，不利于皮脂样物质排出，使得病情加重。B族维生素、维生素C和维生素E都有助于促进代谢、促进创伤修复愈合。

（2）增加钙、锌的摄入　痤疮好发于青春期，因为此时期人体处在生长发育时，钙和锌需要量增加，所以皮肤中的钙、锌充足后抗性也会更好，可补充动物肝脏、瘦肉、禽类、坚果类等含锌量高的食品。

（3）减少碘的摄入　少选用含碘量高的食物，如海带、紫菜等，因其可促使皮肤毛囊口角化，使病情加重。

（4）少吃甜食　进食过多甜食，使体内的脂肪异生作用加强，从而使皮脂的排泄量增加，促使痤疮的皮疹增多。

（5）调控脂肪　高脂肪饮食使体内脂肪含量增多，促进皮脂的排出，可加重痤疮的发展。但脂肪有助于维生素A、维生素E等脂溶性维生素的运转，且n-3系列脂肪酸有消炎功效。所以，每天的脂肪总供给量应保持在50g左右，而且要注意脂肪酸的种类和来源。

（6）增加膳食纤维的摄入　进食大量的新鲜水果和蔬菜有助于调控良好的肠道菌群，也有助于加速皮肤修复、减少瘢痕；也可在减少进食瘦肉、肥肉的基础上，增加益生菌补充剂，从而调节体内菌群和修复内环境。

3. 推荐药膳食谱

（1）兔肉藕片

① 配方：兔肉150g（切片），鲜藕200g（切片），红花6g，调料适量，麻油30g。

② 制法：先把麻油烧开，浇于红花上，待凉后捞去红花，留麻油加热，煸炒兔肉，待半熟时加藕片同炒，再加入调料即可。

③ 功效：清热凉血，活血化瘀。

④ 用法：佐餐食用。

（2）番茄汁炒笋片

① 配方：莴笋300g，番茄汁100g，菜油、调料各适量。

② 制法：先将莴笋切片，用菜油煸炒，然后加入调料，临熟时加入番茄汁即可。

③ 功效：清热润肺生津。

④ 用法：佐餐服食。

（二）湿疹

1. 症状与病因

湿疹是由多种不明显因素引起的瘙痒剧烈的复杂皮肤炎症反应，可分为急性、亚急性、慢性。多数湿疹急性期具渗出倾向，而慢性期则有浸润、肥厚特征。湿疹可发生在全身各处，也常反复发作。皮疹分为渗出型和干燥型两种，可呈多形性如红斑、小丘疹、水疱、丘疱疹、糜烂、渗出、结痂、肥厚苔藓样变，有时可合并感染，有时可蔓延至颜面部、颈部、肩部、臂部，甚至遍及全身。

湿疹病因较为复杂，由食物过敏引起的湿疹也较为多见。

2.饮食调理策略

一般来说，需要在避免食用过敏性食物的基础上，增加有助于强化人体代谢功能的祛湿食物的摄入比例。

① 最好在确定过敏原的基础上，尽量避免食用导致湿疹的食物。常见的食物过敏原包括：蛋白质类食物，包括肉类、乳制品、鱼类、虾蟹等各种河鲜海味等；酒、葱、姜、蒜、胡椒、辣椒、蘑菇、蚕豆、韭菜、笋等。

② 益生菌失调也能导致人体出现湿疹症状。所以能加重益生菌失调的生活习惯，如吸烟饮酒、食用生冷酸辣或油脂高的食物等，都应该尽量避免。

③ 一般来说，富含必需脂肪酸的食物有助于补充水分，而富含硫和叶绿素的食物有助于减少皮肤发红，而富含B族维生素和抗炎抗氧化剂的食物可以缓解疼痛。

④ 复合型营养素补充剂，如复合型维生素及矿物质的保健品，有助于恢复人体机能，可短期适量补充。

3. 推荐药膳食谱

（1）百合桑椹汁

① 配方：百合30g，桑椹30g，大枣12枚，青果9g，白糖适量。

② 制法：将前四味一起放入锅中，加水适量，煮取汁液，加入适量白糖调味。

③ 功效：清热润肺，除湿止痒。

④ 用法：每日1剂，代茶频饮，10日为1个疗程。

（2）黑豆生地饮

① 配方：黑豆60g，生地黄12g，防风6g，冰糖12g。

② 制法：将前三味放入锅中，加水适量，煮取汁液，再将药汁倒入锅中，加冰糖，边搅边加热，至冰糖溶化为止。

③ 功效：健脾清热，养阴解毒。

④ 用法：每日1剂，空腹服。

（三）脂溢性皮炎

1. 症状与病因

脂溢性皮炎又称脂溢性湿疹，是发生在皮脂腺丰富部位的一种慢性丘疹鳞屑性炎症性皮肤病。该病多见于成人和新生儿，好发于头面、躯干等皮脂腺丰富部位。初期表现为毛囊周围炎症性丘疹，之后随病情发展可表现为界限比较清楚、略带黄色的暗红色斑片，其上覆盖油腻的鳞屑或痂皮，自觉轻度瘙痒，发生在躯干部的皮损常呈环状。

本病病因尚不完全清楚，可能与微生物、精神状态、气候、B族维生素不足及某些药物等因素有关。

2. 饮食调理策略

脂溢性皮炎的病因虽复杂，但和饮食相关性也很大。其患者在饮食方面的主要注意事项包括：

① 要注意多摄入富含B族维生素的食物，尤其要注意摄取足够的维生素B_2和维生素B_6，也可适当选择复合B族维生素的保健品。

② 避免食用辛辣刺激的食物，如辣椒，生的葱、姜、蒜以及浓茶、咖啡等食物。

③ 避免食用促进油脂分泌的食物，如油条、肥肉、火锅、烧烤等。

④ 避免食用过甜的食物，如糖果、巧克力、蛋糕、饼干等。

⑤ 在注意保持规律作息，避免熬夜，保持精神情绪稳定的同时，可遵医嘱选择药物来控制病情，常用药物包括外用的糖皮质激素以及一些口服抗菌剂等。

3. 推荐药膳食谱

（1）桑椹红花饮

① 配方：桑椹子20g，红花10g。

② 制法：二味共煎取汁饮用。

③ 功效：养血活血。

④ 用法：每日1剂，不拘时频饮。

（2）莲子银耳汤

① 配方：干银耳10g，鲜莲子30g，鸡清汤1500g，料酒、精盐、白糖、味精各适量。

② 制法：将发好的银耳加鸡清汤150g蒸1h左右，至银耳完全蒸透时取出；将鲜莲子剥去青皮和白衣，切去两头，捅去心，用水氽后，再用开水浸泡使之略带脆性，随之装入放有银耳的碗内；将鸡清汤入锅烧开，加料酒、精盐、白糖、味精少许调味后放入装有银耳、莲子的碗内即成。

③ 功效：滋阴润肺。

④ 用法：每日2次，佐餐食用。

（四）荨麻疹

1. 症状与病因

荨麻疹是因皮肤黏膜血管扩张，通透性增加，而出现的局限性水肿反应。其常见特征为先出现皮肤瘙痒，随即出现隆起的风团，多为整体鲜红色或淡红色，偶见浅色或瓷白色，极少数仅有水肿性红斑，风团之间可逐渐蔓延和相互融合。荨麻疹发病速度迅猛，但持续时间差异较大，有的几分钟或几小时就能消退，有的则需要几天才能消退，也可能反复发作或成批起伏。

荨麻疹的发病原因很多，与食物、压力、遗传和环境均有相关性。

2. 饮食调理策略

荨麻疹的饮食调理原则关键是找出过敏原，尤其是按照患者的饮食习惯，被经常摄取的食物。

① 若发现某种食物或化学物质为致病原因时，应立即停用。

② 急性荨麻疹患者尚未查明原因时，应避免摄入任何高致敏风险的食物，特别是鱼类如带鱼、黄鱼、鳝鱼、鳗鱼、墨鱼、章鱼、甲鱼等，贝壳类如虾、蟹、牡蛎、海蛤、蚌蛤、蚶子、蛏子等；肉类如鸡肉、鹅肉、羊肉、牛肉、猪头肉等，蔬菜类如大蒜、葱头、韭菜、番茄、辣椒、黄花菜、竹笋等，水果类如草莓、柑橘、柠檬等，以及硬果类、芝麻、花生酱，调味品类如醋、胡椒、花椒、茴香等。

③ 慢性荨麻疹患者的食物过敏原比较难找，常常在食用后24～36h才发生迟发型超敏反应，去医院检查过敏原才是最便利的策略。

④ 也可利用排除法查找过敏原，具体方法为：连续3周仅吃清淡的不易引起变态反应的食物，例如包心菜、大白菜、小白菜、大头菜、白萝卜、冬瓜、丝瓜、绿豆、粳米等，再逐一地将可疑引起变态反应的食物加上去，并且观察有无反应。

3. 推荐药膳食谱

（1）丝瓜山药粥

① 配方：丝瓜150g，山药100g，粳米50g，食盐、味精各适量。

② 制法：粳米加水煮粥，至八成熟时，将丝瓜（切块）、山药（切丁）放入粥内同煮，待丝瓜、山药煮烂后，加入食盐、味精调味。

③ 功效：润肺益气。

④ 用法：早、晚各1碗，连服7日。

（2）莲藕绿豆汤

① 配方：莲藕250g，绿豆100g，白糖适量。

② 制法：将莲藕切碎，与绿豆、白糖加水共煮汤。

③ 功效：清热利湿止痒。

④ 用法：饮汤，吃莲藕和绿豆。每日1次，连服10日。

═══ 第三节　保养内脏的药膳食谱 ═══

内脏是指大部分位于体腔内但直接或间接与体外相通的器官总称，涉及循环系统、消化系统、呼吸系统、泌尿系统和生殖系统五个系统。内脏更容易遭受到慢性损害和慢性疾病，如肠胃黏膜损伤、心脏功能异常等。食物中的营养素也可以起到滋补内脏的作用。

一、心脏的保养

（一）心脏的功能与风险

心脏的主要功能是为血液流动提供动力，把血液运行至身体各个部分。一般来说，慢速进食滋味清淡的原始食物更有助于平稳情绪、安神养血。

（二）饮食调理策略

当前社会条件下，优质蛋白质的来源丰富，故对于养护心脏而言最重要的要素是不饱和脂肪酸、各种维生素和钠、钾、铁、锌、钙等矿物质。

在不贫血、不缺钙的前提下，若饮食过咸，会造成钠过量和体内的水潴留，就能导致血管内压力升高、阻力增大，加重心脏的负担，致使高血压、心脏病的发病率升高。如果饮食过咸，一定要多喝白开水，多吃含钾的蔬果。

养护心脏还需要减少人体负担，减少摄入高糖、高盐、高脂肪以及富含咖啡因、酒精等刺激性成分的食物。

（三）推荐药膳食谱

1. 党参泥鳅汤

① 配方：活泥鳅100g，党参20g，食盐、生姜、油、清汤、葱花、味精各适量。

② 制法：将泥鳅去头尾洗净，入少许食盐及生姜腌渍15min。锅内放油烧七成热，放入泥鳅炒至半熟，加党参、适量清汤，同炖至熟烂，加入生姜末、食盐、葱花、味精调味即可。

③ 功效：益气扶阳，健脾利湿。

④ 用法：佐餐食用。

2. 灵芝三七山楂饮

① 配方：灵芝30g，三七粉4g，山楂汁200毫升。

② 制法：先将灵芝放入砂锅中，加适量清水，用微火煎熬1h，取汁，兑入三七粉和山楂汁即成。

③ 功效：益气活血，通脉止痛。

④ 用法：每日1剂，早、晚各1次，服前摇匀。

二、肝脏的保养

（一）肝脏的功能与风险

肝脏是身体内以代谢功能为主的一个器官，并在身体里面起着去氧化、储存肝糖原、合成分泌性蛋白质等作用。肝脏也能制造消化系统中的胆汁，是人体最大的解毒器官，大多数药物都需要经肝脏代谢，因此药物性肝损害发生率也很高。日常生活中要注意适当运动、合理饮食，以增强肝脏活力、预防肝脏病变。

最常见的肝脏病变包括脂肪肝、酒精肝、肝硬化、肝炎等。肝病可怕之处，在于患者并没有特别显著的症状。患肝病者可能会出现腹胀、胸闷、食欲降低、伤风感冒、发热、作呕等，和普通不适的病症类似，故在有毒环境作业人员、身处新装修环境的人群、年长者和代谢综合征患者更要注意每年的体检。

（二）饮食调理策略

肝脏的日常保养关键是控制饮食模式、注意作息时间。当意识到自己体重超标之后，就应在保证三餐合理的情况下，控制饮食，制订完善的计划表，分阶段有步骤地减轻体重。一定要尽可能少吃饱和脂肪多、精致糖含量高、毒素风险大的食物。

食物中的蛋白质、糖类、脂肪、维生素、矿物质等要保持相应的比例；同时还要保持五味不偏；尽量少吃辛辣食品，多吃新鲜蔬菜、水果等。深绿色蔬菜富含抗氧化剂、多种维生素、矿物质以及其他植物营养素，其抗炎作用可以令免疫系统保持活力。绿色蔬菜和水果中还富含膳食纤维，有助于促进排便，保证毒素的排出。

（三）推荐药膳食谱

1. 玫瑰花粥

① 配方：玫瑰花10g，粳米60g。

② 制法：将粳米加水煮粥，粥将成时，撒入玫瑰花瓣，稍煮几沸即可。

③ 功效：疏肝和胃。

④ 用法：可作早餐服食。

2. 郁金清肝茶

① 配方：郁金（醋制）10g，炙甘草5g，绿茶2g，蜂蜜25g。

② 制法：将以上四味加水1000毫升，煮30min，取汁即可。

③ 功效：疏肝解郁，利湿祛瘀。

④ 用法：每日1剂，不拘时频频饮之。

三、肠胃的保养

（一）肠胃的功能与风险

人体需要的营养几乎都需要经过肠胃，肠胃是消化系统最重要的器官。肠胃中均有消化液，因此在营养素不足以修复组织黏膜的情况下，更易发生溃疡和炎症。溃疡最常发生在胃及十二指肠等容易接触到胃酸的部位，会引起"烧心"的感觉（胃灼热感）。倘若胃酸不足或消化酶缺乏，则往往会导致消化不良或腹胀，与肠道菌群失调或肠道真菌感染的早期症状类似。而肠胃菌群失调和胃内幽门螺杆菌感染也是导致肠胃溃疡的常见原因。

（二）饮食调理策略

营养素方面，除优质蛋白质外，不饱和脂肪酸、钙、锌、铁、硒、维生素A、维生素C和维生素E都是保护肠胃内壁所需的重要营养物质。所以，只要按时进餐，注意选择豆类、水果和轻微烹调过的蔬菜、磨碎的亚麻子或核桃、松子等坚果，就有很好的肠胃保养作用了。鱼油对于轻微的肠胃炎和肠胃溃疡也有辅助治疗作用；避免那些会刺激胃的食品，如酒精、咖啡、红辣椒、浓缩蛋白质以及所有你怀疑自己不能耐受的食物；遵医嘱食用抗生素和补充益生菌也有助于修复肠胃黏膜。

（三）推荐药膳食谱

1. 松核蜜汤

① 配方：松子仁50g，核桃仁50g，蜂蜜500g。

② 制法：将松子仁、核桃仁去衣，烘干研为细末，与蜂蜜和匀即成。

③ 功效：养阴润肠。

④ 用法：早、晚各服2匙。

2. 猪肚散

① 配方：猪肚1个，白术200g，升麻100g，石榴皮30g。

② 制法：将猪肚洗净，后三味药用清水洗净、浸透，装入猪肚内，两端扎紧，放入大砂锅内，加水浸没，用慢火煨至猪肚烂透，捞出，取出药物晒干研末，猪肚切丝。

③ 功效：健脾益胃，升举中气。

④ 用法：药末以米汤或温开水送服，每次5～10g，每日3次。猪肚丝佐餐适量食之。

四、肺脏的保养

（一）肺脏的功能与风险

肺是人体的呼吸器官，对于氧气输送极为重要。肺功能不好的人容易咳嗽、虚弱乏力、免疫力也差。经常接触汽车尾气、装修污染、香烟毒素和烟雾灰尘等有毒有害气体的人群都是发生肺病的高危人群。常见肺病的种类有：哮喘、肺气肿、肺心病、慢性阻塞性肺疾病。

（二）饮食调理策略

除优质蛋白质和不饱和脂肪酸外，维生素以及矿物质铁、硒和锌等营养素，都可以起到修复肺脏细胞、增强免疫系统的功效。此外，要注意滋润防燥。

（三）推荐药膳食谱

1. 雪梨保肺汤

① 配方：雪梨2个，玉竹10g，川贝母10g，沙参10g，猪里脊肉60g，味精、食盐各适量。

② 制法：将雪梨去皮及核，切成骨牌块，同玉竹、沙参、川贝母、猪里脊肉一起炖汤，待肉烂熟后加入味精、食盐调味即可。

③ 功效：养阴清肺，止咳化痰。

④ 用法：每日2次，食梨及肉。

2. 沙参玉竹煲老鸭

① 配方：玉竹30g，沙参50g，老鸭1只，葱10g，生姜5g，食盐、味精各适量。

② 制法：将老鸭洗净放入砂锅内，加入沙参、玉竹，同时放入葱10g、生姜5g及清水1000毫升，用武火烧开后，转用文火炖1h左右，使鸭肉焖烂，加入食盐、味精调味即可。

③ 功效：养阴润肺，止咳化痰。

④ 用法：佐餐食用，可常食。

五、肾脏的保养

（一）肾脏的功能与风险

肾脏是人体的重要器官，它的基本功能是生成尿液，借以清除体内代谢产物及某些废物、毒物，同时经重吸收功能保留水分及其他有用物质；肾脏同时还有内分泌功能，与肾素、促红细胞生成素、维生素D_3、前列腺素、激肽等活性物质的合成都相关。

肾脏病常引发水肿和腰痛的症状，且往往有晨起眼睑或颜面水肿、午后多消退，劳累后疼痛加重，休息后疼痛减轻的特点。

（二）饮食调理策略

日常养肾要注意按时饮水、减少进食重口味食物；矿物质含量高的食物也不可过量。就营养素而言，长期高蛋白质饮食会增加肾脏负担，甚至使肾脏长期处于"超负荷"状态。很多号称生酮的饮食法专注于低糖类、高蛋白质，若长期应用，对肾脏的长期损害不容忽视。绝大多数人每日摄入60～80g蛋白质就可以满足需求，常见肉类的蛋白质比例为16%～20%，还需再进食一些鸡蛋、牛乳以及豆制品等。每日吃肉一定不要超过200g，可增加山药、芋头、鱼类、蚌类和虾蟹的进食比例，更好地完善饮食结构。肾病患者应严禁进食高盐、高脂、重口味的嗜好性食物，如烤肉、麻辣小龙虾等。

（三）推荐药膳食谱

1. 茅根赤豆粥

① 配方：鲜茅根200g，赤豆200g，粳米200g。

② 制法：将鲜茅根加水煎，去渣取汁，加入赤豆、粳米一同煮粥食用。

③ 功效：清热凉血，利尿通淋。

④ 用法：每日1剂，分3～4次服用。

2. 蜂蜜冬瓜皮煎

① 配方：蜂蜜50g，冬瓜皮15g，香附6g。

②制法：将冬瓜皮、香附加水适量煎煮，取汁，兑入蜂蜜。

③功效：理气利水。

④用法：每日1次，连续饮数日。

第四节　调控代谢的药膳食谱

人体的代谢综合征是指人体的蛋白质、脂肪、糖类等物质发生代谢紊乱的病理状态，是一组复杂的代谢紊乱症候群。代谢综合征主要类型包括与脂代谢异常、糖代谢异常、蛋白质代谢异常等相关的肥胖症、糖尿病、痛风以及心脑血管疾病，也包括与性激素代谢异常有关的乳腺癌、子宫内膜癌、前列腺癌，以及消化系统的相关疾病，如肠胃溃疡、肝胆炎症等。

目前主流科学界认为，代谢综合征与多种遗传基因和环境相互作用的结果，与遗传、免疫等均有密切关系。预防与调控慢性综合征的三大关键因素是减轻体重、减轻胰岛素抵抗和改善血脂紊乱。也就是说，需要养成多项良好的习惯（增强运动、调节控制饮食和改善生活作息等），而并非单靠药物就能治愈疾病。

一、肥胖症的调控

（一）肥胖症的表现

肥胖症是一组常见的代谢症候群。当人体进食热量多于消耗热量时，多余热量以脂肪形式储存于体内，其量超过正常生理需要量，且达一定值即为肥胖症。日常可按体重指数标准衡量肥胖症的倾向程度，随肥胖程度不同，可伴有不同程度的易疲劳、嗜睡、头晕、痰多、胃纳亢进、便秘腹胀、汗多、口臭、多饮、畏热、性功能减退等临床表现。肥胖不仅影响外观、活力，对健康危害也很大，还可诱发高血压病、冠心病、糖尿病、痛风、胆石症等疾病。

（二）建议营养方案

控制体重不是忍饥挨饿，而是通过选择恰当的食物修复身体，辅助适合的运动方式促进循环，让身体顺利运转起来。人体新陈代谢的过程需要多种维生素和矿物质的参与，因此需进食富含维生素和矿物质的食物；富含膳食纤维和水分的食谱，既能让胃肠道产生饱足感，而且产生的能量又少，也有控制体重的作用。

（三）推荐药膳食谱

1. 炒魔芋

①配方：魔芋100g，调料适量。

②制法：将魔芋和调料一起放入锅中，翻炒后出锅即可。

③功效：减肥化痰，清热通便。

④用法：佐餐食用。

2. 三花减肥茶

①配方：玫瑰花、代代花、茉莉花、川芎、荷叶各等份。

②制法：将上药切碎，共研粗末，用滤泡纸袋分装，每袋3～5g。

③ 功效：宽胸理气，利湿化痰，降脂减肥。

④ 用法：每日1小袋，放置茶杯中，用沸水冲泡10min后，代茶饮服。

二、糖尿病的调控

（一）糖尿病的表现

糖尿病是一组以高血糖为特征，能引发全身糖代谢紊乱的疾病。高血糖是由于胰岛素分泌缺陷或其生物作用受损，或两者兼有引起的。糖尿病时长期存在的高血糖，导致各种器官及组织，特别是眼、肾脏、心脏、血管、神经的慢性损害和功能障碍。本病的典型临床表现为多饮、多尿、多食，此外可伴见皮肤瘙痒，易生痈疖等；若长期发展，可影响脏器的功能，并引发多种并发症。

（二）饮食调理策略

糖尿病膳食的关键就是保持血糖水平稳定。常见较好的饮食调理策略是尽可能选择慢速释放能量的食物，如玉米、鲜豆类或者全谷类等。维生素和钙对于血糖调控的辅助作用也不可忽视：维生素B_1是一种重要的辅酶，它能使葡萄糖转变为能量，维持神经系统、心血管系统、消化系统等系统功能的正常运作；维生素B_2可以促进糖类的分解与代谢，提高机体对蛋白质的利用率，从而增强对血糖的控制；维生素B_6具有营养神经的功效，有助于预防及改善糖尿病神经病变；维生素B_{12}不仅是治疗糖尿病神经病变的经典药物，还是服用二甲双胍的患者体内最易缺乏的维生素之一；维生素C与维生素E都是重要的抗氧化剂，两者具有高度的协同作用，同时补充可以更好地减少自由基对眼、肾脏及神经的伤害，降低低密度脂蛋白浓度，保护血管健康；钙与胰岛素分泌密切相关，钙摄入不足将导致胰岛素分泌失常，钙还会影响神经系统的控制能力。要避免食用各种形式的糖和浓缩的甜味食品，例如浓缩水果汁，甚至要避免过多摄入富含快速释放糖分的水果，如椰枣和香蕉，或者水果干。同时应该避免吸烟、饮酒和过多食用刺激肾上腺的食物，例如茶、咖啡等。

（三）推荐药膳食谱

1. 鸡丝冬瓜汤

① 配方：鸡脯肉200g，冬瓜200g，党参3g，食盐、黄酒、味精各适量。

② 制法：将鸡脯肉洗净切成丝，冬瓜洗净切成片；先将鸡脯肉丝与党参放入砂锅中，加水适量，以小火炖至八成熟，加入冬瓜片，加适量食盐、黄酒、味精调味，至冬瓜熟透即可。

③ 功效：健脾利湿。

④ 用法：佐餐食用。

2. 昆布海藻汤

① 配方：昆布、海藻各30g，黄豆150g，调味料适量。

② 制法：将上述三物泡好洗净，加水煮汤，待黄豆熟时调味即可。

③ 功效：消痰利水，平稳血糖。

④ 用法：佐餐食用。

三、高血压的调控

（一）高血压的表现

高血压是指以体循环动脉血压（收缩压和/或舒张压）增高为主要特征，可伴有心、脑、肾等器官的功能或器质性损害的临床综合征。高血压按病症轻重可简单分为缓进型高血压和急进型高血压两大类。前者仅仅会在劳累、精神紧张、情绪波动后发生不适感受，并在休息后恢复正常；后者多为危重症状，如当血压突然升高到一定程度时出现剧烈头痛、呕吐、心悸、眩晕等症状，往往也在短期内就发生严重损害。

（二）饮食调理策略

建议低盐、低脂肪饮食；戒烟限酒，避免情绪激动；注重饮水和摄取优质蛋白质以及促进蛋白质吸收利用的维生素C和维生素E；多食用含钙、镁、钾丰富的食物可以缓解钠盐对人体造成的损害，还可以降低血压；富含二十碳五烯酸（EPA）和二十二碳六烯酸（DHA）的鱼油和坚果，也有助于预防血液黏稠。目前最适合高血压患者的饮食模式是得舒饮食法。

（三）推荐药膳食谱

1. 芹菜黑枣汤

① 配方：水芹菜500g，黑枣250g。

② 制法：将水芹菜切段；将黑枣洗净去核，与水芹菜段共煮。

③ 功效：滋补肝肾，去脂降压。

④ 用法：随意食之。

2. 雪羹萝卜汤

① 配方：荸荠30g，白萝卜30g，海蜇30g。

② 制法：将以上三者切成碎块，用文火煮1h至三者均烂即可。

③ 功效：清热化痰，降压通便。

④ 用法：可随意食之。

四、高脂血症的调控

（一）高脂血症的表现

高脂血症是指血浆中一种或多种脂质成分持续高于正常者的疾病状态。它也能引起一些严重危害人体健康的疾病，如动脉粥样硬化、冠心病、胰腺炎等。临床以头晕、胸闷、心悸、缺乏食欲、神疲乏力、失眠健忘、肢体麻木为主要表现。

（二）饮食调理策略

高脂血症患者需限制摄入的总能量，不可过高：从事轻度活动的脂肪肝患者每日摄入能量30～35kcal/kg，以避免加重脂肪堆积；对于肥胖或超重者，每日摄入能量20～25kcal/kg，控制或减轻体重。

以下的营养素有利于降低血脂：首先，要多饮水，保持体内血液循环顺畅；其次，要注意矿物质平衡，富含钙和钾的食物能进钠的排出，辅助降压；最后，不饱和脂肪酸对于血脂也有较好的维护作用。另外，维生素、膳食纤维和一些天然抗氧化物也有辅助的保健作用。

建议在食物多样原则的指导下，多选用红色、黄色、深绿色的低糖蔬果强化维生素；蘑菇、海藻等清淡饮食完善矿物质；坚果、种子等富含不饱和脂肪酸的食物，以帮助囤积脂肪和胆固醇运转代谢。高脂血症患者的饮食禁忌包括高脂、高胆固醇、高糖、高盐食物以及酒精饮料。食物胆固醇含量可参见附录七。

（三）推荐药膳食谱

1. 二花桑楂汁

① 配方：金银花6g，菊花6g，桑叶4g，生山楂6g，冰糖20g。

② 制法：将金银花、菊花、桑叶、生山楂用清水洗去灰渣，用白洁纱布包扎好，放入锅内煎10min，加入冰糖，至冰糖溶化即成。

③ 功效：清肝明目，减肥降脂。

④ 用法：每日1剂，代茶频饮。10~30日为1个疗程。

2. 蘑菇炒青菜

① 配方：鲜蘑菇250g，青菜500g，油、食盐、味精等各适量。

② 制法：将青菜和鲜蘑菇洗净切片，起油锅煸炒，加入盐、味精等调味。

③ 功效：健脾开胃。

④ 用法：佐餐食用。

五、高尿酸血症与痛风的调控

（一）高尿酸血症与痛风的表现

高尿酸血症是由于体内尿酸产物增加或排泄减少而引起的以少尿、无尿、尿毒症为临床特征的综合征。暂时的高尿酸血症不能说明已经患有痛风，但是如果长期存在高尿酸血症，就能导致尿酸结晶沉积在手指、脚趾和关节中，引起炎症、关节肿胀和疼痛等症状，也就是痛风。

痛风的临床特点为高尿酸血症及由此而引起的痛风性急性关节炎反复发作、痛风石沉积、痛风石性慢性关节炎和关节畸形，常累及肾脏，引起慢性间质性肾炎和尿酸肾结石形成。

（二）饮食调理策略

高尿酸血症的发病原因是体内的尿酸代谢障碍，患者在饮食方面要特别的注意。每天食用足量的蔬菜和水果，以补充促进尿酸代谢的B族维生素和维生素C。日常饮食中要注意避免进食高嘌呤食物、酒精和鸡精。食物嘌呤含量可参考附录六。

（三）推荐药膳食谱

1. 什锦乌龙粥

① 配方：生薏米30g，冬瓜仁100g，红小豆20g，干荷叶、乌龙茶各适量。

② 制法：将干荷叶、乌龙茶用粗纱布包好备用；将生薏米、冬瓜仁、红小豆洗净一起放入锅内，加水煮熬至熟，再放入用粗纱布包好的干荷叶及乌龙茶再煎7~8min，取出粗纱布包即可。

③ 功效：预防痛风，健脾利湿。

④ 用法：每日早、晚食用。

2. 鹌鹑蛋银耳羹

① 配方：银耳15g，鹌鹑蛋20个，冰糖100g。

② 制法：银耳水发，洗净，撕成小朵，放入蒸碗内，加开水800毫升及冰糖，入笼用旺

火蒸至银耳熟烂，将煮熟去壳的鹌鹑蛋放在银耳羹四周即成。

③功效：预防痛风，补肾益精，强心健脑。

④用法：可作点心服食。

第五节　改善不良状态的药膳食谱

毫无疑问，特殊时期的特殊需求和长期的压力会消耗大量营养素和能量，也更容易导致代谢失衡和机体衰弱的风险。例如，经期前后和更年期等特殊时期更容易出现神经衰弱、失眠和抑郁等不良状态。对于稳定的良好状态而言，适宜的激素水平、充足的休息、均衡的营养素配比、持续供应的能量都是必要的条件。另外，每天固定时段增加运动，增加四肢末端的血流量和肩颈腰臀的活动量，也能在预防身体僵化的同时，促进大脑和神经的深度休息。

一、经前期综合征的改善

（一）经前期综合征的表现

经前期综合征是指女性在月经周期的后期表现出一系列生理和情感方面的不适症状，这些症状与精神和内科疾病无关。经前期综合征包括了一系列症状，如疲劳、体重增加、性欲减弱、阴道干燥或水肿、潮热、疲劳、易怒、情绪沮丧、乳房敏感和头痛等。其主要病因有三种：雌激素占据优势、黄体酮相对不足、葡萄糖不耐受，缺乏营养素（主要指必需脂肪酸、B族维生素、钙、铁、锌和镁）。经期将至时，女性对这些营养素的需求量最大。如果膳食方法和营养素的补充没能明显地改善症状，就需要向就医咨询并检测激素是否平衡。

（二）饮食调理策略

月经前期要合理饮食，减少冷饮，用水果和坚果作为零食，更要避免进食糖、甜食和刺激性食物。补充维生素C、维生素E和生物类黄酮可以帮助减轻潮热。充足的必需脂肪酸、B族维生素、锌、铁、锌和镁与前列腺素的合成相关，对改善潮热和其他不适症状均有益。

（三）推荐药膳食谱

1. 韭菜炒羊肝

①配方：韭菜150g，羊肝200g，食盐、味精各适量。

②制法：将羊肝切成小片，与韭菜一起于铁锅内用急火烹炒，加入食盐、味精调味。

③功效：温补肝肾。

④用法：佐餐食用。每日1次，连食1周为1个疗程。经行前5日开始食用。

2. 墨鱼甲鱼炖乌鸡

①配方：墨鱼250g，甲鱼1只，乌骨鸡1只，食盐适量。

②制法：将墨鱼去骨；甲鱼去爪、内脏，用开水烫后去黑衣；乌骨鸡去毛、内脏；将三者洗净后一起入锅，加适量水，用武火煮沸后，改用文火炖1h至烂熟，加食盐调味。

③功效：滋阴养血，化瘀调经。

④用法：佐餐随量食用。

二、痛经的改善

（一）痛经的表现

痛经是指行经前后或月经期出现下腹部疼痛、坠胀的不适状态。痛经分为原发性痛经和继发性痛经两类。原发性痛经指生殖器官无器质性病变的痛经；继发性痛经指由盆腔器质性疾病，如子宫内膜异位症、子宫腺肌病等引起的痛经。

（二）饮食调理策略

发生痛经时要避免进食生冷食物，用水果和坚果作为零食，也要避免进食糖、甜食和刺激性食物。遵医嘱适量补充铁和镁可缓解子宫平滑肌和血管的痉挛；增加富含B族维生素、维生素C、维生素E和生物类黄酮的食物，也有缓解痛经的作用。

（三）推荐药膳食谱

1. 枸杞炖兔肉

①配方：枸杞子15g，兔肉250g，食盐适量。

②制法：将枸杞子和兔肉放入锅中，加入适量水，用文火炖熟，加食盐调味。

③功效：滋补肝肾，补气养血。

④用法：饮汤吃肉，每日1次。

2. 黑豆红花饮

①配方：黑豆30g，红花6g，红糖30g。

②制法：将黑豆、红花放入锅中，加清水适量，用武火煮沸4min后，再用文火煮至黑豆烂熟，去黑豆、红花，加红糖调味即成。

③功效：活血化瘀，缓急止痛。

④用法：每次服2杯，每日2次。

三、更年期综合征的改善

（一）更年期综合征的表现

更年期综合征主要是指女性在绝经前后，由于性激素含量的减少导致的一系列异常表现；多数男性在一定年龄也有类似衰退症状，但往往被忽视。女性更年期综合征多发于46～50岁，常见表现包括：性激素分泌减少和性器官萎缩；潮热、出汗、心悸、头晕等心血管症状；抑郁、易激动、失眠、烦躁、健忘等精神症状；月经改变和生殖系统慢性病等；骨质疏松、关节和肌肉痛、尿道疾病等。

（二）饮食调理策略

丰富的维生素能够增加细胞活力；充足的矿物质能够强化皮肤、血管和骨质的强韧度；来自鱼类、坚果和种子的不饱和脂肪酸有助于合成各类重要的激素和细胞膜结构，但需限制脂肪总量和饱和脂肪酸的比例，以利于预防代谢综合征和降低肥胖风险；优质蛋白质更有助于修复人体组织；非精制糖能降低糖尿病的发生风险；来源于豆豉、扁豆、鹰嘴豆和亚麻籽的适量异黄酮，可以帮助平衡激素，也有缓解潮热的功效。此外，糖、盐适量，戒烟限酒，有助于减轻不良症状。更年期女性的体质开始衰退，更需要强化补充营养素，要尽可能少摄入能量较高的超加工食品。

（三）推荐药膳食谱

1. 红枣木瓜猪肝汤

① 配方：红枣10枚，木瓜1个，猪肝50g，食盐适量。

② 制法：将红枣去核，木瓜去皮、瓤，切成薄片，猪肝剁碎；将三物一起放入锅内，加水用武火煮沸，再以文火炖煮30min，加食盐调味。

③ 功效：益气养血，通经活络。

④ 用法：每日1剂，分2次饮服，连用15日。

2. 百合地黄粥

① 配方：百合30g，生地黄15g，枣仁10g，粳米100g。

② 制法：将前三味加水煎，去渣取药汁，把粳米加入药汁中煮粥。

③ 功效：滋补肝肾，养心安神。

④ 用法：每日2次，温热服食。

四、神经衰弱的改善

（一）神经衰弱的表现

神经衰弱是神经症中最常见的一种疾病。其发病的诱因多，临床表现错综复杂。主要表现为神经精神症状如精神疲劳、失眠忧郁、易疲劳、记忆力减退、失眠多梦，情绪不稳等；可见与特定的脏腑功能失调相关的症状如口淡无味、食欲不振、胁痛腹胀、恶心嗳气、便干或便溏、心悸胸闷、气短、面红耳赤或面色无华、畏寒怕冷或虚热烦躁、性欲异常或阳痿遗精、月经失调等。

（二）饮食调理策略

富含卵磷脂的食物，对神经衰弱有较好的疗效，可强化脑细胞结构，因而有利于改善脑细胞功能；优质蛋白质是大脑神经细胞兴奋和抑制过程的基础；富含维生素A、B族维生素、维生素C和维生素E的食物能抗氧化、促进辅酶的合成，具有催化作用，可加强脑细胞的功能；矿物质中的锌、镁、铁和钙均有助于稳定神经，改善不良症状。

（三）推荐药膳食谱

1. 淮山百合炖白鳝

① 配方：白鳝1～2条（约250g），淮山药、百合各30g，调味料适量。

② 制法：先将白鳝去内脏洗净，与淮山药、百合一起放瓦盅内，加清水适量，隔水炖熟，调味即可。

③ 功效：补虚健脾，养心安神。

④ 用法：佐餐食用。

2. 甘麦大枣汤

① 配方：小麦50g，大枣10g，甘草15g。

② 制法：先用水煎甘草，去渣取汁，再用药汁与大枣、小麦一起煮粥。

③ 功效：益气养阴，宁心安神。

④ 用法：早、晚分食。

五、失眠的改善

（一）失眠的表现

失眠是指经常性睡眠不足，或不易入睡，或睡而易醒，醒后不能再入睡，甚至彻夜难眠的一类病症。失眠常与其他疾病同时发生。由于睡眠不足，临床常伴有头昏头痛、四肢疲乏、心悸健忘、心神不宁等症状。

（二）饮食调理策略

色氨酸能促使脑神经细胞分泌5-羟色胺，使大脑活动受到暂时的抑制，从而有助于入睡，但人体不能合成色氨酸，必须从食物中摄取，小米、牛乳及其制品、豆类等食物富含色氨酸；B族维生素中的维生素B_2、维生素B_6、维生素B_{12}、叶酸及烟酸，都被认为和睡眠密切相关；钙不仅是骨骼生长必不可少的元素，也是重要的神经递质，能加强大脑皮层抑制过程，可以调节兴奋与抑制之间的平衡；镁有调节神经细胞与肌肉收缩的功能，在调节人体睡眠功能方面起到关键作用。此外，戒除精制糖、烟酒、咖啡和茶等刺激物对促进睡眠也有重要辅助作用。

（三）推荐药膳食谱

1. 双仁粥

① 配方：酸枣仁、柏子仁各10g，红枣5枚，粳米100g，红糖适量。

② 制法：先煎酸枣仁、柏子仁、红枣，去渣取汁，同粳米煮粥，粥成调入红糖稍煮即可。

③ 功效：健脾益气，补血养心。

④ 用法：每日1～2次，空腹温热食用。

2. 佛香梨

① 配方：佛手5g，制香附5g，梨2个。

② 制法：将佛手、制香附研成末备用；梨去皮，切开剜空，在两半梨中各放入一半药末，合住放碗内，上锅蒸10min，即可。

③ 功效：疏肝理气，和胃养心。

④ 用法：可作点心食用。

六、抑郁症的改善

（一）抑郁症的表现

抑郁症以显著而持久的情绪低落为主要临床特征，是心境障碍的主要类型。临床可见情绪低落与其处境不相称，情绪的消沉可以从闷闷不乐到悲痛欲绝、自卑抑郁，甚至悲观厌世，可有自杀企图或行为；严重者可出现幻觉、妄想等精神病性症状。抑郁症的病因非常复杂，与个人身心、接触事物和社会环境等多方面因素有关。

（二）饮食调理策略

血糖水平失衡、5-羟色胺水平偏低和缺乏n-3脂肪酸均会导致抑郁；产生组胺过多的人也有抑郁的倾向；另外，食物过敏症也会引发抑郁；食用较多美味的超加工食品或刺激性食物导致的营养失调也会增加抑郁风险；在短时间内戒烟戒酒或者停止食用超加工食品、刺激性食物之类成瘾性食物的戒断反应也能诱发抑郁。

增加富含维生素、矿物质和必需脂肪酸的多彩香味食物，能够在补足营养素的同时缓解情绪。

（三）推荐药膳食谱

1. 枸杞甲鱼肉

① 配方：甲鱼1只，枸杞子60g，调味料适量。

② 制法：将甲鱼去内脏及头，洗净，放在砂锅里，加入枸杞子，添加足量清水，用小火慢慢煨熟，调味即可。

③ 功效：滋补肝肾，补虚安神。

④ 用法：食肉喝汤。每日吃2餐，连吃2日，每周10次。

2. 核桃芝麻糊

① 配方：核桃仁12g，黑芝麻30g，面粉30g，白糖适量。

② 制法：将核桃仁、黑芝麻分别碾碎；将面粉放在锅内炒熟；将碾碎的核桃仁、黑芝麻与面粉及白糖一起搅拌均匀即可。

③ 功效：滋阴养血，安神养脑。

④ 用法：每日1次，用时以少量开水冲泡成糊状。

第六节　预防骨病的药膳食谱

骨病主要分为：先天性骨病、代谢性骨病、骨坏死、职业性骨病、地方性骨病、关节退行性骨病、骨肿瘤、骨痈疽、骨结核、骨关节痹证、痿证、筋挛等几大块内容。最常见和饮食相关的骨病包括骨质疏松症、关节炎和软骨病等。适当的饮食调理策略，有助于预防这些疾病的发生概率，也可延缓其出现的年龄时期。

一、骨质疏松症的预防

（一）骨质疏松症的表现

骨质疏松症是由于多种原因导致的骨密度和骨质量下降，骨微观结构破坏，造成骨脆性增加，从而容易发生骨折的全身性骨病。骨质疏松症的常见表现包括：腰背酸痛或周身酸痛，身高缩短和驼背，骨密度降低，骨折和脊椎骨变形的危险增加。

（二）饮食调理策略

从营养学的角度来看，骨质疏松主要有三个原因，分别是：蛋白质摄入过多，导致钙从骨骼中流失用以中和过高的血液酸度；雌激素过多，造成可用于完善骨骼的黄体酮不足；修复骨骼的营养素不足，包括维生素D、维生素C、钙、镁、锌等。因此骨质疏松症患者的饮食调理策略有：

① 合理摄入蛋白质，若应用阿特金斯饮食法减肥，需关注实验室检验指标并遵医嘱；

② 多重研究证明，遵医嘱使用天然黄体酮霜，对于恢复骨密度的效果比使用人工合成的雌激素替代疗法要更安全有效；

③ 尽量减少所有来源的饱和脂肪，因为它们会增加激素紊乱的风险；

④ 在不过敏的前提下，可增加植物种子、动物脆骨和海鲜的进食比例。

（三）推荐药膳食谱

1. 蛤肉百合玉竹汤

① 配方：蛤蜊肉50g，百合30g，玉竹20g。

② 制法：将以上三物洗净一起放入锅中，加清水适量煮汤。

③ 功效：养阴除烦，强壮筋骨。

④ 用法：可佐餐或作点心食用。

2. 茯苓牡蛎饼

① 配方：茯苓细粉100g，糯米粉100g，羊骨细粉100g，干制牡蛎细粉100g，白砂糖50g，油、食盐各适量。

② 制法：取以上诸粉及白砂糖，加水适量，调和成软面，擀成薄片，加适量油、食盐，做成小饼，烙熟即成。

③ 功效：补脾肾，壮筋骨。

④ 用法：可作点心服食。

二、关节炎的预防

（一）关节炎的表现

关节炎泛指发生在人体关节及其周围组织，由炎症、感染、退化、创伤或其他因素引起的炎性疾病。关节炎的病因复杂，主要与自身免疫反应、感染、代谢紊乱、创伤、退行性病变等因素有关。常见表现包括关节疼痛、肿胀，炎症引起的关节周围组织水肿和红斑，关节畸形、渗液、骨性肿胀、骨擦音，肌萎缩或肌无力，关节活动范围受限等。

（二）饮食调理策略

关节炎的主要防治要点是减轻炎症风险和增强组织抗性。

① 具备减轻炎症效果的关键营养素包括各种抗氧化营养素、必需脂肪酸、姜黄素及某些蛇麻草的提取物等。

② 增强组织抗性的关键营养素包括可以促进内分泌系统功能的B族维生素和维生素C，调控体内钙的平衡的维生素D和钙、镁、磷等。

③ 部分有特殊气味蔬菜中的二甲基砜和甲壳类动物薄皮所含的氨糖也助于修复关节，二者能够控制软骨、滑膜、滑液的代谢平衡，可有效修复受损软骨。

④ 可食用的动物软骨也含有壮骨因子，如碳酸钙能增加骨密度；硫酸软骨素能够帮助氨糖渗入关节中；牛乳中的酪蛋白磷酸肽能促进软骨对钙、铁等营养素的吸收。

⑤ 肾上腺刺激物会影响人体对钙质的吸收和利用。关节炎患者要避免肾上腺刺激物，例如茶、咖啡、糖、辣椒等。

（三）推荐药膳食谱

1. 桑枝鸡

① 配方：老桑枝60g，绿豆30g，鸡肉250g，食盐、生姜各适量。

② 制法：将鸡肉洗净，加水适量，放入洗净切段的桑枝及绿豆，清炖至肉烂，以食盐、

生姜等调味即可。

③ 功效：清热通痹，益气补血。

④ 用法：饮汤吃鸡，量自酌。

2. 木瓜红豆粥

① 配方：木瓜10g，红豆30g，白糖1匙。

② 制法：将木瓜、红豆洗净后，倒入小锅内，加冷水一大碗，先浸泡片刻，再用小火慢炖至红豆酥烂，加白糖1匙，稍炖即可。

③ 功效：祛风利湿，舒筋止痛。

④ 用法：每日食用，不拘量。

三、软骨病的预防

（一）软骨病的表现

软骨病主要是指维生素D缺乏性佝偻病，又称骨软化症。这是一种因缺乏维生素D导致的，以钙、磷代谢紊乱或骨钙化不足为主要特征的慢性疾病。维生素D缺乏性佝偻病主要临床表现为：骨骼的改变、肌肉松弛，以及非特异性的精神神经症状。重症佝偻病患者可影响消化系统、呼吸系统、循环系统及免疫系统，同时对小儿的智力发育也有影响。常见病因包括日光照射不足、维生素D摄入不足、钙含量过低或钙磷比例不当等，有时也会受到一些药物和疾病的影响。

（二）饮食调理策略

1. 补充维生素D

动物性食品是天然维生素D的主要来源，海水鱼、动物肝脏等都是维生素D的良好来源；鸡蛋、牛肉、黄油中也有一定量的维生素D；植物性食物的多数部位中所含维生素D均较少，仅部分含油脂部位含有少量维生素D。日照时间较少的人群也可遵医嘱，通过保健品，如鱼油、鱼肝油、维生素D胶囊等途径补充维生素D。

2. 补钙或者调解钙磷比例

食物中钙含量不足或者钙磷比例不当，均可影响钙、磷的吸收。以人乳和牛乳为例，人乳中钙、磷含量虽低，但比例（2∶1）适宜，容易被吸收；牛乳中钙、磷含量较高，但钙磷比例（1.2∶1）不当，故钙的吸收率较低。各种食物的钙磷比例也各不相同，需要在注重饮食结构的基础上，强化摄入一些高钙食物，如脆骨、虾皮等。

（三）推荐药膳食谱

1. 丹参鳗鱼汤

① 配方：丹参30g，鳗鱼500g，啤酒适量。

② 制法：将鳗鱼洗净、切段，加少许啤酒，放入丹参，共煮成浓汤。

③ 功效：滋补肝肾，活血祛瘀。

④ 用法：佐餐食用。

2. 葛根煲猪脊骨

① 配方：葛根30g，猪脊骨500g。

② 制法：将葛根去皮、切片，猪脊骨切段，一起放入锅内，加清水适量煲汤。
③ 功效：益气养阴，舒筋活络。
④ 用法：饮汤食肉，常用有效。

第七节 美发润甲的药膳食谱

健康顺滑的头发和粉嫩结实的指甲，二者都是人体美态的重要体现。相对于人体其他结构细胞，发与甲的细胞构成有其独特之处，头发是不含神经血管的细胞，而指（趾）甲是重要的结缔组织。

一、头发的养护

（一）头发的特征

头发，指生长在人体头部的毛发。因为头发并不是器官，所以不含神经和血管，但含有细胞。头发的生理特征和功能主要取决于头皮表皮以下的毛乳头、毛囊和皮脂腺等。坚韧和富有光泽的头发是人体较好状态的重要标志。

（1）发色 发色主要由基因决定，但假如缺乏足够的蛋白质和矿物质的支持，发色会逐渐暗淡，也会随着衰老而变为灰白。

（2）发质 发质和头皮血液循环相关，若头皮部微小血管为发根提供的物质和营养素不足，头发就会干枯脆弱；混乱的作息、过度的压力和紊乱的激素都会扰乱发质的合成进程。

（3）发量 人的发量主要由基因控制，通常来说只会越来越少。脱发，可以说是一种令人痛苦的情况。秃发斑秃时，头发脱落成片状，通常是暂时性的脱发，往往是压力和环境导致人体激素变化带来的后果。

（4）光泽 头发的光泽和皮脂腺状况息息相关，与皮肤状态有相关性。

（5）头皮屑 因为头皮屑是死亡的头皮细胞，所以出现过多头皮屑意味着身体处于逆境，往往还伴随头皮菌落失调的症状。超加工食品中富含的饱和脂肪、糖类和辛辣刺激物等，都可能成为产生头皮屑的诱因。

（二）饮食调理策略

（1）增加脂肪酸的摄入 人体毛囊由3%的脂肪酸组成，富含必需脂肪酸的食物包括鱼、核桃、亚麻籽和鳄梨。

（2）增加维生素的摄入 维生素C可增加组织修复（包括头发）的胶原蛋白的产生；维生素B_6和生物素，可以促进头发生长，改善头皮和毛囊的血液循环；维生素E有助于促进角蛋白合成，以生成强健的头发。

（3）增加矿物质的摄入 铁可以改善头发的生长，有助于改善贫血者的脱发症状；硅、锌和碘等矿物质有利于修复发质；铜可能和发色有关。

（4）减少加工食物的摄入 低矿物质、低维生素和含有氢化脂肪的加工食物，能造成头发生长不利，也会导致毛囊活性衰退或毛孔堵塞，造成头皮油腻和脱发风险增加。

（三）推荐药膳食谱

1. 冬瓜黑豆炖鲫鱼

① 配方：冬瓜500g，黑豆250g，鲜鲫鱼1条（250～300g）。

② 制法：将鲜鲫鱼洗净，与黑豆同煮，不加食盐及其他调料，约20min后，加入冬瓜同煮，至肉熟豆烂后即可。

③ 功效：健脾益肾，润发消肿。

④ 用法：每日1剂，连汤食用，分2次食完。

2. 黑芝麻鸡蛋粥

① 配方：鸡蛋2个，黑芝麻30g，粟米90g。

② 制法：将鸡蛋洗净后与黑芝麻先煮，鸡蛋熟后去壳，再加入粟米、适量清水同煮，至粥成即可。

③ 功效：温肾润发，健脾益气。

④ 用法：每日临睡前食用，以服后微出汗为佳，5～7日为1个疗程。

二、指（趾）甲的养护

（一）指（趾）甲的特征

指（趾）甲是人类指（趾）端背面扁平的甲状结构，是指（趾）端表皮角质化的产物，属于结缔组织，其主要成分是角蛋白和硅、钙、镁等，与骨质细胞有类似之处。健康指（趾）甲特征包括：甲色均匀，呈淡粉红色；甲质坚韧，厚薄适中，软硬适度，不易折断；表面光滑，有光泽，无分层、纹路等；甲缘整齐，无缺损（外力原因除外）；甲根部的甲半月（俗称月牙）占甲面的五分之一，以乳白色为宜。

通过观察指（趾）甲的形状、大小、颜色能够了解到人体潜在的健康危机；通过指（趾）甲的光泽、纹路、斑点等等的变化，也可以大致推断出身体内在的病变风险。

（二）饮食调理策略

维生素对于指（趾）甲生长和甲周皮肤的状况有重要的维护作用；缺铁会造成汤匙形指（趾）甲和纵向突脊；缺锌等造成指（趾）甲白点；体内微生物和寄生虫也能影响指（趾）甲颜色和质地。因此若指（趾）甲颜色异常或质地突变，需尽早就医及时治疗。

① 口服酵母、胆碱以及食用富含钙、铁的食物有助于改善指（趾）甲的硬度。

② 若长期缺乏蛋白质或铁元素，通常易造成匙样或扁平状指（趾）甲，通过改善饮食营养即可以矫正。

③ 若指（趾）甲呈现波浪状且无光泽，揭示可能缺乏蛋白质，缺少维生素A及B族维生素或者揭示矿物质不足。对此可改善日常的膳食并每天补充多种维生素，外加维生素B_6及锌元素等即可。

④ 指（趾）甲无光、全部白色或有小白点，意味着人体可能缺乏锌元素或维生素B_6，也可能意味着罹患肝脏疾患，及时体检有助于尽快查明病因，有助于通过更合理的治疗和饮食策略来改善病情。

⑤ 指（趾）甲出现凹痕，可能意味着人体钙质、蛋白质或硫元素的缺乏，这些营养素可以从蛋类、大蒜中获得，需要对照自身饮食习惯检视或及时就医。

⑥ 线条状隆起样指（趾）甲常常发生在情绪欠佳或疾病之后，如能每天进食富含蛋白质的食物，同时摄取维生素C外加锌增补剂，即可加速新生指（趾）甲的生长，从而可使水平隆起线条逐渐消失。

⑦ 竖沟状指（趾）甲常发生在40岁以后，可能提示维生素A、钙或铁元素不足，也说明人体细胞再生能力减弱。每年的体检有助于查看有无贫血，以及有无缺乏维生素及矿物质的情况。

（三）推荐药膳食谱

1．枸杞炒猪肝

① 配方：枸杞子15g，猪肝200g，料酒、葱、生姜汁、食盐、酱油、味精、生粉、油各适量。

② 制法：将猪肝切成薄片，用料酒、葱、生姜汁和食盐腌渍10min，加入枸杞子、酱油、味精、生粉和油，拌匀，放于盘内，在微波炉内高功率转4min，中途翻拌两次。

③ 功效：补益肝肾，养血明目。

④ 用法：佐餐食用。

2．炒胡萝卜酱

① 配方：胡萝卜100g，猪瘦肉300g，豆腐干1块，海米10个，熟猪油、葱末、生姜末、黄豆酱、料酒、味精、酱油、香油各适量。

② 制法：将胡萝卜切成小丁，用熟猪油炸透；猪瘦肉和豆腐干分别切丁，海米泡透，备用。将锅用武火加热，倒入熟猪油，放入猪瘦肉丁炒，炒至肉丁内的水分已尽，颜色变浅时，放入葱末、生姜末和黄豆酱，不断翻炒，待炒至肉中有酱味时，加入料酒、味精和酱油，稍炒后加入胡萝卜丁、豆腐干丁和海米，再炒后淋上香油，炒匀即可。

③ 功效：补气养血。

④ 用法：佐餐食用。

附录

一、中国居民平衡膳食宝塔（2016）

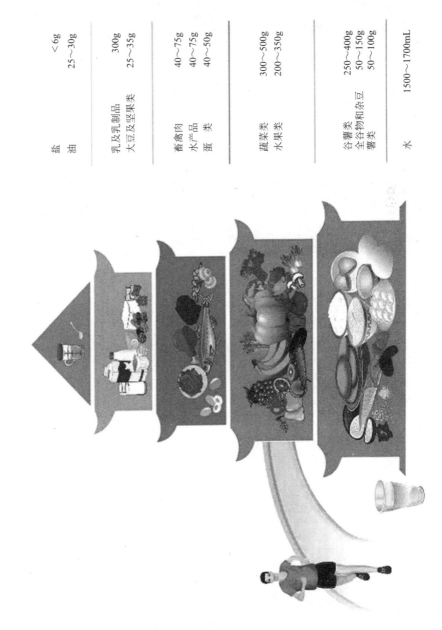

中国居民平衡膳食宝塔（2016）

盐	<6g
油	25～30g
乳及乳制品	300g
大豆及坚果类	25～35g
畜禽肉	40～75g
水产品	40～75g
蛋　类	40～50g
蔬菜类	300～500g
水果类	200～350g
谷薯类	250～400g
全谷物和杂豆	50～150g
薯类	50～100g
水	1500～1700mL

二、中国居民膳食营养素参考摄入量

表1　能量和蛋白质的RNI及脂肪供能比

年龄/岁	能量①				蛋白质		脂肪
	RNI /MJ		RNI /kcal		RNI /g		占能量比例/%
	男	女	男	女	男	女	
0~	0.4MJ/kg		95kcal/kg②		1.5~3g/（kg·d）		45~50
0.5~							35~40
1~	4.60	4.40	1100	1050	35	35	
2~	5.02	4.81	1200	1150	40	40	30~35
3~	5.64	5.43	1350	1300	45	45	
4~	6.06	5.83	1450	1400	50	50	
5~	6.70	6.27	1600	1500	55	55	
6~	7.10	6.67	1700	1600	55	55	
7~	7.53	7.10	1800	1700	60	60	25~30
8~	7.94	7.53	1900	1800	65	65	
9~	8.36	7.94	2000	1900	65	65	
10~	8.80	8.36	2100	2000	70	65	
11~	10.04	9.20	2400	2200	75	75	
14~	12.00	9.62	2900	2400	85	80	25~30
18~							20~30
体力活动PAL③							
轻	10.03	8.80	2400	2100	75	65	
中	11.29	9.62	2700	2300	80	70	
重	13.38	11.30	3200	2700	90	80	
孕妇		+ 0.84		+200	+5，+15，+20		
乳母		+ 2.09		+500		+20	
50~							20~30
体力活动PAL③							
轻	9.62	8.00	2300	1900			

续表

年龄/岁	能量[1]				蛋白质		脂肪
	RNI /MJ		RNI /kcal		RNI /g		占能量比例/%
	男	女	男	女	男	女	
中	10.87	8.36	2600	2000			
重	13.00	9.20	3100	2200			
60~					75	65	20~30
体力活动PAL[3]							
轻	7.94	7.53	1900	1800			
中	9.20	8.36	2200	2000			
70~					75	65	20~30
体力活动PAL[3]							
轻	7.94	7.10	1900	1700			
中	8.80	8.00	2100	1900			
80~	7.74	7.10	1900	1700	75	65	20~30

[1] 各年龄组的能量的RNI值与其EAR值相同。

[2] 为AI值，非母乳喂养应增加20%。

[3] 为体力为活动水平。

注：凡表中数字缺失之处表示未制定该参考值。

表2　常量和微量元素的RNI或AI

年龄/岁	钙 AI /mg	磷 AI /mg	钾 AI /mg	钠 AI /mg	镁 AI /mg	铁 AI /mg 男	铁 AI /mg 女	碘 RNI /µg	锌 RNI /mg 男	锌 RNI /mg 女	硒 RNI /µg	铜 AI /mg	氟 AI /µg	铬 AI /µg	锰 AI /mg	钼 AI /µg
0~	300	150	500	200	30	0.3	0.3	50	1.5	1.5	15 (AI)	0.4	0.1	10		
0.5~	400	300	700	500	70	10	10	50	8	8	20 (AI)	0.6	0.4	15		
1~	600	450	1000	650	100	12	12	50	9	9	20	0.8	0.6	20		15
4~	800	500	1500	900	150	12	12	90	12	12	25	1	0.8	30		20
7~	800	700	1500	1000	250	12	12	90	13.5	13.5	35	1.2	1	30		30
11~	1000	1000	1500	1200	350	16	18	120	18	15	45	1.8	1.2	40		50
14~	1000	1000	2000	1800	350	20	25	150	19	15.5	50	2	1.4	40		50
18~	800	700	2000	2200	350	15	20	150	15	11.5	50	2	1.5	50	3.5	60
孕妇																
早期	800	700	2500	2200	400		15	200		11.5	50					
中期	1000	700	2500	2200	400		25	200		16.5	50					
晚期	1200	700	2500	2200	400		35	200		16.5	50					
乳母	1200	700	2500	2200	400		25	200		21.5	65	2				
50~	1000	700	2000	2200	350	15	15	150	11.5	11.5	50	2	1.5	50	3.5	60

注：凡表中数字缺失之处表示未制定该参考值。

表3 脂溶性和水溶性维生素的RNI（推荐摄入量）或AI（适宜摄入量）

年龄/岁	维生素A RNI/µgRE①	维生素D RNI/µg	维生素E AI/mg α-TE②	维生素B₁ RNI/mg	维生素B₂ RNI/mg	维生素B₆ AI/mg	维生素B₁₂ AI/µg	维生素C RNI/mg	泛酸 AI/mg	叶酸 RNI/µg DFE③	烟酸 RNI/mg NE④	胆碱 AI/mg	生物素 AI/µg
0~	400 (AI)	10	3	0.2 (AI)	0.4 (AI)	0.1	0.4	40	1.7	65 (AI)	2 (AI)	100	5
0.5~	400 (AI)	10	3	0.3 (AI)	0.5 (AI)	0.3	0.5	50	1.8	80 (AI)	3 (AI)	150	6
1~	500	10	4	0.6	0.6	0.5	0.9	60	2.0	150	6	200	8
4~	600	10	5	0.7	0.7	0.6	1.2	70	3.0	200	7	250	12
7~	700	10	7	0.9	1.0	0.7	1.2	80	4.0	200	9	300	16
11~	700	5	10	1.2	1.2	0.9	1.8	90	5.0	300	12	350	20
14~ 男	800	5	14	1.5	1.5	1.1	2.4	100	5.0	400	15	450	25
14~ 女	700	5	14	1.2	1.2	1.1	2.4	100	5.0	400	12	450	25
18~ 男	800	5	14	1.4	1.4	1.2	2.4	100	5.0	400	14	450	30
18~ 女	700	5	14	1.3	1.2	1.2	2.4	100	5.0	400	13	450	30
孕妇													
早期	800	5	14	1.5	1.7	1.9	2.6	100	6.0	600	15	500	30
中期	900	10	14	1.5	1.7	1.9	2.6	130	6.0	600	15	500	30
晚期	900	10	14	1.5	1.7	1.9	2.6	130	6.0	600	15	500	30
乳母	1200	10	14	1.8	1.7	1.9	2.8	130	7.0	500	18	500	35
50~	800（男）/ 700（女）	10	14	1.3	1.4	1.5	2.4	100	5.0	400	13	450	30

① 为视黄醇当量。
② 为α-生育酚当量。
③ 为膳食叶酸当量。
④ 为叶酸当量。

注：凡表中数字缺失之处表示未制定该参考值。

表4　某些微量营养素的UL

年龄/岁	钙/mg	磷/mg	镁/mg	铁/mg	碘/μg	锌/mg（男/女）	硒/μg	铜/mg	氟/mg	铬/μg	锰/mg	钼/μg	维生素A/μgRE③	维生素D/μg	维生素B₁/mg	维生素C/mg	叶酸/μgDFE②	烟酸/mgNE①	胆碱/mg
0~				10			55		0.4							400			600
0.5~			200	30		13	80		0.8							500			800
1~	2000	3000	300	30		23	120	1.5	1.2	200		80			50	600	300	10	1000
4~	2000	3000	300	30		23	180	2.0	1.6	300		110	2000		50	700	400	15	1500
7~	2000	3000	500	30	800	28	240	3.5	2.0	300		160	2000	20	50	800	400	20	2000
11~	2000	3500	700	50	800	男37 女34	300	5.0	2.4	400		280	2000	20	50	900	600	30	2500
14~	2000	3500	700	50	800	男42 女35	360	7.0	2.8	400		280	2000	20	50	1000	800	30	3000
18~	2000	3500	700	50	1000	男45 女37	400	8.0	3.0	500	10	350	3000	20	50	1000	1000	35	3500
孕妇	2000	3000	700	60	1000	35	400						2400	20		1000	1000		3500
乳母	2000	3500	700	50	1000	35	400						3000	20		1000	1000		3500
50~	2000	3500*	700	50	1000	男37 女37	400	8.0	3.0	500	10	350	3000	20	50	1000	1000	35	3500

① 为烟酸当量。
② 为膳食叶酸当量。
③ 60岁以上磷的UL为3000mg。
注：凡表中数字缺失之处表示未制定该参值。

三、中国正常成年人体重表

表5　中国正常成年男子标准体重　　　　　　　　　　　　　　单位：kg

身高/cm	15~19岁	20~24岁	25~29岁	30~34岁	35~39岁	40~44岁	45~49岁	50~60岁
153	46.5	48.0	49.1	50.3	51.1	52.0	52.4	52.4
155	47.3	49.0	50.1	51.2	52.0	53.2	53.4	53.4
157	48.2	50.0	51.3	52.1	52.8	54.1	54.5	54.5
159	49.4	51.0	52.3	53.1	53.9	55.4	55.7	55.7
161	50.5	52.1	53.3	54.3	55.2	56.6	57.0	57.0
163	51.7	53.3	54.5	55.5	56.6	58.0	58.5	58.5
165	53.0	54.5	55.6	56.9	58.1	59.4	60.0	60.0
167	54.7	55.9	56.9	58.4	59.5	60.9	61.5	61.5
169	55.4	57.3	58.4	59.8	61.0	62.6	63.1	63.1
171	56.8	58.8	59.9	61.3	62.5	63.4	64.6	64.6
173	58.2	60.2	61.3	62.8	64.1	65.9	66.3	66.3
175	59.5	61.7	62.9	64.5	65.9	67.7	68.4	68.4
177	61.4	63.3	64.6	66.5	67.7	69.5	70.4	70.5
179	63.1	64.9	66.4	68.4	69.7	71.3	72.3	72.6
181	65.0	66.6	68.4	70.4	71.8	73.2	74.4	74.7
183	66.5	68.3	70.4	72.7	74.0	75.2	77.1	77.4

表6　中国正常成年女子标准体重　　　　　　　　　　　　　　单位：kg

身高/cm	15~19岁	20~24岁	25~29岁	30~34岁	35~39岁	40~44岁	45~49岁	50~60岁
153	44.0	45.5	46.6	47.8	48.6	49.5	49.9	49.9
155	44.8	46.5	47.6	48.7	49.5	50.7	50.9	50.9
157	45.7	47.5	48.8	49.6	50.3	51.6	52.0	52.0
159	46.9	48.5	49.8	50.6	51.4	52.9	53.2	53.2
161	48.0	49.6	50.8	51.8	52.7	54.1	54.5	54.5
163	49.2	50.8	52.0	53.0	54.1	55.5	56.0	56.0
165	50.5	52.0	53.1	54.4	55.6	56.9	57.5	57.5

续表

身高/cm	15~19岁	20~24岁	25~29岁	30~34岁	35~39岁	40~44岁	45~49岁	50~60岁
167	51.6	53.4	54.4	55.9	57.0	58.4	59.0	59.0
169	52.9	54.8	55.9	57.3	58.5	60.1	60.6	60.6
171	54.3	56.3	57.4	58.8	60.0	61.6	62.1	62.1
173	55.7	57.7	58.8	60.3	61.6	63.4	63.8	63.8
175	57.0	59.2	60.4	62.0	63.4	65.2	65.9	65.9
177	58.9	60.8	62.1	64.0	65.2	67.0	67.9	68.0
179	60.6	62.4	63.9	65.9	67.2	68.8	69.8	70.1
181	62.5	64.1	65.9	67.9	69.3	70.7	71.9	72.5
183	64.0	65.8	67.9	70.2	71.5	72.7	74.6	74.9

四、药食同源名单

表7　既是食品又是药品的物品（药食同源）、新资源食品（新食品原料）名单
（截至2019年1月1日）

类别	明细	出处	备注
既是食品又是药品的物品名单（药食同源）	丁香、八角、茴香、刀豆、小茴香、小蓟、山药、山楂、马齿苋、乌梢蛇、乌梅、木瓜、火麻仁、代代花、玉竹、甘草、白芷、白果、白扁豆、白扁豆花、龙眼肉（桂圆）、决明子、百合、肉豆蔻、肉桂、余甘子、佛手、杏仁（甜、苦）、沙棘、牡蛎、芡实、花椒、赤小豆、阿胶、鸡内金、麦芽、昆布、枣（大枣、酸枣、黑枣）、罗汉果、郁李仁、金银花、青果、鱼腥草、姜（生姜、干姜）、枳椇、枸杞子、栀子、砂仁、胖大海、茯苓、香橼、香薷、桃仁、桑叶、桑葚、橘红、桔梗、益智仁、荷叶、莱菔子、莲子、高良姜、淡竹叶、淡豆豉、菊花、菊苣、黄芥子、黄精、紫苏、紫苏籽、葛根、黑芝麻、黑胡椒、槐米、槐花、蒲公英、蜂蜜、榧子、酸枣仁、鲜白茅根、鲜芦根、蝮蛇、橘皮、薄荷、薏苡仁、薤白、覆盆子、藿香	卫法监发[2002]51号	共计87种（另一说法是86种。这个说法的来源是2014年的征求意见稿，并没有官方正式发布）

续表

类别	明细	出处	备注
可用于保健食品的物品名单	人参、人参叶、人参果、三七、土茯苓、大蓟、女贞子、山茱萸、川牛膝、川贝母、川芎、马鹿胎、马鹿茸、马鹿骨、丹参、五加皮、五味子、升麻、天门冬、天麻、太子参、巴戟天、木香、木贼、牛蒡子、牛蒡根、车前子、车前草、北沙参、平贝母、玄参、生地黄、生何首乌、白及、白术、白芍、白豆蔻、石决明、石斛（需提供可使用证明）、地骨皮、当归、竹茹、红花、红景天、西洋参、吴茱萸、怀牛膝、杜仲、杜仲叶、沙苑子、牡丹皮、芦荟、苍术、补骨脂、坷子、赤芍、远志、麦门冬、龟甲、佩兰、侧柏叶、制大黄、制何首乌、刺五加、刺玫果、泽兰、泽泻、玫瑰花、玫瑰茄、知母、罗布麻、苦丁茶、金荞麦、金樱子、青皮、厚朴、厚朴花、姜黄、枳壳、枳实、柏子仁、珍珠、绞股蓝、葫芦巴、茜草、荜茇、韭菜子、首乌藤、香附、骨碎补、党参、桑白皮、桑枝、浙贝母、益母草、积雪草、淫羊藿、菟丝子、野菊花、银杏叶、黄芪、湖北贝母、番泻叶、蛤蚧、越橘、槐实、蒲黄、蒺藜、蜂胶、酸角、墨旱莲、熟大黄、熟地黄、鳖甲	卫法监发[2002]51号	
保健食品禁用物品名单	八角莲、八里麻、千金子、土青木香、山莨菪、川乌、广防己、马桑叶、马钱子、六角莲、天仙子、巴豆、水银、长春花、甘遂、生天南星、生半夏、生白附子、生狼毒、白降丹、石蒜、关木通、农吉痢、夹竹桃、朱砂、米壳（罂粟壳）、红升丹、红豆杉、红茴香、红粉、羊角拗、羊踯躅、丽江山慈姑、京大戟、昆明山海棠、河豚、闹羊花、青娘虫、鱼藤、洋地黄、洋金花、牵牛子、砒石（白砒、红砒、砒霜）、草乌、香加皮（杠柳皮）、骆驼蓬、鬼臼、莽草、铁棒槌、铃兰、雪上一枝蒿、黄花夹竹桃、斑蝥、硫黄、雄黄、雷公藤、颠茄、藜芦、蟾酥	卫法监发[2002]51号	
新资源食品	嗜酸乳杆菌、低聚木糖、透明质酸钠、叶黄素酯、L-阿拉伯糖、短梗五加、库拉索芦荟凝胶	卫生部公告2008年第12号	低聚木糖2014年第20号有变更
	低聚半乳糖、副干酪乳杆菌（菌株号GM080、GMNL-33）、嗜酸乳杆菌（菌株号R0052）、鼠李糖乳杆菌（菌株号R0011）、水解蛋黄粉、异麦芽酮糖醇、植物乳杆菌（菌株号299v）、植物乳杆菌（菌株号CGMCC NO.1258）、植物甾烷醇酯、珠肽粉	卫生部公告2008年第20号	植物甾烷醇酯2014年第10号有变更

续表

类别	明细	出处	备注
新资源食品	蛹虫草	卫生部公告2009年第3号	2014年第10号有变更
	菊粉、多聚果糖	卫生部公告2009年第5号	
	γ-氨基丁酸、初乳碱性蛋白粉、共轭亚油酸、共轭亚油酸甘油酯、植物乳杆菌（菌株号ST-Ⅲ）、杜仲籽油	卫生部公告2009年第12号	
	茶叶籽油、盐藻及提取物、鱼油及提取物、甘油二酯油、地龙蛋白、乳矿物盐、牛奶碱性蛋白	卫生部公告2009年第18号	
	DHA藻油、棉籽低聚糖、植物甾醇、植物甾醇酯、花生四烯酸油脂、白子菜、御米油	卫生部公告2010年第3号	
	金花茶、显脉旋覆花（小黑药）、诺丽果浆、酵母β-葡聚糖、雪莲培养物	卫生部公告2010年第9号	
	蔗糖聚酯、玉米低聚肽粉、磷脂酰丝氨酸	卫生部公告2010年第15号	蔗糖聚酯2012年第19号有变更
	雨生红球藻、表没食子儿茶素没食子酸酯	卫生部公告2010年第17号	
	翅果油、β-羟基-β-甲基丁酸钙	卫生部公告2011年第1号	
	元宝枫籽油、牡丹籽油	卫生部公告2011年第9号	
	玛咖粉	卫生部公告2011年第13号	
	蚌肉多糖	卫生部公告2012年第2号	
	中长链脂肪酸食用油、小麦低聚肽	卫生部公告2012年第16号	菊粉的原料
	菊芋	卫生部公告2012年第16号	
	人参（人工种植）	卫生部公告2012年第17号	
	蛋白核小球藻、乌药叶、辣木叶、蔗糖聚酯	卫生部公告2012年第19号	

续表

类别	明细	出处	备注
新资源食品	茶树花、盐地碱蓬籽油、美藤果油、盐肤木果油、广东虫草子实体、阿萨伊果、茶薦子叶状层菌发酵菌丝体	卫生部公告2013年第1号	
新食品原料	裸藻、1,6-二磷酸果糖三钠盐、丹凤牡丹花、狭基线纹香茶菜、长柄扁桃油、光皮梾木果油、青钱柳叶、低聚甘露糖	卫计委公告2013年第10号	
	显齿蛇葡萄叶、磷虾油、马克斯克鲁维酵母	卫计委公告2013年第16号	
	壳寡糖、水飞蓟籽油、柳叶蜡梅、杜仲雄花、乳酸片球菌、戊糖片球菌	卫计委公告2014年第6号	
	塔格糖、奇亚籽、圆苞车前子壳、蛹虫草、植物甾烷醇酯	卫计委公告2014年第10号	
	塔罗油	卫计委公告2014年第10号	植物甾烷醇酯的原料
	线叶金雀花	卫计委公告2014年第12号	
	茶叶茶氨酸	卫计委公告2014年第15号	
	番茄籽油、枇杷叶、阿拉伯半乳聚糖、湖北海棠（茶海棠）叶、竹叶黄酮、燕麦β-葡聚糖、清酒乳杆菌、产丙酸丙酸杆菌、低聚木糖	卫计委公告2014年第20号	
	乳木果油、（$3R,3'R$）-二羟基-β-胡萝卜素、宝乐果粉、N-乙酰神经氨酸、顺-15-二十四碳烯酸、西兰花种子水提物、米糠脂肪烷醇、γ-亚麻酸油脂（来源于刺孢小克银汉霉）、β-羟基-β-甲基丁酸钙、木姜叶柯	卫计委公告2017年第7号	
	黑果腺肋花楸果、球状念珠藻（葛仙米）	卫健委公告2018年第10号	

五、常见食物营养素成分表

表8　常见食物营养素成分表

食物名称	食部/%	水分/g	能量/kJ	蛋白质/g	脂肪/g	糖类/g	维生素A/μgRE	胡萝卜素/μg	硫胺素/mg	核黄素/mg	维生素C/mg	维生素E/mg	钙/mg	钾/mg	钠/mg	铁/mg	锌/mg
谷类及其制品																	
粳米	100	13.7	343	7.7	0.6	77.4	—	—	0.16	0.08	—	1.01	11	97	2.4	1.1	1.45
粳米饭	100	70.6	117	2.6	0.3	26.2	—	—	—	0.03	—	—	7	39	3.3	2	1.36
粳米粥	100	88.6	46	1.1	0.3	9.9	—	—	—	0.03	—	—	7	13	2.8	0.1	0.2
小麦粉（标准粉）	100	12.7	344	11.2	1.5	73.6	—	—	0.28	0.08	—	1.8	31	190	3.1	3.5	1.64
挂面	100	12.3	346	10.3	0.6	75.6	—	—	0.19	0.04	—	1.04	17	129	184.5	3	0.94
馒头	100	43.9	221	7	1.1	47	—	—	0.04	0.05	—	0.65	38	138	165.1	1.8	0.7
油条	100	21.8	386	6.9	17.6	51	—	—	0.01	0.07	—	13.72	42	106	572.5	2.3	10.97
玉米（鲜）	46	71.3	106	4	1.2	22.8	—	—	0.16	0.11	—	0.46	—	238	1.1	1.1	0.9
玉米（面）	100	12.1	341	8.1	3.3	75.2	7	40	0.26	0.09	16	3.8	22	249	2.3	3.2	1.42
小米	100	11.6	358	9	3.1	75.1	17	100	0.33	0.1	—	3.63	41	284	4.3	5.1	1.87
小米粥	100	89.3	46	1.4	0.7	8.4	—	—	0.02	0.07	—	0.26	10	19	4.1	1	0.41
薯类、淀粉及其制品																	
马铃薯	94	79.8	76	2	0.2	17.2	5	30	0.08	0.04	27	0.34	8	342	2.7	0.8	0.37
马铃薯粉	100	12	337	7.2	0.5	77.4	20	120	0.08	0.06	24	0.43	171	1075	4.7	10.7	1.22
甘薯	90	73.4	99	1.1	0.2	24.7	125	750	0.04	0.04	26	0.28	23	130	28.5	0.5	0.15

续表

食物名称	食部/%	水分/g	能量/kJ	蛋白质/g	脂肪/g	糖类/g	维生素A/μgRE	胡萝卜素/μg	硫胺素/mg	核黄素/mg	维生素C/mg	维生素E/mg	钙/mg	钾/mg	钠/mg	铁/mg	锌/mg
甘薯粉	100	14.5	336	2.7	0.2	80.9	3	20	0.03	0.05	—	—	33	66	26.4	10	0.29
藕粉	100	6.4	372	1.2	—	93	—	—	—	0.01	—	—	8	35	10.8	17.9	0.15
干豆类及其制品																	
黄豆	100	10.2	359	35	16	34.2	37	220	0.41	0.2	—	18.9	191	1503	2.2	8.2	3.34
黄豆粉	100	6.7	418	32.7	18.3	37.6	63	380	0.31	0.22	—	33.69	207	1890	3.6	8.1	3.89
豆浆	100	96.4	14	1.8	0.7	1.1	15	90	0.02	0.02	—	0.8	10	48	3	0.5	0.24
豆腐（内酯）	100	89.2	49	5	1.9	3.3	—	—	0.06	0.03	—	3.26	17	95	6.4	0.8	0.55
豆腐皮	100	16.5	409	44.6	17.4	18.8	—	—	0.31	0.11	—	20.63	116	318	536	13.9	3.81
豆腐干	100	65.2	140	16.2	3.6	11.5	—	—	0.03	0.07	—	—	308	140	76.5	4.9	1.76
腐竹	100	7.9	459	44.6	21.7	22.3	—	—	0.13	0.07	—	27.8	77	553	26.5	16.5	3.69
素鸡	100	64.3	192	16.5	12.5	4.2	10	60	0.02	0.03	—	17.8	319	42	373.8	5.3	1.74
烤麸	100	68.6	120	0.3	9.3	0.2	—	—	0.04	0.05	—	0.42	30	25	230	2.7	1.19
绿豆	100	12.3	316	21.6	0.8	62	22	130	0.25	0.11	2	10.95	81	187	3.2	6.5	2.18
赤小豆	100	12.6	309	20.2	0.6	63.4	13	80	0.16	0.11	—	14.36	74	860	2.2	7.4	2.2
蚕豆	93	11.5	304	24.6	1.1	59.9	8	50	0.13	0.23	—	1.6	31	1117	86	8.2	3.42
蚕豆（炸）	100	10.5	446	26.7	20	40.4	—	—	0.16	0.12	—	5.5	207	742	547.9	3.6	2.83
豌豆	100	10.4	313	20.3	1.1	65.8	42	250	0.49	0.14	—	8.47	97	823	9.7	4.9	2.35

续表

蔬菜类及制品

食物名称	食部/%	水分/g	能量/kJ	蛋白质/g	脂肪/g	糖类/g	维生素A/μgRE	胡萝卜素/μg	硫胺素/mg	核黄素/mg	维生素C/mg	维生素E/mg	钙/mg	钾/mg	钠/mg	铁/mg	锌/mg
白萝卜	95	93.4	21	0.9	0.1	5	3	20	0.02	0.03	21	0.92	36	173	61.8	0.5	0.3
红萝卜（红皮）	94	91.6	27	1.2	0.1	6.4	3	20	0.03	0.04	3	1.2	11	110	62.7	2.8	0.69
胡萝卜	97	87.4	43	1.4	0.2	10.2	668	4010	0.04	0.04	16	—	32	193	25.1	0.5	0.14
刀豆	92	89	36	3.1	0.3	7	37	220	0.05	0.07	15	0.4	49	209	8.5	4.6	0.84
豆角	96	90	30	2.5	0.2	6.7	33	200	0.05	0.07	18	2.24	29	207	3.4	1.5	0.54
荷兰豆	88	91.9	27	2.5	0.3	4.9	80	480	0.09	0.04	16	0.3	51	116	8.8	0.9	0.5
黄豆芽	100	88.8	44	4.5	1.6	4.5	5	30	0.04	0.07	8	0.8	21	160	7.2	0.9	0.54
绿豆芽	100	94.6	18	2.1	0.1	2.9	3	20	0.05	0.06	6	0.19	9	68	4.4	0.6	0.35
豌豆苗	86	89.6	34	4	0.8	4.6	445	2667	0.05	0.11	67	2.46	40	222	18.5	4.2	0.77
西红柿	97	94.4	19	0.9	0.2	4	92	550	0.03	0.03	19	0.57	10	136	5	9	0.13
茄子	93	93.4	21	1.1	0.2	4.9	8	50	0.02	0.04	5	1.13	24	142	5.4	0.5	0.23
甜椒	82	93	22	1	0.2	5.4	57	340	0.03	0.03	72	0.59	14	142	3.3	0.8	0.19
辣椒（青）	84	91.9	23	1.4	0.3	5.8	57	340	0.03	0.04	62	0.88	15	209	2.2	0.7	0.22
冬瓜	80	96.6	11	0.4	0.1	2.6	13	80	0.01	0.01	18	0.08	19	78	1.8	0.2	0.07
苦瓜	81	93.4	19	1	0.1	4.9	17	100	0.03	0.03	1	0.01	25	90	2	0.3	1.77
南瓜	85	93.5	22	0.7	0.1	5.3	148	890	0.03	0.04	8	0.36	16	145	0.8	0.4	0.14
丝瓜	83	94.3	20	1	0.2	4.2	15	90	0.02	0.04	5	0.22	14	115	2.6	0.4	0.21

续表

食物名称	食部/%	水分/g	能量/kJ	蛋白质/g	脂肪/g	糖类/g	维生素A/μgRE	胡萝卜素/μg	硫胺素/mg	核黄素/mg	维生素C/mg	维生素E/mg	钙/mg	钾/mg	钠/mg	铁/mg	锌/mg
大蒜头	85	66.6	126	4.5	0.2	27.6	5	30	0.04	0.06	7	1.07	39	302	19.6	2.1	0.88
葫芦	87	95.3	15	0.7	0.1	3.5	7	40	0.02	0.01	11	—	16	87	0.6	0.4	0.14
蒜苗	82	88.9	37	2.1	0.4	8	47	280	0.11	0.08	35	0.81	29	226	5.1	1.4	0.46
韭菜	90	91.8	26	2.4	0.4	4.6	235	1410	0.02	0.09	24	0.96	42	247	8.1	1.6	0.43
韭芽	88	93.2	22	2.3	0.2	3.9	43	260	0.03	0.5	15	0.34	25	192	6.9	1.7	0.33
大白菜	87	94.6	17	1.5	0.1	3.2	20	120	0.04	0.05	31	0.76	50		57.5	0.7	0.38
小白菜	81	94.5	15	1.5	0.3	2.7	280	1680	0.02	0.09	28	0.7	90	178	73.5	1.9	0.51
菜花	82	92.4	24	2.1	0.2	4.6	5	30	0.03	0.8	61	0.43	23	200	31.6	1.1	0.38
西兰花	83	90.3	33	4.1	0.6	4.3	1202	7210	0.09	0.13	51	0.91	67	17	18.8	1	0.78
菠菜	89	91.2	24	2.6	0.3	4.5	487	2920	0.04	0.11	32	1.74	66	311	85.2	2.9	0.85
芹菜茎	67	93.1	20	1.2	0.2	4.5	57	340	0.02	0.06	8	1.32	80	206	159	1.2	0.24
芹菜叶	100	89.4	31	2.6	0.6	5.9	488	2930	0.08	0.15	22	2.5	40	137	83	0.6	1.14
生菜	81	95.7	15	1.4	0.4	2.1	60	360	—	0.1	20	—	70	100	80	1.2	0.43
香菜	81	90.5	34	1.8	0.4	6.2	193	1160	0.04	0.14	48	0.8	101	272	48.5	2.9	0.45
莴笋	62	95.5	14	1	0.1	2.8	25	150	0.02	0.02	4	0.19	23	212	36.5	0.9	0.33
莴笋叶	89	94.2	18	1.4	0.2	3.6	147	880	0.06	0.1	13	0.58	34	148	39.1	1.5	0.51
春笋	66	91.4	20	2.4	0.1	5.1	5	30	0.05	0.04	5	—	8	300	6	2.4	0.43
冬笋	39	88.1	4	4.1	0.1	6.5	13	80	0.08	0.08	1	—	22	—	—	0.1	—

续表

食物名称	食部/%	水分/g	能量/kJ	蛋白质/g	脂肪/g	糖类/g	维生素A/μgRE	胡萝卜素/μg	硫胺素/mg	核黄素/mg	维生素C/mg	维生素E/mg	钙/mg	钾/mg	钠/mg	铁/mg	锌/mg
黄花菜	98	40.3	199	19.4	1.4	24.9	307	1840	0.05	0.21	10	4.92	301	610	59.2	8.1	3.99
慈姑	89	73.6	94	4.6	0.2	19.7	—	—	0.14	0.07	4	2.16	14	707	39.1	2.2	0.99
菱角（老）	57	73	98	4.5	0.1	21.4	2	10	0.19	0.06	13	—	7	437	5.8	0.6	0.62
藕	88	80.5	70	1.9	0.2	16.4	3	20	0.09	0.03	44	0.73	39	243	44.2	1.4	0.23
茭白	74	92.2	23	1.2	0.2	5.9	5	30	0.02	0.03	5	0.99	4	209	5.8	0.4	0.33
芋艿	84	78.6	79	2.2	0.2	18.1	27	160	0.06	0.05	6	0.45	36	378	33.1	1	0.49
菌藻类																	
黑木耳（干）	100	15.5	205	12.1	1.5	65.6	17	100	0.17	0.44	—	11.34	247	757	48.5	97.4	3.18
香菇（干）	95	12.3	211	20	1.2	61.7	3	20	0.19	1.26	5	0.66	83	464	11.2	10.5	8.57
平菇	93	92.5	20	1.9	0.3	4.6	2	10	0.06	0.16	4	0.79	5	258	3.8	1	0.61
蘑菇（鲜）	99	92.4	20	2.7	0.1	4.1	2	10	0.08	0.35	2	0.56	6	312	8.3	1.2	0.92
金针菇	100	90.2	26	2.4	0.4	6	5	30	0.15	0.19	2	1.14	—	195	4.3	1.4	0.39
白木耳	96	14.6	200	10	1.4	67.3	8	50	0.05	0.25	—	1.26	36	1588	82.1	4.1	3.03
海带	98	70.5	77	1.8	0.1	23.4	40	240	0.01	0.1	—	1.85	46	246	8.6	0.9	0.16
紫菜（干）	100	12.7	207	26.7	1.1	44.1	228	1370	0.27	1.02	2	1.82	264	1796	710.5	54.9	2.47
水果类																	
苹果	76	85.9	52	0.2	0.2	13.5	3	20	0.06	0.02	4	2.12	4	119	1.6	0.6	0.19
香梨	89	85.5	46	0.3	0.1	13.6	12	70	—	—	—	—	6	90	0.8	0.4	0.19

食物名称	食部 /%	水分 /g	能量 /kJ	蛋白质 /g	脂肪 /g	糖类 /g	维生素A /μgRE	胡萝卜素 /μg	硫胺素 /mg	核黄素 /mg	维生素C /mg	维生素E /mg	钙 /mg	钾 /mg	钠 /mg	铁 /mg	锌 /mg
鸭梨	82	88.3	43	0.20	0.2	11.1	2	10	0.03	0.03	4	0.31	4	77	1.5	0.9	0.1
桃子（平均）	86	86.4	48	0.9	0.1	12.2	3	20	0.01	0.03	7	1.54	6	166	5.7	0.8	0.34
李子	91	90	36	0.7	0.2	8.7	25	150	0.03	0.02	5	0.74	8	144	3.8	0.6	0.14
枣（鲜）	87	67.4	122	1.1	0.3	30.5	40	240	0.06	0.09	243	0.78	22	375	1.2	1.2	1.52
枣（大、干）	88	14.5	298	2.1	0.4	81.1	—	—	0.08	0.15	14	3.04	64	524	6.2	2.3	0.65
枣（小、干）	81	19.3	294	1.2	1.1	76.7	—	—	0.04	0.5	—	1.31	23	65	7.4	1.5	0.23
葡萄	86	88.7	43	0.5	0.2	10.3	8	50	0.04	0.02	25	0.7	5	104	1.3	0.4	0.18
柿子	87	80.6	71	0.4	0.1	18.5	20	120	0.02	0.02	30	0.12	9	151	0.8	0.2	0.08
沙棘	87	71	119	0.9	1.8	25.5	640	6840	0.05	0.21	204	0.01	104	359	28	8.8	1.16
无花果	100	81.3	59	1.5	0.1	16	3	5	0.03	0.02	2	1.82	67	212	5.5	0.1	1.42
柑橘	77	86.9	51	0.7	0.2	11.9	0.4	148	0.08	0.04	28	0.92	35	154	1.4	0.2	0.08
菠萝	43	73.2	103	0.2	0.3	25.7	0.8	3	0.06	0.05	18	—	12	113	0.8	0.6	0.14
杧果	60	90.6	32	0.6	0.2	8.3	1.3	150	0.01	0.04	23	1.21	—	138	2.8	0.2	0.09
香蕉	59	75.8	91	1.4	0.2	22	1.2	10	0.02	0.04	8	0.24	7	356	0.8	0.4	0.18
枇杷	62	89.3	39	0.8	0.2	9.3	0.8	—	0.01	0.03	8	0.24	17	122	4	1.1	0.21
荔枝	73	81.9	70	0.9	0.2	16.6	0.5	2	0.1	0.04	41	—	2	151	1.7	0.4	0.17
哈密瓜	71	91	34	0.5	0.1	7.9	0.2	153	—	0.01	12	—	4	190	26.7	—	0.13
西瓜	56	93.3	25	0.6	0.1	5.8	0.3	75	0.02	0.03	6	0.1	8	87	3.2	0.3	0.1

续表

食物名称	食部/%	水分/g	能量/kJ	蛋白质/g	脂肪/g	糖类/g	维生素A/μgRE	胡萝卜素/μg	硫胺素/mg	核黄素/mg	维生素C/mg	维生素E/mg	钙/mg	钾/mg	钠/mg	铁/mg	锌/mg
坚果、种子类																	
胡桃（干）	43	5.2	627	14.9	58.8	19.1	5	30	0.15	0.4	1	43.21	56	385	6.4	2.7	2.17
山核桃（干）	24	2.2	601	185	50.4	26.2	5	30	0.16	0.09	1	43.21	56	385	6.4	2.7	2.17
栗子（干）	73	13.4	345	3	1.7	78.4	5	30	0.08	0.15	25	11.45	—	—	8.5	1.2	0.32
松子（炒）	31	3.6	619	14.1	58.5	21.4	5	30	—	0.11	—	25.2	161	612	3	5.2	5.49
杏仁（炒）	91	2.1	600	25.7	51	18.7	17	100	0.15	0.71	—	—	141	—	—	3.9	—
腰果	100	2.4	552	17.3	36.7	41.6	8	49	0.27	0.13	—	3.17	26	503	251.3	4.8	4.3
花生（炒）	71	4.1	589	21.7	48	23.8	10	60	0.13	0.12	—	12.94	47	563	34.8	1.5	2.03
葵花籽（炒）	52	2	616	22.6	52.8	17.3	5	30	0.43	0.26	2	26.46	72	491	1322	6.1	5.19
西瓜子（炒）	43	4.3	573	32.7	44.8	14.2	—	—	0.04	0.08	—	1.23	28	612	187.7	8.2	6.76
南瓜子	68	4.1	574	36	46.1	7.9	—	—	0.08	0.16	TR	27.28	37	672	15.8	6.5	7.12
畜、禽、鱼肉类																	
猪肉（肥瘦）	100	46.8	395	13.2	37	2.4	18	—	0.22	0.16	—	0.35	6	204	59.4	1.6	2.06
猪肉（肥）	100	8.8	807	2.4	88.6	0	29	—	0.08	0.05	—	0.24	3	23	19.5	1	0.69
猪肉（瘦）	100	71	143	20.3	6.2	1.5	44	—	0.54	0.1	—	0.34	6	305	57.5	3	2.99
猪大排	68	58.8	264	18.3	20.4	1.7	12	—	0.8	0.15	—	0.11	8	274	44.5	0.8	1.72
猪小排	72	58.1	278	16.7	23.1	0.7	5	—	0.3	0.16	—	0.11	14	230	62.2	1.4	3.36
猪耳	100	69.4	176	19.1	11.1	0	—	—	0.05	0.12	—	0.85	6	58	68.2	1.3	0.35

续表

食物名称	食部 /%	水分 /g	能量 /kJ	蛋白质 /g	脂肪 /g	糖类 /g	维生素A /μgRE	胡萝卜素 /μg	硫胺素 /mg	核黄素 /mg	维生素C /mg	维生素E /mg	钙 /mg	钾 /mg	钠 /mg	铁 /mg	锌 /mg
猪蹄	60	58.2	260	22.6	18.8	0	3	—	0.05	0.1	—	0.01	33	54	101	1.1	1.14
猪肚	96	78.2	110	15.2	5.1	0.7	3	—	0.07	0.16	20	0.32	11	171	75.1	2.4	1.92
猪肝	97	70.7	129	19.3	3.5	5	4972	—	0.21	2.08	—	0.86	6	235	68.6	22.6	5.78
猪脑	100	78	131	10.8	9.8	0		—	0.11	0.19	4	0.96	30	259	130.7	1.9	0.99
猪心	97	76	119	16.6	5.3	1.1	13	—	0.19	0.48	13	0.74	12	260	71.2	4.3	1.9
猪肾	93	78.8	96	15.4	3.2	1.4	41	—	0.31	1.14	—	0.34	12	217	134.2	6.1	2.56
猪血	100	85.8	55	12.2	0.3	0.9		—	0.03	0.04	—	0.2	4	56	56	8.7	0.28
腊肉	100	31.1	498	11.8	48.8	2.9	96	—			—	6.23	22	416	763.5	7.5	3.49
猪肉松	100	9.4	396	23.4	11.5	49.7	44	—	0.04	0.13	—	10.02	41	313	469	6.4	4.28
香肠	100	19.2	508	24.1	40.7	11.2		—	0.48	0.11	—	1.05	14	453	2309.2	5.8	7.65
火腿	100	47.9	330	16	27.4	4.9	46	—	0.28	0.09	—	0.8	3	220	1086.7	2.2	2.16
牛肉（肥瘦）	99	72.8	125	19.9	4.2	2	7	—	0.04	0.14	—	0.65	23	216	84.5	3.3	4.73
牛肉（瘦）	100	75.2	106	20.2	2.3	1.2	6	—	0.07	0.13	—	0.35	9	284	53.6	2.8	3.71
羊肉（肥瘦）	90	65.7	203	19	14.1	0	22	—	0.05	0.14	—	0.26	6	232	80.6	2.3	3.22
驴肉（肥瘦）	100	73.8	116	21.5	3.2	0.4	72	—	0.03	0.16	—	2.76	2	325	46.9	4.3	4.26
狗肉	80	76	116	16.8	4.6	1.8	12	—	0.34	0.2	—	1.4	52	140	47.4	2.9	3.18
兔肉	100	76.2	102	19.7	2.2	0.9	26	—	0.11	0.1	—	0.42	12	284	45.1	2	1.3
鸡	66	69	167	19.3	9.4	1.3	48	—	0.05	0.09	—	0.67	9	251	63.3	1.4	1.09

续表

食物名称	食部 /%	水分 /g	能量 /kJ	蛋白质 /g	脂肪 /g	糖类 /g	维生素A /μgRE	胡萝卜素 /μg	硫胺素 /mg	核黄素 /mg	维生素C /mg	维生素E /mg	钙 /mg	钾 /mg	钠 /mg	铁 /mg	锌 /mg
鸭	68	63.9	240	15.5	19.7	0.2	52	—	0.08	0.22	—	0.27	6	191	69	2.2	1.33
鸡蛋	88	73.8	156	12.8	11.1	1.3	194	—	0.13	0.32	—	1.84	56	154	131.5	2	1.1
鸭蛋	97	70.3	180	12.6	13	3.1	261	—	0.17	0.25	—	4.98	62	135	106	2.9	1.67
草鱼	58	77.3	113	16.6	5.2	0	11	—	0.04	0.11	—	2.03	38	312	46	0.8	0.87
黄鳝	67	78	89	18	1.4	1.2	50	—	0.06	0.98	—	1.34	42	263	70.2	2.5	1.97
带鱼	76	73.3	127	17.7	4.9	3.1	29	—	0.02	0.06	—	0.82	28	280	150.1	1.2	0.7
明虾	57	79.8	85	13.4	1.8	3.8		—	0.01	0.04	—	1.55	75	238	119	0.6	3.59
虾皮	100	42.4	153	30.7	2.2	2.5	19	—	0.02	0.14	—	0.92	991	617	5057.7	6.7	1.93
扇贝（鲜）	35	84.2	60	11.1	0.6	2.6		—	TR	0.1	—	11.85	142	122	339	7.2	11.69
牡蛎	100	82	73	5.3	2.1	8.2	27	—	0.01	0.13	—	0.81	131	200	462.1	7.1	9.39
乳类及其制品																	
牛乳	100	89.8	54	3	3.2	3.4	24	—	0.03	0.14	1	0.21	104	109	37.2	0.3	0.42
酸乳	100	84.7	72	2.5	2.7	9.3	26	—	0.03	0.15	1	0.12	118	150	39.8	0.4	0.53
全脂奶粉	100	2.3	478	20.1	21.2	51.7	14	—	0.11	0.73	4	0.48	676	449	360.1	1.2	3.14
糖果类																	
蛋糕	100	18.6	347	8.6	5.1	67.1	86	—	0.09	0.09	—	2.8	39	77	67.8	2.5	1.01
牛奶饼干	100	6.5	429	8.5	13.1	70.2	22	—	0.09	0.02	—	7.23	49	110	196.4	2.1	1.52
巧克力	100	1	586	4.3	40.1	53.4	—	—	0.06	0.08	—	1.62	11	254	111.8	1.7	1.02

续表

食物名称	食部/%	水分/g	能量/kJ	蛋白质/g	脂肪/g	糖类/g	维生素A/μgRE	胡萝卜素/μg	硫胺素/mg	核黄素/mg	维生素C/mg	维生素E/mg	钙/mg	钾/mg	钠/mg	铁/mg	锌/mg
奶糖	100	5.6	407	2.5	6.6	84.5	—	—	0.08	0.17	—	—	50	75	222.5	3.4	0.29
水晶糖	100	1	395	0.2	0.2	98.2	—	—	0.04	0.05	—	—	—	9	107.8	3	1.17
油脂及调味品																	
混合油	100		900		99.9	0.1	—	—	—	0.09	—	12.04	75	2	10.5	4.1	1.27
猪油（炼）	100	0.2	897		99.9	0.2	27	—	0.02	0.03	—	5.21	—	—	—	—	—
酱油	100	67.3	63	506	0.1	10.1	—	—	0.05	0.13	—	—	66	337	5757	8.6	1.17
醋	100	90.6	31	2.1	0.3	4.9	—	—	0.03	0.05	—	—	17	351	262.1	6	1.25
含酒精饮料																	
啤酒	5.3	4.3	32	0.4	—	—	—	—	0.15	0.04	—	—	13	47	11.4	0.4	0.3
葡萄酒	12.9	10.2	72	0.1	—	—	—	—	0.02	0.3	—	—	32	33	1.6	0.6	0.8
黄酒	10	8.6	66	1.6	—	—	—	—	0.02	0.05	—	—	41	26	5.2	0.6	0.52
蒸馏酒（58度）	58	50.1	351	—	—	—	—	—	0.05	—	—	—	1	—	0.5	0.1	0.04

注：表中数据为每100g该食物所含可食部分比例和营养素情况。

六、食物嘌呤含量一览表

表9　食物嘌呤含量一览表

食物名称	嘌呤含量/mg	食物名称	嘌呤含量/mg	食物名称	嘌呤含量/mg	食物名称	嘌呤含量/mg
主食类							
牛奶	1.4	皮蛋白	2.0	红薯	2.4	鸡蛋黄	2.6
荸荠	2.6	鸭蛋黄	3.2	土豆	3.6	鸭蛋白	3.4
鸡蛋白	3.7	树薯粉	6.0	皮蛋黄	6.6	小米	7.3
冬粉	7.8	玉米	9.4	高粱	9.7	芋头	10.1
米粉	11.1	小麦	12.1	淀粉	14.8	脱脂奶	15.7
通心粉	16.5	面粉	17.1	糯米	17.7	大米	18.1
面条	19.8	糙米	22.4	麦片	24.4	薏米	25.0
燕麦	25.0	大豆	27.0	豆浆	27.7	红豆	53.2
米糠	54.0	豆腐	55.5	熏豆干	63.6	豆腐干	66.5
绿豆	75.1	黄豆	116.5	黑豆	137.4		
动物肉类							
猪血	11.8	猪皮	29.8	火腿	55.0	猪心	65.3
猪脑	66.3	牛肚	79.0	鸽子	80.0	牛肉	83.7
兔肉	107.6	羊肉	111.5	鸭肠	121.0	瘦猪肉	122.5
鸡心	125.0	猪肚	132.4	猪腰子	132.6	猪肉	132.6
鸡胸肉	137.4	鸭肫	137.4	鹿肉	138.0	鸡肫	138.4
鸭肉	165.0	猪肝	169.5	牛肝	169.5	马肉	200
猪大肠	262.2	猪小肠	262.2	猪脾	270.6	鸡肝	293.5
鸭肝	301.5	熏羊脾	773.0	小牛颈肉	1260.0		
水产类							
海参	4.2	海蜇皮	9.3	鳜鱼	24.0	金枪鱼	60.0
鱼丸	63.2	鲑鱼	70.0	鲈鱼	70.0	鲨鱼皮	73.2
螃蟹	81.6	乌贼	89.8	鳝鱼	92.8	鳕鱼	109.0
旗鱼	109.8	鱼翅	110.6	鲍鱼	112.4	鳗鱼	113.1
蚬子	114.0	大比目鱼	125.0	刀鱼	134.9	鲫鱼	137.1

食物名称	嘌呤含量/mg	食物名称	嘌呤含量/mg	食物名称	嘌呤含量/mg	食物名称	嘌呤含量/mg
鲤鱼	137.1	虾	137.7	草鱼	140.3	黑鲳鱼	140.3
红魽	140.3	黑鳝	140.6	吞拿鱼	142.0	鱼子酱	144.0
海鳗	159.5	草虾	162.0	鲨鱼	166.8	虱目鱼	180.0
乌鱼	183.2	鲭鱼	194.0	吴郭鱼	199.4	四破鱼	217.5
鱿鱼	226.2	鲳鱼	238.0	白鲳鱼	238.1	牡蛎	239.0
生蚝	239.0	鲥鱼泥	247.3	三文鱼	250.0	吻仔鱼	284.2
蛙鱼	297.0	蛤蜊	316.0	沙丁鱼	345.0	秋刀鱼	355.4
皮刀鱼	355.4	凤尾鱼	363.0	鳊鱼干	366.7	青鱼	378.0
鲱鱼	378.0	干贝	390.0	白带鱼	391.6	带鱼	391.6
蚌蛤	436.3	熏鲱鱼	840.0	小鱼干	1538.9	白带鱼皮	3509.0

蔬菜类

食物名称	嘌呤含量/mg	食物名称	嘌呤含量/mg	食物名称	嘌呤含量/mg	食物名称	嘌呤含量/mg
冬瓜	2.8	南瓜	2.8	洋葱	3.5	番茄	4.2
姜	5.3	葫芦	7.2	萝卜	7.5	胡瓜	8.2
酸菜类	8.6	腌菜类	8.6	苋菜	8.7	葱头	8.7
青椒	8.7	蒜头	8.7	黑木耳	8.8	胡萝卜	8.9
圆白菜	9.7	榨菜	10.2	苦瓜	11.3	丝瓜	11.4
荠菜	12.4	芥菜	12.4	包心菜	12.4	芹菜	12.4
白菜	12.6	青葱	13.0	菠菜	13.3	辣椒	14.2
茄子	14.3	小黄瓜	14.6	生菜	15.2	青蒿	16.3
韭黄	16.8	空心菜	17.5	芥蓝菜	18.5	韭菜花	19.5
芫荽	20.2	雪里蕻	24.4	韭菜	25	鲍鱼菇	26.7
蘑菇	28.4	生竹笋	29.0	四季豆	29.7	油菜	30.2
皇帝豆	32.2	茼蒿菜	33.4	九层塔	33.9	大蒜	38.2
大葱	38.2	海藻	44.2	笋干	53.6	花豆	57.0
菜豆	58.2	金针菇	60.9	海带	96.6	绿豆芽	166.0
香菇	214.0	紫菜	274.0	黄豆芽	500	芦笋	500
豆苗菜	500						

水果干果类

续表

食物名称	嘌呤含量/mg	食物名称	嘌呤含量/mg	食物名称	嘌呤含量/mg	食物名称	嘌呤含量/mg
杏子	0.1	石榴	0.8	凤梨	0.9	菠萝	0.9
葡萄	0.9	苹果	0.9	梨	1.1	西瓜	1.1
香蕉	1.2	桃子	1.3	枇杷	1.3	阳桃	1.4
莲蓬	1.5	木瓜	1.6	杧果	2.0	橙子	3.0
橘子	3.0	柠檬	3.4	哈密瓜	4.0	李子	4.2
番石榴	4.8	葡萄干	5.4	红枣	6.0	小番茄	7.6
黑枣	8.3	核桃	8.4	龙眼干	8.6	桂圆干	8.6
大樱桃	17.0	草莓	21.0	瓜子	24.2	杏仁	31.7
栗子	34.6	腰果	80.5	花生	96.3	干葵花籽	143.0
佐料类							
蜂蜜	1.2	米醋	1.5	糯米醋	1.5	果酱	1.9
番茄酱	3.0	粉丝	3.8	冬瓜糖	7.1	味精	12.3
酱油	25.0	枸杞	31.7	味噌	34.3	莲子	40.9
黑芝麻	57.0	白芝麻	89.5	银耳	98.9	白木	98.9
鸡肉汤	<500	鸡精	<500	肉汁	500	麦芽	500
发芽豆类	500	酵母粉	559.1				

注：表中数据为每100g食物的嘌呤含量，含量排序由左向右，由低到高

七、食物胆固醇含量一览表

表10　食物胆固醇含量一览表

食物名称	胆固醇含量/mg	食物名称	胆固醇含量/mg	食物名称	胆固醇含量/mg	食物名称	胆固醇含量/mg
猪脑	3100	牛脑	2670	羊脑	2099	鹅蛋黄	1813
鸡蛋黄	1705	鸭蛋黄	1522	皮蛋黄	2015	鹅蛋	704
鸡蛋	680	鹌鹑蛋	3640	皮蛋	69	鸭蛋	634
虾子	896	小虾米	738	青虾	158	虾皮	608
对虾	150	凤尾鱼	330	鳜鱼	96	鲫鱼	93

食物名称	胆固醇含量/mg	食物名称	胆固醇含量/mg	食物名称	胆固醇含量/mg	食物名称	胆固醇含量/mg
鲤鱼	83	青鱼	90	草鱼	81	甲鱼	77
带鱼	97	平鱼	68	大黄鱼	79	马哈鱼	86
鳗鱼	186	梭鱼	128	水发鱿鱼	265	墨鱼	275
黄鳝	117	鳜鱼子	495	鲫鱼子	460	鱼肉松	240
螃蟹	235	海蜇皮	16	水发海蜇皮	5	羊肝	161
牛肝	257	鸭肝	515	鸡肝	429	猪肝	158
猪肺	314	牛肺	234	羊肺	215	猪心	158
牛心	125	羊心	130	猪舌	116	羊舌	147
牛舌	125	猪肾	405	牛肾	340	羊肾	340
猪肚	159	羊肚	124	牛肚	340	猪肥肠	159
羊肥肠	111	牛肥肠	148	肥牛肉	194	肥羊肉	173
猪肥肉	107	猪瘦肉	77	瘦牛肉	63	瘦羊肉	65
兔肉	83	鸡肉	117	填鸭	101	广东腊肠	123
北京腊肠	72	火腿肠	70	粉肠	69	蒜肠	61
羊奶	34	牛奶	13	酸牛奶	12	炼乳	39
全脂奶粉	104	脱脂奶粉	28	炼羊油	110	炼鸡油	107
奶油	163	人造奶油	0	花生油	0	水果	0

注：表中数据为每100g食物的胆固醇含量。

参考文献

[1] 英国DK出版社. 人类食物百科 [M]. 寻知庆，何霜，译. 北京：电子工业出版社，2019.

[2] 刘海玲. 临床营养医学与疾病治疗 [M]. 北京：人民卫生出版社，2016.

[3] 刘宁，聂莉. 美容中医技术 [M]. 北京：人民卫生出版社，2010.

[4] 帕特里克. 营养圣经 [M]. 范志红，等译. 北京：北京出版社，2012.

[5] 李铎. 食品营养学 [M]. 北京：化学工业出版社，2011.

[6] 王璋，许时婴，汤坚. 食品化学 [M]. 北京：中国轻工业出版社，2007.

[7] 齐玉梅，郭长江. 现代营养治疗 [M]. 北京：中国医药科技出版社，2016.

[8] 中国营养学会. 中国居民营养素参考摄入量速查手册 [M]. 北京：中国轻工业出版社，2013.